JN411700

자연과 인간의 수학

성찬영 지음

KYOWOO

수학의 본질은 그 자유로움에 있다 - G. Cantor

머리말

지혜로 하늘을 만드신 분께 감사하여라. 그 인자하심이 영원하다.

- 시편 136:5

이 책은 한국 교원대에서 (예비)교사들을 대상으로 했던 여러 강의들에 기초한 것으로, 만물의 존재 방식이자 인류의 지적 유산인 수학에 관한 다양한 생각들을 수학의 역사를 되짚어보며 소개하고자 저술한 책입니다.

인간이 처음으로 수학을 하게 된 것은 아마 1+1=2를 인식한 것이 아닐까 합니다. 단순하지만 의미심장한 명제로서, 인류가 만들어낸 모든 과학 기술 문명도 이 명제에 의존하고 있습니다. 하지만 정말 그것이 확실한 것인지, 1+1이 3이 되는 일은 결코 일어날 수 없음을 증명할 수 있을까 하는 물음에 대한 답은 간단치 않고, 신비하게도 무한의 존재와 결부되어 있습니다. 무한의 의미와 실재성은 수학의 확실성을 가름하는 핵심 관건이며, 100여 년 전 수학자들은 이 문제를 놓고 격렬히 논쟁했습니다. 수학의 절대적 확실성을 보이려는 수학자들의 노력은 다 실패하고 말았지만, 수학의 '상대적 확실성'은 명확하게 규정될 수 있습니다. 이것이 이 책 전체를 관통하는 주요 주제라고 할 수 있지만 딱딱한 수리 논리와 철학적 이론보다는 흥미로운 수학사, 신비하고 아름다운 수학의 세계를 보여주는 데 초점을 맞추었습니다.

수학이 갖는 또 다른 신비는 자연을 정확하고 효율적으로 기술한다는 것입니다. 수학을 구성한 인간도 자연의 일부이기 때문일까요? 아니면 자연이 수학적 구조 그 자체이기 때문일까요? 본서를 통해 수학의 세계가 자연 세계와 어떤 관련을 가지는지 알고자 했으며, 완전한 수학의 세계가 실재하고 보편타당한 객관적 진리가 존재한다는 사상과 인간이 사회적으로 구성한 불완전한 지식 체계로서의 수학만이 있을 뿐이라는 사상을 다 아우르는 관점을 찾고자 했습니다. 또 수학에서 탄생한 '생각하는 기계' 인공지능이 산출하는 수학이 인간의 수학과 어떻게 다를지에 대해서도 사색해 보았습니다.

피상적 이해에 그치지 않기 위해 필요하다면 수식을 써서 설명을 했는데, 대부분의 수식들은 대학 1학년생이면 누구나 이해할 수 있도록 했으며, 어려운 수식들은 이해하지 못하더라도 전체적인 내용을 이해하는 데 무리가 없고, 다만 관련 전공자에겐 정확하고 깊이 있는 설명을 제공하리라 기대합니다. 강의에 사용할 수 있도록 매 장이 끝마칠 때마다 생각해 볼 문제들을 제시하여 학생 스스로 자신만의 창의적 사고를 해 볼 수 있도록 하였습니다.

이 책은 청소년 시절 자연의 신비와 아름다움에 매료되어 시작된 저자의 진리 탐구를 정리해본 것으로서 아무쪼록 이 졸저를 통해 독자들도 수학과 자연의 신비와 아름다움을 느끼게 되고, 그것이 인간에게 주는 의미가 무엇인지 알게 되었으면 하는 바램입니다. 책의 주제가 포괄하는 범위가 너무 방대하고 깊다 보니 대부분의 내용은 저자의 독창적인 생각이 아니라 선진들의 생각들을 취합하여 재구성한 것입니다. 특히 모리스 클라인의 『수학의 확실성』과 로저 펜로즈의 『황제의 새 마음』에서 큰 배움을 얻었고, 다수의 사실들을 인용하였습니다.

졸저가 세상에 나오기까지 친절과 수고를 아끼지 않은 교우사의 모든 분들께 감사의 마음을 전하며, 부족한 저자의 강의를 성실히 따라와 준 모든 학생들께 미안함과 고마움을 전합니다. 마지막으로 지금의 저자가 있기까지 사랑으로 희생하신 부모님, 가르침을 주신 모든 은사님들, 늘 곁에서 사랑으로 함께해 준 아내에게 이 책을 헌정합니다.

목 차

CHAPTER

01

서론 :
수학이란 무엇인가

Ask a philosopher 'What is philosophy?' or a historian 'What is history?', and they will have no difficulty in giving a answer. Neither of them, in fact, can pursue his own discipline without knowing what he is searching for. But ask a mathematician 'What is mathematics?' and he may justifiably reply that he does not know the answer but this does not stop him from doing mathematics.

- F. Lasserre

1.1 수학적 대상들은 존재하는가

수학에 대한 짧은 사전적 정의[1]를 하자면, 수, 도형, 함수, 공간 등 수학적 대상들이 가질 수 있는 모든 성질과 관계들에 대한 학문이라고 할 수 있겠지만, 이러한 정의는 수학이 내포하는 본질을 다 담아내지도 못하고 아무도 그 끝을 가늠할 수 없는 수학의 외연을 단순화한 것이다. 수학을 정의한다는 것은 한 문장으로 끝나지 않는 긴 탐구 과정이 될 수밖에 없다. 수학이 무엇인지 알기 위해 수학 자체를 깊고 폭넓게 탐구해 보고 수학 외부의 다양한 관점에서 수학을 조망하여 보되, 맹인모상(盲人摸象)을 항상 경계해야 한다.

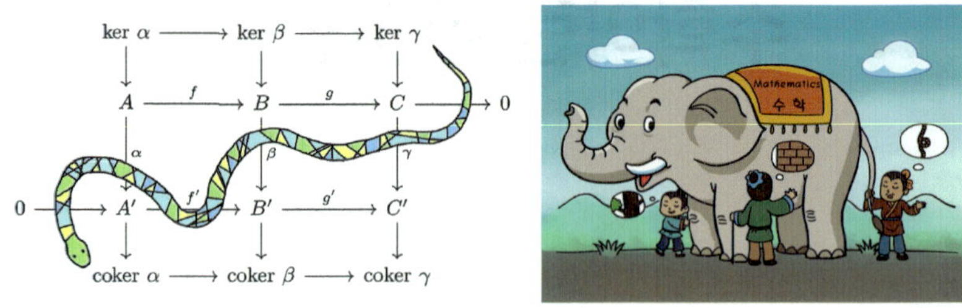

[좌 : 호몰로지 대수학의 뱀 보조정리의 도식 우 : 맹인모상]

수학은 다른 학문들과 구별되는 독특성을 가지는데, 그중 가장 두드러진 특징은 다른 학문에 비해 수학적 지식이 가지는 압도적 확실성이라고 할 수 있다. 네덜란드어로 수학은 'wiskunde'로서 확실한 것에 대한 지식이란 뜻이다.[2] 이 책에서 나중에 다루게 되겠지만, 수학의 절대적 확실성을 논증하기는 불가능하다. 그럼에도 불구하고 수학의 상대적

1) 어떤 개념이나 대상을 정의하는 것은 그것의 외연(外延)과 내포(內包)를 명확히 하는 것을 말한다.

2) 참고로 영어를 비롯한 유럽 대부분의 나라 언어에서 수학의 어원은 라틴어의 mathematica이고, 또 이것은 그리스어에서 왔는데, 플라톤이 피타고라스 학파의 영향을 받아 4과 즉 산술, 기하학, 천문학, 음악을 '배워야 할 것(mathēmata)'으로 불렀고, 이후 아리스토텔레스가 여러 학문 분야의 이름을 붙이면서 수학을 mathematiká로 정했다.

확실성은 진정 월등하다고 할 수 있으며, 이러한 확실성은 바로 수학적 대상의 속성에 기인한다.

수학적 지식은 결국 수학적 대상의 존재 여부에 대한 명제들로 볼 수 있다. 가령 '모든 실수 x에 대해 $x^2 \geq 0$'이라는 명제는 실수라는 수학적 대상의 성질을 서술하는 것이지만, '$x^2 < 0$인 실수 x는 존재하지 않는다'라는 존재 여부에 대한 명제와 동치이다. 수학에서는 이러한 존재 여부에 대한 어떤 주장에 대해서도 증명 또는 반증을 (원칙적으로) 할 수 있다. 과학에서도 가설이나 이론을 내세우고 검증을 하지만, 수학에서처럼 논리적으로 완전한 증명은 가능하지 않다. 가령 '빨간 백조는 존재하지 않는다'라는 주장은 영원히 증명 불가능한 추측일 뿐이다. 설사 그 명제가 참이라 할지라도 (무한한) 우주를 다 뒤져서 빨간 백조의 부재를 확인하지 않는 한 증명을 할 길이 없다. 하지만 수학에서는 굳이 온 우주와 인간의 정신세계를 일일이 다 뒤져보지 않더라도 수학적 대상의 존재 여부에 대해 증명을 할 수 있다.

가령 6장에서 자연수의 집합과 실수의 집합 간에 일대일 대응이 존재하지 않음을 아주 간단하게 증명하게 될 것이다. 어떻게 이런 일이 가능할까? 이 예에서 보자면 그 이유는 일대일 대응(함수)이라는 수학적 대상이 백조와 질적으로 다르기 때문이다. 도대체 수학적 대상은 무엇이며 어떤 방식으로 존재하는가? 한 변의 길이가 1인 정삼각형이 존재함을 쉽게 증명할 수 있지만, 정확히 그러한 정삼각형을 본 사람은 아무도 없다. 그렇다면 그 정삼각형은 도대체 어디에 존재한다는 것인가? 자연 혹은 인간의 정신세계에 존재하는가? 존재한다는 것은 무엇을 의미하며 인간은 그것을 어떻게 알 수 있는 것인가?

철학의 존재론에서는 어떤 대상의 존재에 대해 다음의 세 방식 중에 하나로 이해하는데, 수학적 대상도 그 세 가지 관점에서 해석을 해 보자.

- **실재론**(實在論, Realism) : 자연처럼 수학적 대상들(수, 도형, 집합, 함수 등)도 인간과 독립하여 객관적으로 실재하며, 수학적 진리는 선험적이고 영원하며 인간에 의해 발명된 것이 아니라 발견된 것이라 본다. 이 관점은 대부분의 수학자들이 견지하는 신념으로, 수학의 필연성을 잘 설명하고, 문제 해결을 위해 답을 찾아가는 과정에 잘 부합할 뿐 아니라 수학을 탐구하기 위한 안정감과 열망을 제공한다. 사실 수학자들은 대체로 수학 철학에 대해 진지하게 탐구해보진 않지만, 추상적으로 정의된 개별적 수학적 대상들이 인간의 예상을 뛰어넘는 정교한 관계들에 의해 한 치의 오차도 없이 서로 조합되어 방대하고 아름다운 세계를 형성함을 보게 되면서 그 수학적 대상들이 인간의 창조물이 아니라 이미 실재하고 있었다고 믿게 되는 것 같다. 수학적 실재론 중 대표적으로 널리 알려진 사상은 **수학적 플라톤주의**(Platonism)이다. 철학자 플라톤은 수학적 대상들이 모든 사물의 궁극적인 본질인 형상들(Forms)과 함께 시공간을 초월한 이데아의 세계에 영원불멸한 존재로 실재한다고 주장하였다. 가령 우리가 실제로 보는 삼각형은 진짜 삼각형이 아닌 그림자에 불과하며 이데아의 세계에 진짜 삼각형이 존재한다는 것이다.

이는 수학에 영속적 가치를 부여하고, 진리 추구의 열망을 불러일으키는 장점이 있지만, 이데아의 세계가 분명하지 않으므로 수학적 대상들이 구체적으로 어떤 형태로 존재하는지 유일하게 결정되지 못하고, 현실 세계와 분리된 그 세계에 어떻게 접근하여 그것

들에 대해 알 수 있는지 인식론적 문제들이 제기된다. 가령 자연수 2가 폰 노이만(John von Neumann)의 방식대로 {∅,{∅}}인지 체르멜로(Ernst Zermelo)의 방식대로 {{∅}}인지 유일하게 결정될 수 없다. 심지어 자연수가 집합이 아닌 어떤 것인지도 모른다.

이 문제로 인해 개별적인 수학적 대상들의 독립적 존재성을 포기하고 그것들이 이루는 구조에 초점을 맞추는 구조주의가 등장하였다. 구조주의에 의하면, 수 2는 자연수 구조에서의 두 번째 위치일 뿐, 자연수 구조 밖에서 어떤 정체성을 가지지 않는다고 본다. 구조주의는 20세기 중엽에 나타난 문예사조로 수학 철학만이 아니라 과학 철학, 인문학, 사회과학, 미술에서도 큰 영향을 끼쳤는데, 어떤 대상의 의미는 개별로서가 아니라 전체 체계 안에서 다른 대상과의 관계에 따라 규정된다는 인식에 기반을 두고 있다. 구조주의 수학 철학을 견지하지만 구조의 실재성을 부인하는 사람들도 있으며, 어떤 이들은 논란이 되는 존재론적 실재론을 포기하고, 더 약하게 진리값의 실재론만을 주장하기도 한다.

- **관념론**(Idealism) : 관념론적 수학관에도 다양한 관점들이 있지만 대체로 수학적 대상들이 존재함에 동의하지만, 그것들이 인간과 독립하여 객관적으로 실재하는 것이 아니라 인간 정신에 의한 구성물이라고 본다. **구성주의**(Constructivism)가 가장 대표적인 사상으로, 어떤 수학적 대상이 존재함을 보이기 위해서는 귀류법에 의한 간접 증명이 아니라 구체적으로 구성하여 보이는 과정을 제시할 수 있어야 한다고 주장한다.[3] 여기서 더 나아간 사회적 구성주의에 의하면, 수학은 절대적 진리로 존재하는 것이 아니라 인간이 역사적, 사회적 맥락에서 구성한 불확

3) 수학적 대상에 대한 관념론적 철학에 동의하지 않더라도 수학의 증명 방법이 구성적임을 요구하는 이들도 있다. 이처럼 수학의 방법론으로서의 구성주의도 있으므로 분별을 요한다.

실하고 오류 가능한 지식으로 본다. 사실 역사적으로 수학이 형성되어 온 과정을 보면, 수학은 수많은 불완전함과 오류들을 개선하며 발전해 오고 있음을 알 수 있다.

구성주의는 현대의 수학 교육에 유용한 관점을 제공하고, 학습자가 교사 및 다른 학습자와 상호 작용을 통해 수학적 개념과 의미를 자신의 정신세계에 구축해 가는 교수·학습 과정에 잘 부합한다는 장점이 있다. 하지만 수학 지식이 상대화되고, 유한한 인간 정신이 구성할 수 있는 수학의 범위는 제한적일 수밖에 없고, 왜 수학이 자연을 잘 기술하는지에 대해 설득력 있는 설명이 부족하다. 즉 수학이 인간의 (주관적인) 창작물이거나 불완전하다면 어떻게 효율적이고 정확하게 (객관적인) 자연을 설명, 예측하고 눈부신 기술 문명을 창출해 내고 있는가?

- **유명론**(Nominalism) : 수학적 대상은 단지 인간이 만들어낸 이름(nomina)이나 편리한 언어적 약속에 불과하며 실재하지 않는다고 주장한다. 형식주의(Formalism)가 가장 대표적인 사상으로, 수학을 의미가 제거된 형식 체계(formal system) 즉, 기호(symbol)를 문법에 맞게 배열하되 공리로부터 추론 규칙에 의해 형식문(정식, formula)들을 도출하는 체계로 본다. 형식주의의 주창자인 힐버트는 20개의 공리에 기초하여 유클리드 기하를 엄밀히 재구성하였는데, 점, 직선, 평면과 같은 수학적 대상들은 아무런 의미도 지니지 않는 무정의 용어로, 이들 사이의 형식적 관계를 진술하는 것이 바로 유클리드 기하의 명제들이므로, 모든 유클리드 기하의 명제에서 점, 직선, 평면을 탁자, 의자, 맥주잔이라는 단어로 대체해도 성립한다고 말했다.

형식주의자들은 수학의 확실성을 증명하기 위해 이러한 방법을 택한 것이지만, 결국 수학적 대상들은 그 의미가 완전히 배제된 기호나 이름에 불과하게 되어 객관적 존재성도 완전히 부정될 수밖에 없다. 그런데 수학의 절대적 확실성을 증명하려던 형식주의자들의 이 프로그램은 괴델(Kurt Gödel)의 불완전성 정리에 의해서 완전히 좌초되고 말았다. 즉 자연수를 포함하는 형식 체계의 무모순성은 그 체계 내에서 증명 불가일 뿐 아니라 무모순적이라 할지라도 그 체계 내에서 참과 거짓을 판명할 수 없는 참인 명제가 존재함이 증명되었다.

유명론으로 분류되는 다른 수학 철학들 가운데 **허구주의**(Fictionalism)도 있다. 허구주의에서는 수학적 대상들을 소설 속의 등장인물과 같은 것으로 간주하며 수학적 명제들이 공허한 진리값을 가진다고 본다. 가령 자연수가 존재하지 않으므로, 명제 '모든 자연수들은 소수이다'는 참이며, 명제 '10보다 큰 소수가 있다'는 거짓이 된다. 하지만 소설처럼 수학이라는 이야기 내에서는 수학적 명제들은 전통적인 진리값을 가진다. 또 수학이 과학에 유용함을 인정하지만 필수불가결하지는 않다고 주장한다.

1.2 만물의 존재 양식으로서의 수학

하지만 역사적으로 살펴보면 수학이 수리 과학 특히 물리학의 발전에 필수적인 역할을 해왔음은 부인할 수 없는 사실이다. 현대 철학자 콰인(Willard V. Quine)과 퍼트남(Hilary Putnam)은 수학적 대상들이 과학 이론에서 필수불가결하게 사용된다는 점에 근거하여 그러한 수학적 대상들의 실재성을 정당화하였다. 필수불가결성 논증으로 알려진 이 주장은 과학 이론을 실재론적으로 받아들인다는 전제에 의존하고 있는데, 이 과학적 실재론에 대해서도 많은 논쟁이 있다. 과학이란 자연을 보편타당하고 일관된 법칙으로 설명하고 예측하는 체계적인 지식으로 정의되는데, 과연 자연이 실재하는지, 인간이 그 실재(實在, reality) 자체를 알 수 있는지에 대해 회의가 있어 왔다.

- **과학적 실재론** : 인간 정신과 독립되어 객관적으로 실재하는 자연에 대한 객관적, 보편적 진리를 인간이 발견할 수 있고 관찰과 실험을 통해 자연을 있는 그대로 이해할 수 있다고 본다. 일반적 상식과 부합되는 관점으로, 대부분의 과학자들의 연구 수행도 이에 근거하여 이뤄지고 있다. 그런데 뉴턴의 고전 역학이 (근사적으로) 성립하는 거시 세계에서는 비교적 실재가 분명하고 감각과 직관에 의해 지각을 할 수 있지만, 양자 역학이 지배하는 미시 세계로 가면 직접적 관찰이 불가능하고 실재가 인간의 직관을 많이 벗어나고 불분명하기에 무엇인지 이해하기 어렵다.

현대 물리학에선 물질이 무한히 쪼개어지는 것이 아니라 원자들로 구성되어 있고, 원자는 더 이상 쪼개지지 않는 몇 가지 기본 입자(전자, 쿼크 등)들로 구성되어 있다고 보는데, 이들 입자의 실재성이 모호하다. 각 입자는 특정한 위치와 운동량(질량×속도)을 가지는 상태로 존재하는 것이 아니라 관측 가능한 모든 상태가 중첩(superposition)되어 있는 상태로 존재한다. 만약 그 입자의 관측이 이뤄지면 특정한 상태로 관측되지만 위치와 운동량을 동시에 정확한 값으로 가질 수 없으며, 측정값들이 확률적 분포를 따른다는 불확정성을 가진다. 이것은 관측 장비의 불완전함 때문이 아니라 입자의 존재 방식에 따른 본질적 속성이다. 그뿐 아니라 입자의 수조차도 관측자의 운동(가속) 상태에 의존하는 상대적인 양으로 절대적 실재가 아니다.

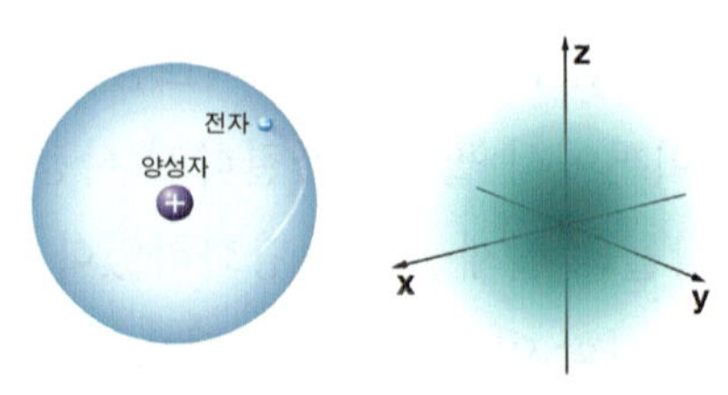

[수소의 원자핵 주위를 공전하는 전자의 구름. 색이 진할수록 전자가 발견될 확률이 높음.]

실재를 기술한다는 과학 이론도 역사적으로 수정과 폐기를 거듭해 왔기에 지금의 과학 이론이 정말 실재를 기술하는 진리라는 보장이 없다. 하지만 변하는 과학 이론들에서 그 내용과 존재자들은 바뀌더라도, 그 이론의 수학적 구조는 상당 부분 유지된다. 쉽게 말해 공식은 그대로 유지되되 공식에 나오는 변수들의 의미는 변한다. 이에 착안한 구조적 실재론에선, 기본 입자는 실재하지 않거나 그 존재성이 덜 근본적이고, 그것을 기술하는 양자장 이론의 수학적 구조는 실재하며 그것이 더 근본적이라고 생각한다. 수학자이자 물리학자 푸앵카레(Henri Poincaré)에 의하면, 과학이 알아내는 것은 사물들 그 자체가 아니라 그것들의 관계이며, 이를 넘어서 우리가 알 수 있는 실재는 없다.[1]

○ 과학적 반(反)실재론 : 인간과 독립되어 자연이라는 실재는 존재하지 않거나 존재하더라도 실재 그 자체는 무엇인지 인간이 알 수 없고, 인간은 관찰과 실험에 의해 겉으로 드러난 세계를 기술할 뿐이라는 주장이다. 가령 전자는 어떤 때는 물체(입자)처럼 관측되고, 어떤 때는 파동처럼 관측되는데 전자의 실재 그 자체는 무엇인지 인간이 알 수 없다는 것이다. 자연 현상을 설명하는 양립 불가능한 이론들이 공존하고 있는 사실도 반실재론에 지지를 더하게 하는 요인인데, 가령 푸앵카레는 유클리드 기하학에 몇 가지 힘들을 추가함으로써 비유클리드 공간인 4차원 시공간의 물리 현상들을 기술하고 예측해 낼 수 있음을 보였다. 따라서 과학 지식은 인간이 사회적, 역사적 맥락하에서 구성한 불완전한 지식 체계로서 진리를 기술하는 것이 아니라 관찰 가능한 현상을 설명하거나 예측하는 도구일 뿐이다. 이러한 관점은 현대의 구성주의 과학 교육과 잘 맞물린다.

과학적 반실재론은 철학자 칸트(Immanuel Kant)에서 그 근원을 찾을 수 있다. 그에 의하면, 시공간에 드러난 현상의 배후에 존재하는 물자체(物自體, das Ding an sich)는 지각 경험의 원인이긴 하지만 인간이 인식할 수 없으며, 우리가 알고 있는 세계는 우리가 고안한 이론에 의해 관찰된 사실들을 해석한 것이다. 즉 자연에서 법칙을 끌어내는 것이 아니라 인간이 자연에 법칙을 부여하고 세계를 **구성**한 것이다. 가히 혁명적인 이 인식 전환을 칸트 스스로도 코페르니쿠스적 전환이라 불렀다.

현대에 와서 과학적 반실재론에 큰 영향을 끼친 사람은 토마스 쿤(Thomas Kuhn)이다. 그는 『과학혁명의 구조』에서 한 시대의 과학자 사회가 택한 가설, 법칙, 범례,[4] 개념, 신념 등의 총체가 형성하는 인식의 체계를 패러다임(Paradigm)이라 칭하고, 과학 지식이 누적적으로 진보하여 실재에 더 일치하게 되어가는 것이 아니라 서로 통약 불가능한 패러다임들로 계속 교체되어 가는 것뿐이며, 그 과정에서 과학자들의 신념과 사회 및 역사적 맥락이 중요한 역할을 한다고 주장하여 결국 과학 지식의 상대화를 초래하였다.

가령 19세기 말까지만 해도 모든 사람들은 결정론적인 고전 역학이 완전한 패러다임이라고 믿었지만, 여러 가지 변칙 사례들이 증가하면서, 확률론적 불확실성으로 대표되는 양자 역학이라는 새로운 패러다임으로 전환되는데 이 과정에서 보어(Niels Bohr), 하이젠베르크(Werner Heisenberg), 보른(Max Born) 등으로 이뤄진 코펜하겐 학파의 해석이 주류로 자리 잡게 된다. 하이젠베르크는 “과학의 진보는 반드시 누적적이라고 할 수 없다. 뉴턴의 개념이 그것에 ‘맞추어진’ 역학 현상을 설

4) 아리스토텔레스는 여러 사례들 중 가장 모범이 되는 사례를 범례(exemplar)라고 불렀는데, 쿤의 패러다임의 좁은 의미는 범례를 지칭한다. 마치 재판관이 관습법상의 판례에 준거해 판결을 내리는 것처럼 정상과학의 활동에서도 범례를 모델로 삼아 실험과 문제 풀이를 하며 자신의 패러다임의 정밀도와 적용 범위를 확대시켜 나간다고 보았다.

명하는 것과 같은 방식으로, 어떤 새로운 현상은 그 현상을 위해 짜 맞춘 새로운 개념에 의해서만 이해될 수 있다."고 말했다. 과연 코펜하겐 해석이 진리인지에 대한 의문은 지금도 있고 여러 대안 이론들도 제시되고 있지만 주류 권력을 뒤집는 혁명은 쉽지 않다.

쿤의 패러다임 이론과 과학적 반실재론에 근거를 제공한 과학 철학자는 노우드 핸슨(Norwood Hanson)으로, 그는 『과학적 발견의 패턴』에서 관찰의 이론 의존성(적재성)을 주장하였다. 즉 관찰자가 이론의 틀을 통해 볼 수밖에 없으므로 필터링된 정보를 얻게 되고, 관찰의 언어와 이론의 언어가 상호 결부되어 있으므로 객관적 관찰은 있을 수 없고 이론에 의해 구성된 관찰만 있을 뿐이라는 것이다.

가령 고전 역학에서는 모든 관측에서 절대적 시공간을 가정하지만, 상대성 이론이 확립된 현대에 와서는 시공간이 관측자에 따라 상대적이라는 전제하에서 관측이 이뤄진다. 공간을 3차원으로 간주하는 것도 모든 관측의 대전제이지만, 우리의 편리한 관습일 뿐 과연 옳은지 증명된 바가 없다. 그뿐 아니라 현대 과학의 대부분의 관측 장비는 특정 이론에 기반하여 만들어진 것으로, 그것이 내놓는 관측 수치는 그 이론에 의해 처리된 값이다.

이론 의존적 관측의 폐해 사례는 꽤 발생하며, 현대에서도 여전하다. 과학사적으로 유명한 사례로, 과학혁명 이전 서양에서는 초신성 폭발에 대한 기록이 전무한데, 이는 천상계가 완전하고 불변한다는 아리스토텔레스적 우주관에 사로잡혀 있어서 초신성 폭발을 보았어도 대기 현상으로 간주해 버리고 말았기 때문이다. 반면에 동아시아와 이슬람 지역에는 초신성 폭발을 관측한 기록이 많이 남아 있다.

자연은 수로 이뤄져 있다

자연과 수학적 대상의 실재성은 논외로 하더라도 자연 탐구에 있어 수학의 필수불가결성은 고대로부터 지금까지 거듭 확인되고 있는 사실이다. 자연 탐구에 수학과 과학이라는 학문을 최초로 시작한 고대 그리스인들은 자연을 이해하는 열쇠가 수학임을 인식하였는데, 이는 과학사에서 첫 번째 대발견이라고 할 수 있다. 이러한 신념의 기원은 피타고라스에서 유래하는데, 그는 만물의 원리가 수로 이뤄져 있다고 믿었다. 그의 사상은 플라톤에게 영향을 미쳐 만물의 형상(Form, Idea)이 이데아의 세계에 실재한다는 철학을 낳게 했다.

과학혁명기에 와서 수학과 과학의 연결성은 재발견되었는데, 갈릴레오도 자연이라는 책은 수학이라는 언어로 쓰여 있으며 수학은 과학의 열쇠이자 문이라고 말했다. 그 이후 수학과 과학은 서로에게 도움을 주고받으며 함께 발전해 오고 있다. 뉴턴(Isaac Newton)은 고전 역학의 체계를 세우기 위해 미적분을 개발하였고, 리만(Bernhard Riemann)의 일반화된 비유클리드 기하학이 제시된 후 얼마 안 가 아인슈타인(Albert Einstein)이 일반 상대성 이론을 구축하는 기본 틀이 되었다.

물리학자 양[5)]이 기본 입자 간의 힘을 매개하는 게이지 장(field)의 수학적 구조가 이미 수학자들이 연구해 오고 있던 다발(bundle)의 위상기하적 구조임을 알게 되자, "도대체 수학자들은 어떻게 이런 구조를 **자연**에서 보지도 않고 상상해낼 수 있는가?"라고 물었다. 이에 대해 수학자 천[6)]은 그 구조는 상상해 낸 것이 아니며 **자연**스럽고 실제적인 것이

5) Chen-Ning Yang. 리(Tsung-Dao Lee)와 함께 약력이 좌우 비대칭임을 예측하여 노벨 물리학상을 수상하였고, 밀스(Robert Mills)와 함께 원자핵 안의 강력과 약력을 설명하는 비가환 게이지 이론을 창시하였다.

6) Shiing-Shen Chern. 필즈상을 수상한 기하학자로 현대 미분 기하학의 아버지로 존경받고 있다.

라고 답했다. 자연스런 것은 자연에 존재하는 것이 아닐까?

또 영국의 물리학자 디랙(Paul Dirac)은 전자에 대한 디랙 방정식의 해 중 음의 에너지를 가진 해를 무의미한 것으로 버리지 않고, 그런 해의 상태가 하나 비어 있는 경우를 양전자로 해석하여 그 존재를 예견하였고, 후에 실험으로 확인되어 노벨상을 수상하였다. 순수하게 수학적 사고를 통해 얻어진 추상적 개념인 음수가 자연에 실재함을 보여준 사례라고 볼 수 있다.

자연이 이처럼 수학의 법칙을 따르는 이유는 무엇일까? 자연이 수학적으로 보이는 것은 인간의 사유가 자연을 그렇게 열어 보기 때문인지도 모르며, 어쩌면 부르바키(Bourbaki)[7] 학파가 간파한 대로 두 분야의 밀접한 연결은 선험적으로 추정 가능한 것보다 훨씬 더 깊은 수준에서 숨어 있는 실제적 연결에서 기인하는지도 모른다. 노벨상을 수상한 물리학자 위그너(Eugene Wigner)은 물리적 과학에서 수학이 갖는 지나칠 정도의 효용성은 설명을 요구하는 신비라고 말했다.

아인슈타인은 『이론 물리학의 방법』이라는 강의에서 다음과 같이 말했다. "지금까지의 경험을 통해 볼 때 자연은 생각할 수 있는 가장 단순한 수학적 관념들의 구현이라는 사실을 믿는 것이 합당하다. 자연 현상 이해의 관건이 되는 개념들과 이들 사이의 합법적 관계를 발견하기 위

7) 20세기 중후반 파리 고등사범학교를 중심으로 활동한 수학자 단체로 H. Cartan, C. Chevalley, J. Dieudonné, A. Weil, L. Schwartz, J.-P. Serre, S. Eilenberg, A. Grothendieck, P. Cartier, J. Tate, A. Connes 등 필즈상 급의 수학자들로 구성되었다. 참고로 파리 고등사범학교는 한국 교원대의 설립 시 참고 모델이었는데, 노벨상 14명, 필즈상 11명을 포함한 뛰어난 사상가들을 배출하였다.

해서는 순수한 수학적 구성에 의존해야 된다고 나는 확신한다. 경험은 적절한 수학적 개념들을 암시해 주기는 하지만 이들이 경험으로부터 도출되는 것은 아니다. 경험은 물론 수학적 구성의 물리적 효용성에 대한 유일한 기준으로 남아 있다. 그러나 창조적 원리는 수학 속에 들어 있다. 그러므로 나는 어떤 의미에서 고대인들이 꿈꾸어 왔듯이 순수한 사고는 실재를 포착할 수 있다는 것이 사실이라고 믿는다."

자연의 근본 법칙을 더 깊이 탐구해 갈수록 자연이 고도로 정교한 수학적인 구조를 가짐을 더욱 발견하게 되자[8)] 최근에는 수학을 물리적 실재와 동일시하는 수학적 우주 가설이 등장하였다. 물리학자 테그마크(Max Tegmark)가 주창한 것으로 물리적 실재 즉, 우주 전체가 수학에 의해 기술되는 것이 아니라 수학 그 자체이며, 심지어 모든 수학적 구조는 (물리적으로 인간이 접근할 수 없는) 또 다른 어떤 우주로서 실재하고 있다고 주장한다.[2] 실증 불가능한 신비주의적 주장으로 볼 수도 있지만, 전혀 무모한 것도 아니다.

모든 사물이 거처하는 시간과 공간이 수학적 대상일 뿐 아니라 우주 안의 모든 물질을 구성하거나 힘을 매개하는 기본 입자들도 내부 구조를 전혀 가지지 않고 질량, 전하량, 스핀(spin) 등 단지 몇 가지 수에 의해 완전히 표현된다. 가령 우주에 존재하는 모든 전자는 정확히 동일하다. 이 세상에 존재하는 정삼각형은 다 다를 뿐 아니라 온전한 정삼각형은 세상 어디에도 존재하지도 않는다. 하지만 이 우주의 모든 전자는 다 동일하고 또 정확히 완전한 전자로서 존재한다는 사실이야말로 전자가 수학적 대상임을 암시하지 않는가? 수리 물리학자 펜로즈(Roger Penrose)

8) 미국의 응용 수학자 Lek-Heng Lim는 다음과 같이 말했다. "When it's advanced, any topic becomes mathematical."

도 현재로선 전자가 무엇인지 명료하게 설명하려면 디랙 방정식의 해라는 것으로밖에 표현할 길이 없으며, 오랜 시간이 걸리겠지만 결국 물질은 어떤 미묘한 수학적 대상으로 이해될 것이라 예상하였다.

수학의 여러 분야를 나누는 것이 무의미하듯이 수학자, 과학자, 엔지니어가 하고 있는 일들을 나누는 경계도 무의미해 보인다. 수학자이자 철학자 화이트헤드(Alfred Whitehead)는 "우리들이 가장 이론적인 분위기에 젖어있을 때가 가장 실용적인 응용에 가장 가까이 있을 때라고 해도 그것은 역설이 아니다."라고 말했다. 또 물리학자 서스킨드(Leonard Susskind)[9)]에 의하면, "과학은 정말 이음새도 없는 온전한 전체이다. 과학의 각 분야들, 순수 과학과 응용 과학, 그들 간의 경계는 인위적인 것이며, 과학은 이 경계를 넘어 연속적으로 상호 작용하고 있다. 몇 가지 예만 들어보면, DNA를 공동 발견한 왓슨(James Watson)은 생물학자이었지만 크릭(Francis Crick)은 물리학자였고, www는 CERN의 고에너지 실험 물리학자들에 의해 창안되었다."

1.3 인간의 사유 방식으로서의 수학

수학은 단지 계산 도구가 아니라 인간 정신의 가장 독창적인 창조물로서 서구의 사상 발전에 핵심적인 역할을 했다. 수학은 구체적인 사실들에 대한 관심과 추상적인 일반화에 대한 열망을 결합하는 새로운 사고방식을 탄생시켰으며, 역사의 각 시대에 지배적이었던 수학적 관념을 깊이 있게 연구하지 않고는 그 시대의 철학, 과학, 그리고 전반적인 지적 분위기를 제대로 이해할 수 없다. 수학이 가지는 확실성과 보편타당

9) 물리학의 궁극적 이론인 끈 이론의 창시자 중 한 사람으로, 우리나라 고등과학원 석학 교수로도 재직한 적이 있다. 그는 한 때 배관공이었다.

성은 진리를 찾는 사람들을 매료시키기에 충분하여 수학의 방법론을 다른 지식에까지 확장하려는 시도는 과학뿐 아니라 합리주의 철학에도 이어졌다.

합리주의는 플라톤까지 거슬러 올라갈 수 있는데 17~18세기에 데카르트(René Descartes), 스피노자(Baruch Spinoza), 라이프니츠(Gottfried Leibniz)에서 번창하였다. 그들은 인간의 이성을 신뢰하고 이성적 직관과 연역에 의해 보편타당한 진리와 본질적 속성에 대한 통찰을 얻을 수 있다고 믿었고, 수학을 선험적 지식의 전형으로 간주하였다. 다른 모든 분야에서도 수학의 방법론을 따라 확실한 지식을 얻고자 했는데, 대표적으로 스피노자는 『Ethica : 기하학적 순서로 증명된 윤리학』에서 세계와 인간의 본성이 자명한 공리로부터 연역에 의해 얻어짐을 보였다.

합리주의자들이 경험적 지식을 부정한 것은 아니다. 데카르트는 많은 실험과 관찰을 했다. 하지만 경험의 방법은 절대적 확실성을 주지 못하기에 보조적 역할을 할 뿐이며, 확실한 지식은 오로지 이성에 의해서만 얻어진다는 것이다.

합리주의의 주요 반대 진영은 경험주의로서, 이성이 아니라 감각 경험을 모든 지식의 궁극적 원천으로 보고 귀납적 방법에 의해 지식을 얻는다고 주장한다. 아리스토텔레스에서 시작되어 근대 영국에서 베이컨(Francis Bacon), 로크(John Locke), 버클리(George Berkeley), 흄(David Hume), 밀(John Stuart Mill)에 의해 번창하였으며 현대의 논리실증주의[10]에 이어진다. 경험주의의 관점에서 수학의 필연성은 설명

10) 20세기 초 비엔나 학파를 중심으로 활동한 철학 사조로 논리경험주의라고도 한다. 과학과 수학의 비약적 성공에 영향을 받아 과학과 수학의 논리적 분석 방법을 철학에 적용하고자 했는데, 형이상학을

하기 어려운 것으로, 흄은 수학도 과학과 마찬가지로 개연적인 지식만을 준다고 주장하였으며, 밀은 수학이 또 다른 형태의 과학이며 수학 역시 관찰과 예측으로 구성된 학문이라고 주장했다. 즉, '$2+1=3$'인 것은 콩 2개에 다른 콩 1개를 더했더니 콩 3개가 되더라는 반복된 경험을 통해 얻어진 귀납적 일반화라고 보았다.

하지만 모든 지식이 경험에서 나온다는 경험주의의 주장은 분석적 진리도, 경험적 진리도 아닌 이성적 직관에 의한 통찰이다. 경험주의의 근본적인 문제는 인간은 세계를 직접 경험할 수 없고 오직 감각을 통해 가능한데, 감각 경험이 세계를 있는 그대로 반영하는 보장이 없다는 것이다. 가령 수조에 담긴 물체는 빛의 굴절에 의해 다른 위치에 있는 것처럼 보이는데, 촉각 등의 다른 감각 수단을 통해 얻는 정보도 확실하다는 보장이 없지 않은가?

더구나 모든 것을 다 관찰할 수 없기에 귀납적 추론은 필연성을 보장해 주지 못한다. 러셀의 칠면조 비유가 그 단적인 예를 보여준다. 어느 농장에서 칠면조를 키웠는데 주인이 매일 아침 6시와 저녁 6시에 모이를 주었다. 그래서 한 칠면조가 그것을 법칙으로 세웠다. 어느 날도 여느 때처럼 아침에 모이를 먹었는데, 저녁에는 모이를 먹지 못했다. 주인이 그 칠면조를 잡아먹었기 때문이다.

경험주의를 일관되게 밀고 나간 이들은 결국 버클리처럼 물질의 실재를 부정하고 주관적 관념론에 이르게 되거나, 흄처럼 인식론적 회의주의에 빠지게 되었다. 합리주의 역시 이성만으로는 한계에 부딪히고 만다. '말하는 개'에서 보듯 명석한 개념이 실재를 보장해 주는 것은 아니

인식적으로 무의미한 것으로 배격하고, 논리적 증명이나 경험적 검증이 가능한 것만을 인식적으로 유의미하다고 보았다.

며, 합리주의자들이 제1 원리를 얻는 수단인 직관이 사람마다 다르거나 오류를 일으킬 수 있고, 심지어 경험에 의해 형성된 것이라는 비판을 면하기 어렵다. 2000여 년 동안 보편타당한 무모순 체계의 전범으로 여겨져 왔던 유클리드 기하에서 평행선 공리가 인간의 직관에 비춰볼 때 자명한 진리로 여겨져 왔지만, 19세기에 와서 비유클리드 기하가 발견됨으로써 자명한 진리로서의 지위를 잃고 만 것이 그 예이다.

수학을 역사적으로 살펴보면 처음부터 완전무결한 형태로 시작된 것이 아니라 점점 엄밀성을 강화하면서 발전해 왔음을 알 수 있다. 20세기에 들어와서 집합론에서 무한과 관련한 역설들이 발견되었는데, 수학자들은 이를 근본적으로 해결하고자 아래의 세 가지 수학 철학을 내놓았다. 과연 수학의 궁극적 확실성은 정립될 수 있을까? 현재로선 낙관론과 비관론(준경험주의, 사회적 구성주의)이 공존하고 있다. 어떤 이들은 수학의 효용성을 타당성의 준거로 채택하는 것으로 만족하기도 한다.

- **논리주의**(Logicism) : 프레게(Gottlob Frege), 러셀(Bertrand Russell), 화이트헤드(Alfred Whitehead)는 모든 수학을 논리로부터 도출하는 공리 체계를 구성하고자 했다. 그러나 집합론의 역설을 맞닥뜨리자 그것을 회피하기 위해 결국 논리적으로 비자명한 공리들을 추가 도입해야 했다. 더구나 그렇게 해서 얻어진 형식 체계[11)]의 무모순성조차도 그 체계 내에서 증명할 수 없음이 괴델(Kurt Gödel)에 의해 증명되자 날개가 꺾이고 말았다.

- **직관주의**(Intuitionism) : 수학은 인간이 구성한 것으로, 참과 거짓의 판단의 근거는 논리가 아니라 인간의 직관에 있다는 주장으로 크로네커

11) 논리주의자의 형식 체계에서 기호들은 다 의미를 가진다. 이것이 형식주의자의 형식 체계와 다른 점이다. 그래서 겉으로 봤을 때, 논리주의자와 형식주의자의 수학 내용은 본질적으로 차이가 없다.

(Leopold Kronecker), 푸앵카레, 브라우어(Luitzen Brouwer), 헤이팅(Arend Heyting) 등이 직관주의를 대표하는 수학자들이다. 유한한 과정에 의해 구성(construct)되는 것만 수학적 대상으로 존재하며, 수학적 진리의 참은 경험 가능을 의미하여 배중률, 귀류법, 선택 공리에 의한 증명을 배제함으로써 기존 수학의 상당 부분을 포기할 수밖에 없게 되어 많은 지지를 받지 못했다.

- **형식주의**(Formalism) : 실무한과 배중률 등을 배제하는 직관주의에 맞서 고전적인 수학을 지키기 위해 힐버트(David Hilbert)를 필두로 한 형식주의자들은 수학에서 모호성을 야기하는 의미를 완전히 배제하고 수학을 무모순적인 형식 체계로 재정립하고자 했지만, 형식 체계의 무모순성을 그 체계 내에서 증명할 수 없음을 증명한 괴델의 제2 불완전성 정리에 의해 좌초되고 말았다.

[각 수학 철학을 대표하는 러셀, 브라우어, 힐버트[3]]

1.4 수학을 탐구하는 목적

구성주의적 관점에서처럼 수학이 맥락 의존적인 인간 행위의 산물이라면, 인간이 왜 수학을 탐구해 왔는지 살펴보는 것이 중요할 것이다. 우리나라의 많은 학생들이 수학 과목을 두려워하거나 부담스럽게 느낀다. 수학의 진면목은 알지 못한 채 단지 높은 점수를 받기 위한 공부를 하다 보니 재미도 없고 즐기지 못하는 것 같다. 잘못된 목적의식은 인간에게 주어진 축복의 선물인 수학을 무거운 짐으로 바뀌게 하고 자신을 불행하게 만들지만, 좋은 내적 동기를 가진 사람은 더 창의적인 업적을 낼 수 있다. 심리학자 할로우(Harry Harlow)는 원숭이들에게 자물쇠 퍼즐을 주어 풀어 보게 하는 실험을 하였다. 처음에 퍼즐을 푼 데 대해 아무런 보상을 주지 않았을 때는 원숭이가 스스로 퍼즐을 가지고 놀면서 잘 풀었는데, 나중에 퍼즐을 푼 보상으로 건포도를 주기 시작하자 퍼즐을 푸는 속도와 관심사가 떨어졌다고 한다. 인간을 대상으로 한 비슷한 실험에서도 같은 결과를 얻었다는 연구가 반복적으로 보고되고 있는데, 이처럼 외적인 보상이 개인의 내재적 동기를 감소시키는 현상을 과잉 정당화 효과라 한다. 필자도 학창 시절에 문학과 예체능을 잘하지 못해서 그런 과목들을 즐기지 못했지만, 오히려 졸업 후에 자발적으로 문학과 예체능을 즐기게 된다. 수학도 마찬가지라고 생각한다. 수학 점수에 대한 부담감에서 자유롭게 되고, 수학의 진면목을 알게 된다면, 수학을 취미 생활로 하고 싶게 될 것이다. 그렇다면 인류는 왜 수천 년 동안 수학을 공부해 왔을까?

수학과 자연에 대한 이해와 통찰

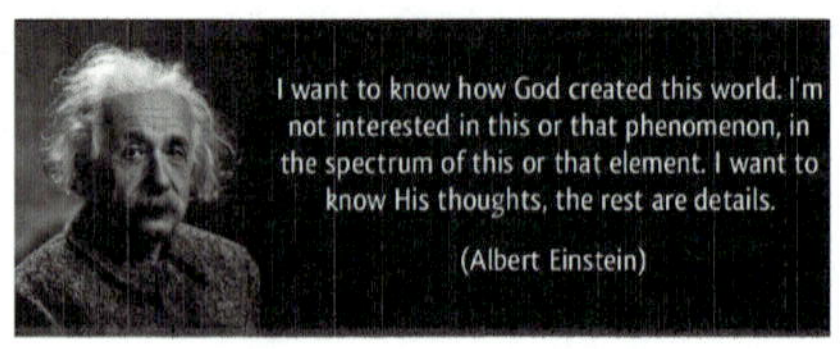

수학과 과학을 공부하는 1차적인 목적은 단편적인 사실들의 습득이 아니라 수학과 자연을 보는 안목을 넓히고, 그로부터 지혜를 얻고, 세계와 인간 자신을 알기 위함이다. 자연이 고도의 질서와 조화를 갖춘 체계라면 분명 그 체계를 구성하는 원리와 의미가 있을 수밖에 없고, 수학 역시 단지 형식 체계가 아니라면 원리와 의미를 가지는데 그것을 이해하길 원하는 것이다. 이것은 생존 본능이나 단순 호기심이 아니라 존재의 의미를 확인하려는 인간의 본래적 열망에서 비롯된다.

어떠한 지도이든지 4가지 색이면 인접한 나라의 색이 서로 다르게 색칠할 수 있다는 4색 정리는 컴퓨터에 의해 모든 경우의 수를 다 체크하는 방법으로 증명되었는데 큰 논란이 있었다. 이것을 올바른 증명으로 받아들일 수 있느냐는 문제 제기도 있었지만, 보다 근본적으로는 이렇게 단지 결과만을 줄 뿐 그것이 성립하는 이유를 주지 못하는 증명이 무슨 의미가 있느냐는 회의감에서 비롯된 것이었다. 4색 정리가 그 유명세에도 불구하고 수학의 이해와 발전에 기여한 바는 적었다. 우리가 수학 정리의 공식만 암기하지 않고 힘들여 증명을 공부하는 이유는 그 증명을 이해함으로써 증명을 초월하는 실재에 대한 통찰을 얻기 위함이다.

[4가지 색이 필요한 지도들]

또 그러한 이해가 한 개인에만 머무른다면 무슨 의미가 있겠는가? 진정한 이해는 난해한 수학적 표현에 머무르지 않고 보통 사람들에게까지 공유될 수 있어야 한다. 라그랑주[12]는 “수학자는 길거리에 나가 처음 만난 사람에게 알기 쉽게 설명해서 확실히 이해시킬 수 있을 정도가 아니라면 자신의 일을 완전하게 이해하고 있다고 말할 수 없다.”고 믿었다. 노벨 물리학상 수상자이자, 이해하기 쉬우면서도 깊이 있는 명강의로 유명했던 파인만(Richard Feynman)도 수식보다는 직관을 중시했고, 1학년 학생이 이해할 수 있을 정도로 설

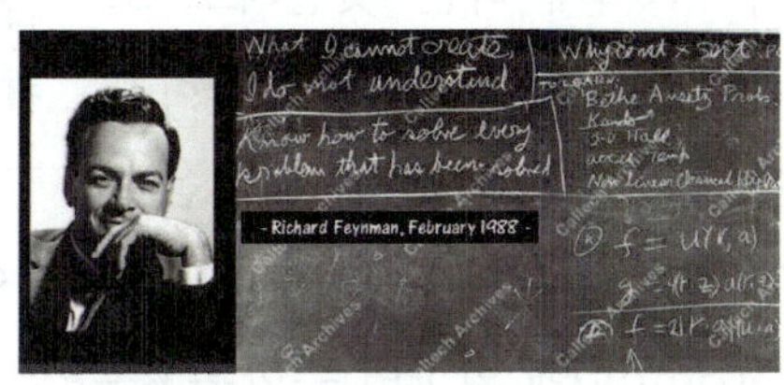

[파인만의 마지막 강의 판서 : What I cannot create, I do not understand.]

12) Joseph-Louis Lagrange. 18세기 이탈리아 태생으로 프랑스에서 수학자, 물리학자로 큰 업적으로 남겨 코시, 라플라스, 푸리에, 르장드르, 푸아송, 몽주 등과 함께 에펠탑에 이름이 새겨져 있다. 라그랑주 승수법과 오일러-라그랑주 방정식을 발견하였다.

명을 할 수 없다면 제대로 이해하고 있지 못하는 것이라고 말했다.

진선미의 추구

수학에 내포된 더 깊은 차원의 의미는 이데아의 세계의 최상위에 자리하는 진, 선, 미와 관련되어 있으며, 그것으로부터 수학을 공부하고자 하는 열정과 동기가 부여된다. 수학과 자연을 탐구하는 진정한 연구자는 진리와 참된 아름다움에 대한 동경이 있기에 평생을 바쳐 연구에 매진한다.

우선 수학을 통해 진리의 본체에 조금이나마 더 다가가려 한다. 수학의 정리는 진리의 결정체로서 조금의 거짓도 있어선 안 된다. 아무리 사소한 명제라도 그것이 참이라면 세세토록 아름다운 진리의 일부가 되지만, 아무리 멋져 보이는 명제라도 미세한 거짓이라도 포함되어 있다면 버려진다. 알랭 콘(Alain Connes)[13]이 말한 대로 실재는 냉혹하다. 왜 정의(Justice)가 본질상 가혹한 면을 가지게 되는지 수학을 통해 알게 된다. 또한 단지 수학적 지식을 많이 가진다고 진리에 더 가까워지는 것이 아닐진대, 어쩌면 사심 없는 진리 추구 과정 자체가 진리에 더 가까워지게 하는 것일지도 모른다. 그래서 수학을 탐구하기 위해서는 진정 순수한 마음을 가져야 한다. 세계적인 기하학자로 아벨상을 수상한 그로모프(Mikhail Gromov)에 의하면 수학은 순수성에 가장 많이 의존하는 학문이다.

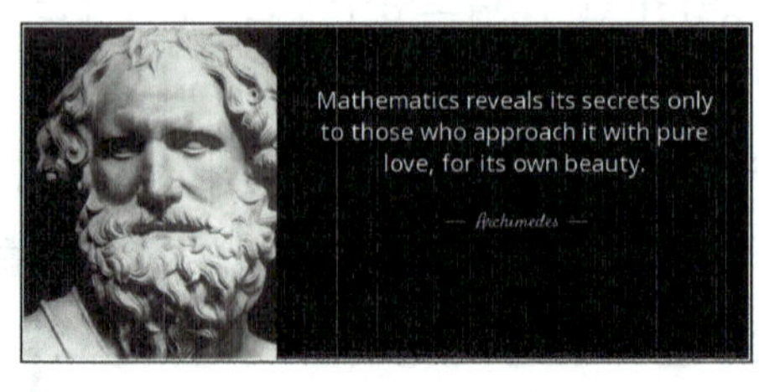

물론 그렇다고 현실적 필요를 도외시하고 진리 추구만을 위해 수학을

13) 비가환(noncommutative) 기하학을 창시한 프랑스의 수학자로 필즈상을 수상하였다.

공부해야만 하는 것은 아니지만, 인간은 진리를 추구한다면서도 종종 욕심으로 변질되기 쉬우므로 늘 경계해야 한다. 수학의 7대 미해결 난제 중 하나였던 푸앵카레 추측[14)]을 해결한 러시아의 수학자 페렐만(Grigori Perelman)은 “증명이 맞았으면 됐지 더 이상의 인정은 필요 없다.”며 필즈상 등 영예로운 상과 큰 상금뿐 아니라 명문 대학의 스카우트 제의도 다 거부해 세상을 놀라게 했다. 이에 대해 그로모프는 다음과 같이 말했다. “위대한 일을 해내기 위해서는 순수한 마음을 가져야 한다. (그래야만) 오직 수학만 생각할 수 있다. 그 외의 것은 인간의 약점이다. 상을 받는다는 것은 그런 약점을 보여주는 것이다.”

1993년 와일즈(Andrew Wiles)가 페르마의 마지막 정리를 증명했다고 발표한 바로 다음 날 뉴욕 타임즈는 머리기사로 그 소식을 전했다. 그 증명을 이해할 수 있는 사람은 전 세계에 몇 명도 채 되지 않겠지만 말이다. ‘태초의 빛’[15)]인 우주 배경 복사가 발견되었을 때에도 뉴욕 타임즈는 머리기사로 소식을 전했다. 어떤 사람들은 필즈상이나 노벨상에 더 많은 관심을 갖지만, 그 내용을 잘 몰라도 진리의 발견 자체를 기뻐하는

The New York Times

At Last, Shout of 'Eureka!' In Age-Old Math Mystery

SENATORS TAKE UP CLINTON'S BUDGET WITH ACID DEBATE

Split in Japan's Ruling Party Is Rearranging Political Map

House Retains Space Station In a Close Vote

The New York Times

LATE CITY EDITION

Signals Imply a 'Big Bang' Universe

24-Hour Dominican Truce Is Accepted by Both Sides

[좌 : 페르마 정리 증명의 보도 기사 우 : 우주 배경 복사 발견의 보도 기사]

14) 모든 폐곡선이 점으로 수축될 수 있는 닫힌 3차원 다양체는 3차원 구면이 유일하다는 정리

15) 정확히 말하면 약 138억 년 전 우주가 탄생하고 약 38만 년쯤 지난 후 우주가 빛에 투명해진 첫 순간의 빛(전파)이다. 그 빛이 지금도 남아 우주 전체에 퍼져 있는데, 아날로그 TV의 빈 채널에서 보이는 잡음의 약 1%는 그때 그 빛이다.

사람들도 많다. 수학과 과학의 큰 진보가 이뤄질 때마다 신문의 1면 머리기사가 되는 그런 문화가 부럽다.

우리말의 '아름답다'의 어원이 '알다'에서 왔다는 학설이 사실인지 모르지만, 진정한 아름다움은 진리와 선에 있을 것이다. 그래서일까? 진리를 표상하는 수학도 예술처럼 자체의 규칙 안에서 무한한 아름다움을 표현한다. 러셀은 수학의 아름다움을 다음과 같이 표현했다. "수학을 올바르게 바라보면 거기에는 진리뿐 아니라 조각같이 냉철하고 엄격한 궁극의 미가 담겨 있음을 알 수 있다. 그러한 미는 우리 본성의 약한 부분을 파고들지 않으며 그림이나 음악처럼 호화로운 모습도 아니다. 오직 초연하게 순수하고 가장 위대한 예술이 보여주는 것과 동일한 엄격한 완전성만 갖추고 있다."

실베스터[16)]는 "음악은 감성의 수학이고, 수학은 이성의 음악이다."라고 말했는데, 수학적 대상들의 관계에서 아름다운 질서(패턴)를 발견할 때 느끼는 감성적 경험은 음악을 감상하고 연주하는 경험과 크게 다르지 않다. 특히 바흐의 음악을 들으면 마치 조화로운 수열들의 진행을 듣는 듯하다. 바흐 음악의 핵심 형식인 푸가와 카논은 주제 선율을 일정한 규칙에 따라 모방하고 반복, 변형하며 대칭적인 구조를 만들어내는데, 이는 기하학에서의 변환과 유사하다. 『평균율 클라비어 곡집』의 구조에서 황금비(≈1.618)나 피보나치 수열과의 연관성이 있다는 흥미로운 연구도 있다.[4] 음악이 펼쳐지는 무대인 시공간의 상대성을 최초로 발견한 아인슈타인은 어릴 때부터 바이올린을 연주했는데, 자신의 새로운 발견은 음악적 지각에 따른 결과였다고 말했다. 아마도 상대성 이론과

16) James Joseph Sylvester. 19세기 영국의 수학자로 행렬에 대해 많은 연구를 했고, 행렬(matrix, 자궁이라는 뜻의 라틴어), 그래프(graph, 네트워크) 등의 용어도 그가 만들었다.

같은 혁신적인 아이디어의 탄생 배경에는 음악을 통해 길러진 심미적 감각과 직관력이 중요한 역할을 했으리라 추측할 수 있다.

수학과 예술은 진선미의 다른 표현이다. 아리스토텔레스가 말했듯이 예술이 사물의 겉모습이 아니라 사물의 본질을 보여준다는 의미에서 예술의 근원적인 목적도 진리의 추구라 할 수 있다. 예술가들도 위대한 작품은 인간의 작품이라기보다는 영원한 진리를 드러내고 있다고 느낀다고 한다. 문학가 보르헤스[17)]는 "유명한 시인은 창조자라기보다는 발견자라 할 수 있다."고 말했다. 우리는 6장에서 미술로 표현된 무한을 생각해 볼 것이다.

수학의 실용적 유익

잘 알려진 대로 수학을 공부하면 논리적 사고력, 직관력, 문제해결력, 창의성을 함양할 수 있다. 수학 공부를 통해 특정 지식을 이해하고 그 사용법을 익히는 것도 필요하지만 수학적으로 사고하고 문제를 해결하는 노하우(knowhow)를 배우는 것이 더 중요하다고 할 수 있는데 인간의 모든 수학적 사고 과정이 다 알고리즘처럼 기계적으로 수행되는 것이 아니기 때문이다. 특히나 인공지능이 일상화되어 기존의 모든 지식을 손쉽게 제공받을 수 있는 지금, 이미 알려진 지식을 많이 보유할 필요성이 사라지고 있다. 기존의 사고 지평을 넘어 새로운 단계로 도약하는 창의적 사고를 할 수 있어야 한다. 그러기 위해선 문제에 직접 부딪혀 싸우며 자신만의 해결 노하우를 찾아가고, 수학적 개념과 구조를 배우면서 통찰력과 직관력을 키워나가야 한다.

17) Jorge Luis Borges. 아르헨티나와 라틴 아메리카를 대표하는 작가로 세계 현대 문학사에서 가장 영향력 있고 중요한 작가들 가운데 한 사람으로 평가받는다. 노벨 문학상을 수상한 한강 작가는 소설 집필을 하다 막혔을 때 천체 물리학 서적을 읽거나 다큐멘터리를 봤는데, 당시 유일하게 읽었던 소설은 보르헤스의 작품이었다고 한다.

다음 장에서 살펴보겠지만 초기의 인류는 실용적 목적으로 수학을 탐구했다. 수학은 기호와 언어의 주관적 구성물이나 지적 유희가 아니라 객관적으로 실재하는 진리를 표현하므로 자연과학, 공학, 사회과학 등 여러 분야에서 수리적 문제들을 해결하는 강력한 도구가 된다. 일본의 경제산업성과 문부과학성이 2019년에 펴낸 『수리 자본주의의 시대 : 수학의 힘이 세상을 바꾼다』라는 보고서에서 수학을 국부의 원천으로 규정하며, 파괴적 혁신을 일으키기 위한 가장 보편적이고 강력한 도구가 수학이라고 단언했다. 인공지능, 빅 데이터 등을 중심으로 일어날 4차 산업 혁명의 승자가 되기 위해 필요한 것은 첫째도 수학, 둘째도 수학, 셋째도 수학이며, 2017년 미국의 수학 박사 30% 이상이 산업계에서 활동하는 데 비해 일본은 12% 정도밖에 안 된다고 진단하였다.(한국은 2%로 추정) 영국도 총리 직속 공학 및 자연 과학 위원회에서 낸 『수학의 시대』라는 보고서에서 수학이 인공지능 등 4차 산업 혁명의 심장이 되었고 21세기 산업은 수학이 좌우할 것이라 전망하며, 2008~2013년 영국에서 수학이 창출한 연평균 경제적 가치를 GDP의 16% 정도로 추정하였다.[5]

수학을 통해 인생을 배우다

수학 문제에 도전하여 실패와 좌절을 겪어 보지 않은 사람은 아무도 없다. 그러한 어려움을 극복하는 경험을 통해 문제해결력의 정의적 요소인 자신감, 용기, 성실함, 인내, 불굴의 의지 등이 자라난다. 이러한 자질은 수학과 과학만이 아니라 인생의 여러 문제와 어려움을 헤쳐 나갈 자산이 된다. 또한 수학을 공부해 가는 과정을 통해 겸손, 남을 배려하는 마음, 절제, 내려놓음, 정직과 올바름도 배우게 된다.

인류가 수학과 과학을 비롯한 찬란한 문명을 이룩하게 된 것은 소수의 엘리트들의 기여에 의한 것이라기보다는 인류 전체의 집단 지성이 발휘된 결과다. 늑대 인간의 사례에서 보듯 어떠한 사람도 자연에 홀로 버려진다면 동물적 삶을 벗어날 수가 없다. 또 민심이 천심이라는 말도 있듯이 집단 지성은 어느 개인보다도 우수하다. 영국에서 비전문가인 다수의 대중과 소수의 전문가들이 소의 무게를 알아맞히는 실험을 하였는데, 항상 다수 대중의 평균치가 더 정확하였다고 한다.[18] 그리고 함께 하면 더 잘할 수 있다. 집단 지성은 각 구성원들의 단순 합이 아니라 서로 간의 상호 작용을 통해 시너지 효과가 일어난다. 현대에 와서 수학과 과학은 지나치게 고도화되면서 과거처럼 천재 한 명이 혼자서 감당하기에 어려운 수준이 되어 공동 연구의 필요성이 어느 때보다 더 요구되는 시대가 되었는데, 공동 연구를 잘하기 위해서는 인간적 신뢰와 교감이 선행되어야 하므로 겸손과 따뜻한 마음의 인성을 가져야 한다. 세계적인 물리학자 서스킨드가 젊은 과학자들에게 주는 조언을 귀담아 들어두자. "매일 비타민을 먹는 것 외에 강한 의사소통 기법을 발전시키라고 조언하고 싶다. 과학이라는 국제적 경쟁 세계에서 의사소통을 잘할 수 있는 사람에게 엄청난 이점이 있다." 어쩌면 더 좋은 연구 결과를 만들어내는 것보다 누군가와 함께 마음을 같이 하여 진리를 탐구했다는 사실이 더 중요한 것이 아닐까?

1.5 위대한 수학자들

수학(數學)이라는 이름이 나타내듯이 수학은 단지 수(數)뿐만이 아니라 수학을 하는 활동(學)도 포함하고 있다. 인류가 어떻게 그 활동을 수행해 왔는지 그 발자취를 따라가 보는 가운데 수학자들이 한 인간으로

18) 20세기 초 인류학자 프랜시스 골턴(Francis Galton)이 800여 명을 대상으로 한 실험이다.

서 힘든 삶의 현실 가운데서 어떤 마음으로 수학을 수행했는지 살펴보는 것도 의미 있을 것이다. 현대에서 와서 많은 연구자들이 풍부한 연구비와 경제적 보상을 받으며 편리함과 안락함 가운데서 연구하고 있지만, 어떤 수학자들은 인생의 고난 가운데에서도 아름다운 정리들을 빛어내었는데, 그러기에 그들의 업적이 더욱 빛나 보인다.

18세기 스위스의 수학자 오일러(Leonhard Euler)는 역사상 가장 위대한 수학자 중 한 사람으로 꼽히기에 손색이 없다. 아이들을 돌보면서도 논문을 쓰는 등 성실한 노력을 통해 무려 866편의 논문을 남겼는데, 함수를 $f(x)$로 표현하는 등 현대 수학의 많은 표기법이 그의 저작에서 비롯되었다. 하지만 그는 첫 아내의 사별, 13명의 자녀 중 8명을 일찍 떠나보내고, 자신의 두 눈마저 시력을 잃었지만 친절함을 잃지 않았고 더 많은 수학적 업적을 남겼다.

17세기 프랑스의 수학자, 물리학자, 철학자 파스칼(Blaise Pascal)은 16세 때 파푸스의 육각형 정리를 임의의 2차 곡선으로 확장한 파스칼의 정리를 증명할 정도로 신동이었다. 하지만 17세부터 39세로 죽을 때까지 육체적 고통이 없는 날이 거의 없었다. 그가 남긴 고전 『팡세』를 통해 생각하는 연약한 갈대인 인간의 위대함과 비참함이라는 모순이 신에 의해 해결된다고 말한 그는 천연두에 걸린 가난한 어떤 가족에게 자신의 집을 내주었고, 그 후 얼마 안 가서 고통 가득한 찬란한 생을 마감하였다.

4장에서 주인공으로 등장할 천체 물리학자이자 수학자인 케플러(Johannes Kepler)는 어려서 천연두를 앓은 후 시력을 많이 잃고 신체도 병약했고, 가난하고 불행했던 가정환경, 첫 아내의 사별, 12명의 자녀 중 8명을 일찍 떠나보내는 등 온갖 역경들을 다 겪어야 했다. 아이가 어려서 죽는 것이 일상다반사와 같았던 시절이었다고 해서 그 고통이 가벼워지는 것은 아니다. 아이를 먼저 하늘나라로 보낼 때마다 연구를 할 힘이 있었겠는가?

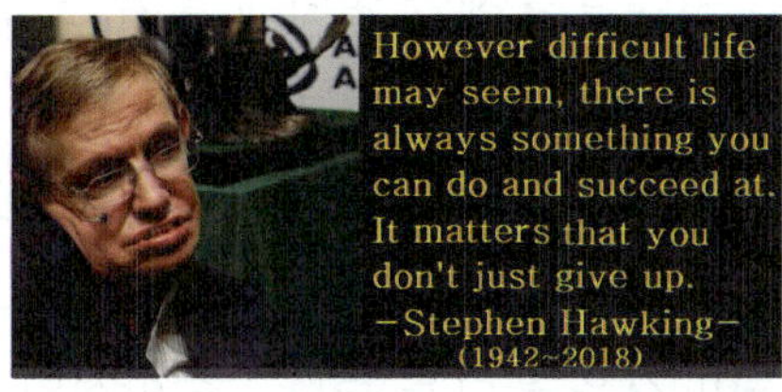

영국의 수리 물리학자 스티븐 호킹(Stephen Hawking)은 비록 노벨상은 받지 못했지만, 우주의 태초와 블랙홀에 대한 연구로 역사에 길이 남을 과학자이다. 그는 20대 초반에 루게릭병으로 2~3년밖에 살지 못한다고 진단받았지만, 매일을 마지막 날처럼 최선을 다해 살았고 뺨에 붙은 센서를 이용해 단어 하나를 입력하는 데 1분씩 걸려 책도 쓰고 사람들과 소통하며, 많은 사람들에게 용기와 영감을 주었다.

차가 2인 두 소수를 쌍둥이 소수라 하는데, 이런 쌍이 무한히 많다는 쌍둥이 소수 추측은 아직 미해결이지만, 해결을 위한 중요한 실마리가 무명의 수학자 장이탕(Yitang Zhang)에 의해 제시되었다. 그는 박사 학위를 받고 취직을 못해 식당에서 알바로 일하면서도 수학을 포기하지 않았고, 58세에 그 발견을 해 59세에 교수가 되었는데, 그는 다음과 같이 말했다. "나는 전혀 똑똑하지 않다. 다만 정말 수학을 사랑한다. 그것이 중요하다."

우리나라에도 존경받는 수학자들이 여러분 계시지만 한 분만 언급하자면, 이임학 교수님은 새로운 종류의 유한 단순군인 리 군(Ree group)을 발견해 군론 분야의 역사에 길이 남아 있다. 프랑스의 수학자 디외도네(J. Dieudonné)가 쓴 명저 『순수 수학의 파노라마』에서 군론을 근원적으로 창시한 21명의 수학자 중에 코시(A.-L. Cauchy), 갈루와(É.

Galois) 등과 함께 이임학 교수님이 올라가 있다. 해방 후 잠간 휘문 중학교 교사로 있다가 서울대 수학과 교수로 재직하던 중 남대문 시장에서 (미군이 버린) 쓰레기 더미 중 우연히 발견한 미국 수학 학회지에 실린 미해결 문제를 풀어낸 일화는 유명하다.[19] 가난했던 당시 우리나라에는 수학책이 극히 드물어서 책을 빌려 일일이 필사해서 공부했고, 두꺼운 책은 사진관에 가서 한 장 한 장을 사진으로 찍었다고 하는데 한 달 월급을 고스란히 희생해야 했다. 그가 후학들을 위한 조언으로 남긴 말씀이 깊은 울림을 준다. "수학적인 내용은 별로 없이 표면적인 내용을 가지고 다른 사람한테 보이기 위하여 발표하는 경우가 있는데 수학자는 이와 정반대되는 태도를 갖고 학문에 임해야 한다."

1.6 생각해 볼 문제들

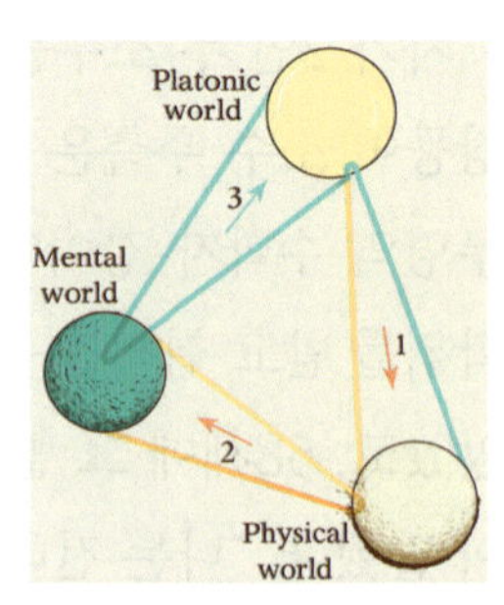

❶ 어떤 수학적 구조는 인간이 임의로 구성한 것이지만, 어떤 수학적 구조는 매우 자연스럽고 필연적이며, 자연에서도 발견되며, 인간이 예상치 못한 심오한 아름다움을 보여주고 있어 인간이 고안해 낸 것이 아니라는 생각이 들게끔 한다. 수리 물리학자로서 노벨 물리학상 수상자인 펜로즈에 의하면 오른쪽 그림처럼 인간이 인식하는 세 가지 세계가 존재하며, 세 세계는 불가사의한 연결로 상호 연관되어 있다.[6] 이 가운데 수학의 세계는 어디에 존재하는지와 화살표들의 방향에 대해 자신의 입장을 논하시오.

19) Zorn's lemma로 유명한 Max Zorn이 제시한 문제이다.

❷ 토마스 쿤의 패러다임 이론은 수학사에도 적용 가능한가? 다음을 참고하자.

(i) 고대 그리스 때 무리수가 발견되었지만, 수로 수용되지 못하고 배척된 사실

(ii) 2000여 년이 세월이 흘러 비유클리드 기하와 초한(transfinite)수가 등장함.(혁명적 전환)

(iii) 20세기 초 실무한의 수용과 거부를 둘러싼 극심한 대립과 갈등이 있었음. 학술지의 편집권을 장악한 주류 학파가 반대파의 논문 게재를 거부하며 학문적 생명줄을 끊으려 함.

(iv) 고전적 수학과 직관주의 수학의 공약 불가능성

(v) 순수 수학의 추상적 구조를 중시하는 부르바키 학파의 전통과 현실 문제 해결을 중시하는 응용 수학적 전통의 대립(?)

❸ 현실 세계의 현상과 개념 중 수학적 추상화가 불가능한 예를 찾아보시오. 자연 현상을 설명하고 예측하는데 수학이 매우 정확하고 효율적인 반면에 사회 현상과 인간을 설명하는데 지금까지 수학이 정확하지 못하거나 유용하지 못했던 이유는 무엇이라고 생각하는가?

참고 수리 경제학 등 사회과학에서 수리적 모델을 만들어 분석하는 사례는 많다. 가령 전략적 의사 결정에 게임 이론을 이용하거나 사회적 네트워크 분석에 그래프 이론을 이용한다. 여기서 그래프는 함수의 그래

프를 뜻하는 것이 아니라 꼭지점들과 그 점들을 이은 변(edge)들로 이뤄진 수학적 구조로서, 각 꼭지점에 숫자를 부여하거나 각 변에 방향을 부여할 수도 있어 수학뿐 아니라 자연과 사회의 다양한 구조를 표현하는 데 요긴하게 사용된다.

❹ 인류의 사상사에서 수학적 추상과 분석이 사유를 강력히 전진시킨 동력임은 분명하지만, 추상적이고 분석적인 사고 능력이 점점 커진 것이 사유에 있어 부정적 영향으로 작용한 측면은 없는가? 그런 양상의 예들을 들고 이를 보완하기 위한 실천적 가이드를 제안해 보시오.

❺ 수학(과학)의 분야에서 연구자 또는 교육자로 일하는 전문가로서 수학사(과학사)와 수학 철학(과학철학)을 공부해야 하는 이유는 무엇인가?*

❻ 당신은 수학과 자연의 신비와 아름다움을 느낀 적이 있는가? 그것을 학생들과 다른 사람들에게 어떻게 말해줄 수 있겠는가? 수학과 과학이 소수의 천재들만의 전유물이 아니며 보통 사람들 각자에게 고유한 의미를 가질진대 당신에게는 어떤 의미를 가지는가?(이 질문들은 이 책을 마치면서 다시 생각해 보기 바란다.)

CHAPTER

02

학문적 수학 이전의 수학

Music is the pleasure the human soul experiences from counting without being aware that it is counting.

\- G. Leibniz

2.1 수학적 본능

인간과 동물은 생존에 필요한 초보적인 수학적 개념을 가지고 태어나거나 경험을 통해 저절로 학습한다. 사물들의 개별성과 동일성, 크기 비교, 형태·공간 지각 등은 고등 수학에서도 개념적 기초를 이룬다. 일부 동물의 본능에는 놀라울 정도의 수학적 알고리즘이 탑재되어 있다.

공간과 사물에 대한 위상적 개념

오른쪽 그림에서 고양이는 이 다리가 위상적으로 비연결(disconnected)이고, 멀리 보이는 다리는 연결(connected)임을 인지할 것이다.

공간과 사물에 대한 기하적 개념

개미들은 집단적인 시행착오 탐색을 통해 굽어진 지형 또는 이동 편이성 등이 고려된 최단 경로를 택하여 목적지에 찾아가고, 32,768($=2^{15}$)가지나 되는 경로들 중 최단 경로를 1시간 안에 찾아낸다.[7]

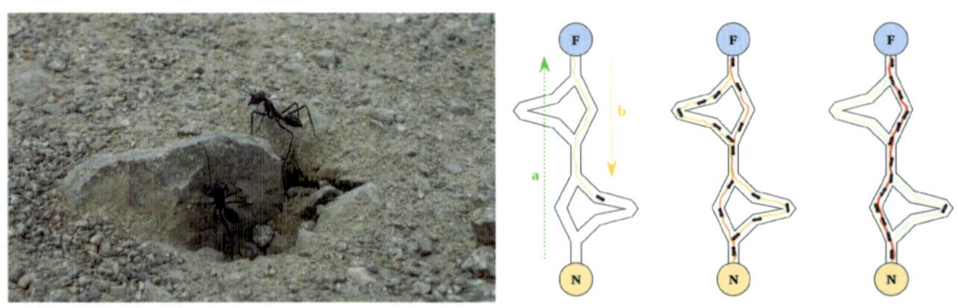

개미들은 선들의 교차 빈도를 이용하여 면적을 추정하는데, 교묘한 가림막을 넣어 교차율만 조작하자 실제 면적이 같아도 작다고 판정을

한다.[8] 단지 물리적 거리와 시간만이 아니라 기회비용 대비 편익까지 고려하여 다리를 만드는 등, 개미 집단이 보여주는 조직적 행동들의 효율성은 놀라울 정도인데, 컴퓨터의 반도체 소자들이 각각 단순 작업을 하지만 그것들이 다 모여서 지능을 창출하는 것처럼 개별 개미들은 단순 규칙을 따를 뿐이지만 그러한 병렬 연산이 모여 군집 지능(Swarm Intelligence)의 창발을 보여준다. 이러한 개미의 행동은 컴퓨터 과학에서 개미 군집 최적화 알고리즘 등으로 구현되어 복잡한 최적화 문제를 해결하는 데 활용되고 있는데, 고전적인 탐색 기법을 보완하거나 더 능가하는 성능을 보여주고 있다.[20)]

수를 세는 능력

사하라 사막 개미는 자신의 걸음 수를 세어 기억한다. 50미터나 떨어진 곳에 있는 먹이를 찾아서 곧장 집으로 정확히 돌아오는데 개미 굴 입구는 지름이 1밀리미터도 안 된다. 사하라 사막에서는 페르몬이 빨리 증발하여 효용성이 없으므로 자신의 걸음 수를 계산하여 기억하고 있다가 정확히 반복해서 귀환함이 밝혀졌다. 목적지에 도달한 개미의 다리에 부목을 덧대어 길게 만들거나 다리의 일부를 절제해 짧게 만들어 놓아주면, 부목을 덧댄 개미는 집을 지나쳐 버리고, 다리를 절제한 개미는 집에 이르지 못했다. 집에서 출발할 때부터 위와 같은 시술을 한 개미는 목적지에 도달한 후 정확히 집으로 귀환하였다.[9]

젖먹이 아기, 새, 포유류 등의 일부 동물들도 작은 수를 인식할 뿐 아니라 더하고 빼는 능력을 타고남이 실험을 통해 입증되었다. 태어난 지 얼마 안 되는 병아리가 훈련 없이도 작은 수를 더하고 빼고, 0 즉 없음을 인식하고, 기준이 되는 숫자보다 작은 숫자가 제시되면 왼쪽을, 큰 숫자

20) 성경의 잠언에 "게으른 자여. 개미에게로 가서 그 하는 것을 보고 지혜를 얻으라."는 구절이 있다.

가 제시되면 오른쪽을 연결 짓는 행동을 보였는데, 인간과 유사한 수직선 개념을 가지는 것으로 보인다.[10] 침팬지는 '$4+3>5+1$'과 '$\frac{1}{4}+\frac{1}{2}=\frac{3}{4}$'을 직관

적으로 인식할 수 있고, 침팬지, 앵무새, 비둘기, 꿀벌 등에게 보상 기반의 훈련을 실시하면 수를 기호에 대응할 수 있었다.[11]

분류하고자 하는 본능

인간에게는 사물이나 정보를 분류하고자 하는 본능이 있다. 개미들도 자신의 거주 공간과 사물들을 어떤 원칙에 따라 정리하여 질서를 부여하지만, 인간은 그 원칙이 일률적이지 않다. 창의적으로 새로운 질서를 부여하고, 그런 행위는 항상 어떤 의미를 내포하고 있다. 순수 수학에서 하는 일은 기본적으로 수학적 대상과 구조를 정의하고 그것을 분류하는 일이다. 다양한 분류는 결국 어떤 것을 셈(counting)으로써 이뤄진다.

2.2 수를 세다

인간이 인식을 못해도 셈은 뇌에서 항상 일어나고 있다. 라이프니츠가 주목한 대로 음악을 듣고 감정을 느끼기 위해서도 음파의 진동수를 세어 음의 높낮이를 분별해야 한다. 하지만 인간이 의식적으로 수를 세는 행위는 높은 수준의 사고 과정이다. 수에 대한 개념 이해가 선행되어야 하는데, 그것은 오랜 시간을 통해 인류가 시행착오와 발견을 통해 축적된 집단 지성의 산물이며, 교육에 의해 후천적으로 학습된 결과이다. 지역별로 차이가 있긴 하지만, 인류가 닭 두 마리의 2와 이틀의 2를 같은 것으로 이해하기까지 대체로 수천 년이 걸렸다.

큰 문명에서는 수의 개념을 발전시켰지만, 여러 소규모 부족에서는 하나, 둘, 많다 외에 더 이상 수 개념을 발전시키지 못했다. 남아프리카 Damara 부족에서는 양 한 마리에 담배 두 개비로 거래되는데, 인류학자 골턴(Francis Golton)이 양 두 마리를 사기 위해 담배 네 개비를 주자 그들이 혼란에 빠져서, 결국 두 번에 걸쳐 교환하였다. 심지어 프랑스어에서도 '셋'을 뜻하는 'trois'와 '매우'라는 뜻의 'très'가 같은 어원을 가지고 있다. 하나, 둘, 셋 정도의 수는 이성적 사고를 전혀 거치지 않고 한눈에 파악되기에 수 개념이라기보다는 사물에 대한 속성을 나타내는 형용사와 같다.

수를 알지 못해도 셈의 필요성은 인간 사회 어디서나 존재한다. 양이나 소를 우리에 집어넣을 때 마리 수를 확인해야 했고, 물물 교환 거래를 하고, 조세와 징집을 위해 인구 조사를 해야 했다. 어쩌면 인간은 개수보다 순서를 먼저 세었는지도 모른다. 계급 사회에서 살아가기 위해서는 서열을 반드시 숙지하고 있어야 하기 때문이다. 의식 등을 행할 때 서열 순서대로 했을 것이다.

작은 수는 손가락으로 가능했다. 수를 셌던 거의 모든 문화권에서 다 사용한 계산 도구인 손가락은 지금도 어린이와 경매사들에게 주요한 수학적 표상으로 사용되고 있다. 아라비아 숫자가 상용화되기 이전의 16세기 유럽에서도 손가락으로 수를 세는 것이 보편적이었는데, 손가락과 몸의 다른 부위를 이용해 10만 단위까지 표현하는 방법도 개발되었다. 여러 문화권에서 십진법을 사용하게 되는 것도 열 손가락으로 수를 세는 데서 유래한 것으로 보인다.

더 큰 수를 세기 위해선 보조적 수단이 필요했다. 고고학적 발굴에 의하면, 점토 토큰 또는 조약돌과 일대일 대응을 시켜서 개수 확인을 하였다. 사실 일대일 대응은 현대 수학의 근본 개념으로 집합들의 모임에 동치 관계(부록 참조)를 정의하며, 일대일 대응에 의해 동치가 되는 집합들을 같은 것으로 간주한 추상적 대상이 자연수라고 할 수 있다. 조약돌들로 양의 개수, 소의 개수, 사람 수도 다 셀 수 있으므로 수에 대한 개념이 조금씩 형성되었고, 양이 새로 태어나면 조약돌을 더하고, 잡아먹거나 팔면 조약돌을 빼는 행위를 통해 산술적 연산에 대한 개념에 조금씩 다가갔으리라 추측된다. 우리에게 아라비아 숫자가 수의 외적 표상이듯이 고대인들에게 조약돌이 수의 외적 표상 역할을 한 셈이다. 조약돌은 라틴어로 calculus인데, 계산하다(calculate)의 어원이 되었다.

[Calculus 교재와 주판]

조약돌들을 담아놓은 용기에 몇 개 담아놓았는지 표식을 하게 되었고, 조약돌은 분실의 우려도 있고, 매번 휴대하기 번거로우므로, 개수를 기호로 표시하는 것이 낫다는 생각이 생겨났을 것이다. 동물 뼈 등에 금을 그어 개수를 표시한 유물들은 전 세계적으로 출토되고 있다.

[콩고의 이상고 지역에서 발견된 뼈]

2.3 숫자의 등장

큰 수를 나타내기 위해서는 작대기를 너무 많이 그어야 하므로, 큰 수에 대한 간결한 표시 기호가 필요해졌고, 문자의 사용에 따라 수에 해당하는 기호도 등장하게 되었다. 수에 대한 최초의 기록은 BC 3000년경

이집트와 메소포타미아에서 등장한다. 메소포타미아의 경우, 처음에는 세는 대상과 단위에 따라 수 기호가 달라서 온전히 추상적인 수로 보기에 미흡한 면이 있고, BC 2000년경에 가서야 통일된 수 기호를 갖게 된다. 이집트인들은 나일강에 많이 자라는 식물인 파피루스를 종이처럼 만들어 그 위에 기록하였지만, 티그리스강과 유프라테스강 사이에 살았던 수메르[21]와 바빌로니아 사람들은 점토판에 뾰족한 도구로 쐐기문자를 기록한 후 햇빛 또는 열에 구워 보관하였으므로 지금까지도 양호한 상태로 매우 많이(약 50만 개) 발굴되었다.

이집트에서는 상형문자로 수를 표시하였는데, 자릿수 개념이 없는 십진법을 사용했다. 가령 3,225,578은 아래처럼 표기되었다.[12]

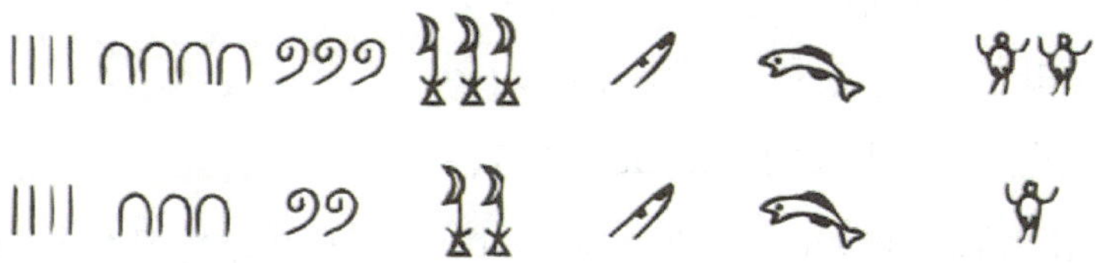

8 + 70 + 500 + 5000 + 20000 + 200000 + 3000000

자리와 관계없이 같은 기호를 쓰는 위치 기수법은 최초로 BC 2000년경 바빌로니아에서 등장하였다. 그들은 60진법을 사용했는데, 왜 하필 60을 택했는지 확실한 이유는 모른다. 아마 60이 1,2,…,6의 최소공배수여서 나누기에 편리한 이점이 있어서 60진법을 택했으리라 추정된다. 현대에서까지 각도와 시간 계산에 60진법을 사용하고, 하루를 24시간으로 나누는 등 그들의 방법이 지금도 모든 세계인의 삶을 구획 짓고 있다. 그들의 기수법으로 가령 $10,292=(2\times 60^2)+(51\times 60)+32=$

21) 수메르 문명은 인류 최초 문명으로 수학, 천문학 뿐 아니라 상하수도, 학교를 갖추고 뇌수술도 시도하는 등 상당한 수준이었다. 선생님을 school father로, 학생을 school son으로 불렀고, 선생님께 촌지를 주었다는 사실도 기록되어 있다.

$(2,51,32)_{60}$는 다음과 같이 표시되었다.

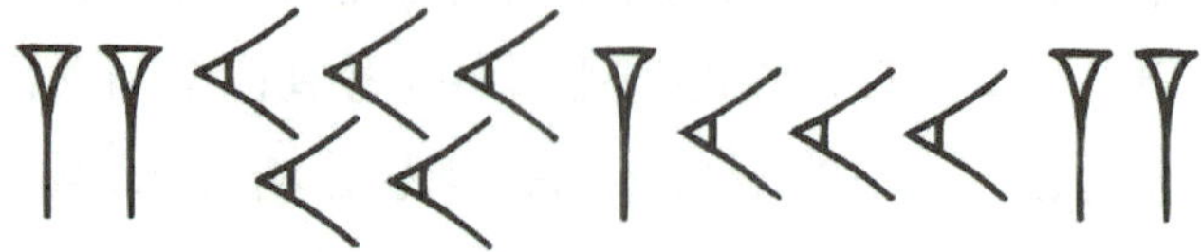

그들의 자릿수법의 결점은 0이라는 숫자가 없어서 0을 빈칸으로 남겨 놓는 방법을 채택하여 혼동의 위험이 존재했다.

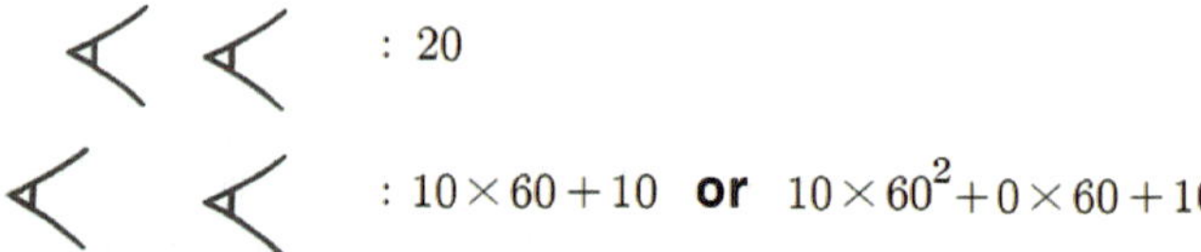

이를 개선하여 빈 자릿수에 0을 표시하는데 무려 1700년 정도 걸렸다. 0을 기울어진 이중 갈매기 모양으로 표시하였는데, 가령 $3612 = (1 \times 60^2) + (0 \times 60) + 12 = (1,0,12)_{60}$은 오른쪽 그림처럼 표시되었다.

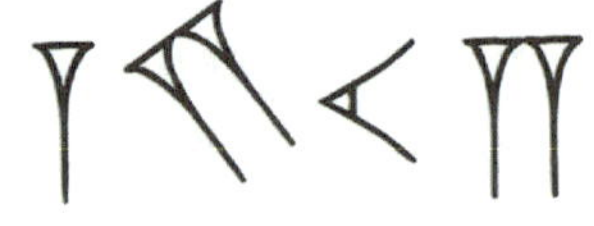

더구나 이들의 0은 단지 혼동을 피하기 위해 빈칸 대신 표시한 것에 지나지 않았고, 0을 수로 인식한 것은 아니었다. 마야 문명에서도 자릿수의 빈칸을 표시하는 구분자를 사용했지만, 무의 관념에 익숙했던 인도인들이 처음으로 0을 수로서 그 존재를 받아들일 수 있었다. 3~4세기경 인도에서 빈 자릿수를 나타내는 0의 기호가 등장한 후 7세기에 와서 인도의 수학자이자 천문학자 브라마굽타가 0을 수로 인식하여 가감승제 연산을 정의하였다.

기원전 2~3세기부터 최초로 음수를 사용하고, 위치 기수법으로서 십진법을 사용한 중국인들도 0을 하나의 수로 인식하지는 못하였고,

101과 같은 숫자는 1과 1 사이에 빈 공간을 두는 방식으로 표기했다. 그들이 수 0을 사용한 기록은 13세기 송(宋)나라 때에야 처음으로 문헌에 나타난다.

Babilonia	[illegible]	[illegible]	[illegible]	[illegible]	[illegible]	[illegible]	[illegible]	[illegible]	[illegible]	[illegible]
Egipt	|	||	|||	||||	|||||	||||||	|||||||	||||||||	|||||||||	∩
Greece	Α	Β	Γ	Δ	Ε	F	Ζ	Η	Θ	Ι
Roma	I	II	III	IV	V	VI	VII	VIII	IX	X
China	一	二	三	四	五	六	七	八	九	十
Maya	[illegible]	[illegible]	[illegible]	[illegible]	[illegible]	[illegible]	[illegible]	[illegible]	[illegible]	[illegible]
India	[illegible]	[illegible]	[illegible]	[illegible]	[illegible]	[illegible]	[illegible]	[illegible]	[illegible]	[illegible]
Arabia	[illegible]	[illegible]	[illegible]	[illegible]	[illegible]	[illegible]	[illegible]	[illegible]	[illegible]	[illegible]
현대	1	2	3	4	5	6	7	8	9	10 0

지금처럼 0,1,…,9로 모든 수를 간결하게 표현하는 인도의 기수법은 셈을 하기에 편리해 인류가 고안한 가장 성공적인 발명 중 하나로 손꼽힌다. 역사적으로 인도 셈법이 다른 셈법과 마주치면 언제나 인도 셈법이 받아들여져 전 세계인들이 사용하는 만국 공통어가 되었다. 인도 셈법이 아랍을 통해 유럽에 전해졌으므로 인도-아라비아 숫자로 불리고 있다.

2.4 산술과 기하의 태동

숫자를 사용하게 됨으로써 비로소 현실의 다양한 수학적 문제들을 해결할 토대가 마련되었다. 토지의 면적을 구하고, 여러 사람이 함께 일해 얻은 소득을 분배하고, 달력을 제조하고, 토목건축 사업 등 실생활에서 요구되는 다양한 수학적 문제를 해결하기 위해 기하와 산술이 태동되었다.

이집트인들은 나일강 범람에 따른 토지 측량과 피라미드 건설을 위해 기하학이 필요했었는데, 삼각형, 원, 구면의 넓이를 근사적으로 계산하고, 원기둥과 각뿔대의 부피를 구하고, 1차와 2차 방정식의 해를 구하였다. 이들의 기하학적 지식은 고대 그리스인들에게 전수되어 논증 기하학으로 꽃피울 씨앗이 되었다. 기하학을 뜻하는 단어 geometry가 땅(geo)과 측정(metria)의 합성인 것도 고대 그리스인들이 이집트인들에게서 배운 토지 측량과 관련된 기술을 기하학으로 발전시켰음을 시사한다. 또 나일강의 범람 시기를 예측하는 것이 급선무였으므로 달력을 잘 만들어야 했고, 그들의 달력은 훗날 율리우스력을 만드는 기초가 되었다.

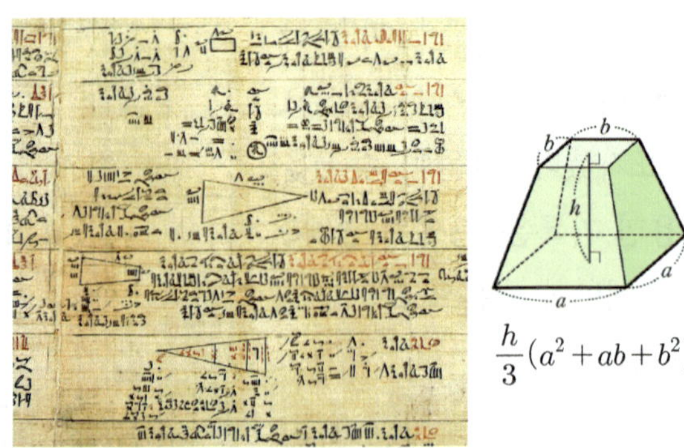

[좌 : 기원전 1500년경 이집트 서기관 아메스가 쓴 수학 문제집, 우 : 각뿔대의 부피]

바빌로니아의 수학도 실용적 계산이 주요 목적이었다. 그들에겐 운하의 건설과 유지가 우선 과제였는데, 300여 개의 수학 점토판 중 약 200개가 곱셈 표, 역수 표, 제곱 및 세제곱 표, 지수 표 등이다. 가령 n^3+n^2 표를 이용해서 방정식 $ax^3+bx^2=c$을 풀었다. 그러기 위해 $(\frac{ax}{b})^3+(\frac{ax}{b})^2=\frac{ca^2}{b^3}$꼴로 변환해야 하는데, 대수적 표기도 없이 계산했다. 일반적인 3차 방정식도 치환으로 $ax^3+bx^2=c$와 같은 일차항이 없는 꼴로 바꿀 수 있지만, 대수적 표기 없이 하기 어려웠으리라 추정된다.

그래도 그들의 수학은 생각보다 꽤 다양하고 높은 수준에 도달했는데, 특히 대수학의 수준이 높았다. 60진법을 소수점 아래에까지 확장하였고, $\sqrt{2}$를 오차 0.000001 이하로 계산하였다.

$$1+\frac{24}{60}+\frac{51}{60^2}+\frac{10}{60^3}=1.41421296 \approx \sqrt{2}$$

급수 $1+2+2^2+\cdots+2^9$, $1^2+2^2+3^2\cdots+10^2$를 계산하였고, 미지수가 2개인 연립 1차방정식과 2차 방정식, 몇몇 특수한 3차 방정식도 풀었다. 단, 아직 음수를 발견하기 전이므로 방정식의 해 중 양수만 답으로 채택했다.

다음에 등장할 고대 그리스인들은 무리수인 양들을 수로 받아들이지 못했던 것에 반해 바빌로니아인들은 길이나 면적도 자유롭게 더하고 곱했음은 주목할 만하다. 곡선으로 둘러싸인 영역의 면적을 내접 사다리꼴의 면적으로 근사해 구했고, 탈레스의 정리, 피타고라스 정리도 이미 (무려 약 1200년 전) 알고 있었다.

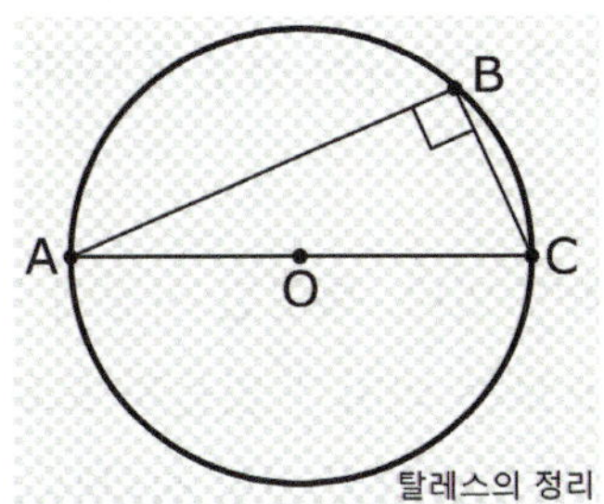

[우 : 피타고라스의 정리를 활용하여 토지를 분할 매각한 법적 내용이 기록된 점토판]

2.5 한계점과 시사점

○ 주목할 만한 업적들에도 불구하고 이집트와 바빌로니아의 수학은 더 높은 단계로 발전하기 어려운 근본적인 한계점을 갖고 있었다.

첫째, 추상화(abstraction)의 결여이다. 이집트인들에게 직선은 추상적 개념이 아니라 팽팽한 줄이었다. 수학의 핵심적인 특징은 구체적인 사례로부터 완벽하게 벗어나는 능력 즉 추상성에 있다. 수학적 추상화란, 현실 세계의 사물 또는 현상이 가진 속성을 이상화(idealize)하고 수학적 논의에 필요한 요소만 추출하여 단순화하는 것을 말한다. 수학적 대상은 추상적으로 정의될 때 분명하고 엄밀한 논리적 전개를 해나갈 수 있고, 2차적 조작을 통해 또 다른 수학적 대상을 만들어 나갈 수 있으며, 다시 현실 세계의 다양한 상황에 응용될 수 있다.

둘째, 일반화의 결여이다. 그들이 다룬 경우는 거의 다 특수한 사례들로 일반적인 공식화는 이루어지지 않았다. 가령 피타고라스의 정리도 $a^2 + b^2 = c^2$처럼 일반적인 공식으로 적지 않고, 구체적인 피타고라스 수들을 많이 적어놓았다. 이러한 개별 사례도 실제적으로 유용할 수 있지만, 일반적인 명제를 증명하지 않는 한 왜 그 사실이 성립하는지 이유와 원리를 알 수도 없고, 주어진 사례와 벗어나는 경우에 대해서는 아무 도움을 주지 못한다.

사실 학문과 지식의 본질은 일반화에 있다. 특정한 시점에 특정 위치에서 경험한 특수한 사례는 역사적으로는 의미가 있을지 모르지만, 미래에 다른 사람이 다른 상황(모든 것이 완전히 동일한 상황은 존재할 수 없다!)에서 하게 될 경험에 대한 예측을 주지 못한다. 엄밀히 말하자면, 경험만을 지식의 원천으로 삼는 학문에서 일반화는 논리적으로 정당화될 수 없는 불가능한 이상일 뿐이다. 수학은 순수하게 이성에 기초한 학문이기에 모든 경우를 다 아우르는 일반적인 경우에 대한 주장을 하고 증명을 한다. 그렇기에 수학의 명제는 증명되기만 한다면 어떠한 경우에도 안심하고 사용할 수 있다. 19세기 독일의 수학자 야코비(Carl Jacobi)는 "우리는 항상 일반화해야 한다(must)."라고 말했다.

셋째, 대수적 표기법이 부재하였다. 그래서 복잡한 계산을 수행하기 어려웠다. 수학에서 기호는 단순한 표기가 아니라 무엇을 보고, 어떻게 조작하고, 무엇을 잊게 만들지를 설계하는 인터페이스로서 좋은 표기는 사고를 빠르게 정렬시켜 준다. 미적분을 발견한 라이프니츠는 나쁜 기호가 수학을 복잡하게 만들고 좋은 기호가 생각의 전개를 잘 인도해 간다는 신념 아래 어떤 기호를 택할 것인가를 두고 오래 심사숙고하고, 알고 지내는 모든 수학자들과 의논하며 실험을 해보는 등 결벽증에 가까울 정도로 사려 깊은 태도를 가졌다. 그 덕분에 현재 미적분의 기호들은 다른 어떤 학자들의 것보다 탁월한 라이프니츠의 표기법을 따르고 있는데, 진정 그의 기호는 의미를 잘 함축하고 있을 뿐 아니라 치환 적분에서 보듯 유용하고, 또한 아름답기까지 하다. 사실 라이프니츠는 인간의 모든 사상과 추론을 기호로 표현하고 이를 기계적으로 계산하여 모든 문제를 해결하는 것을 꿈꿨는데, 미적분은 그 목표의 첫 시범 모델이었으며, d와 $\int$가 바로 그 보편 기호의 예이다.

$$\frac{d}{dx}\int_a^x f(t)\,dt = f(x)$$

넷째, 논리적 증명이 없었고, 정확 해와 근사 해에 대한 구분을 하지 않았다. 곱셈으로써 나눗셈을 검산하는 등 답을 확인하는 경우를 제외하면 증명을 하지 않았다. 실용적 목적을 위해 수학을 이용하였기에 근사값을 구하는 것으로 충분하였거나, 경험적으로 그 값을 확인할 수 있기에 증명의 필요성을 느끼지 못했을 것이다. 수학도 과학처럼 자연에서 관찰한 사실들의 모음으로 이해하였던 것으로 보인다.

수학을 하는 방법과 관련하여 두 가지 상보적인 관점을 고려해 볼 수 있다. 우선 전통적인 관점은 고대 그리스 이후 수학의 주요 방법으로 정착된 논증적 방법이고, 또 다른 관점으로 계산적 방법이 있다. 전자는 해(solution)가 왜 존재하는지 이유를 알게 해주고 그 수학적 구조에 대한 통찰력을 가져다주는 장점이 있고, 후자는 근사적으로라도 해를 구하는 알고리즘을 얻음으로써 가시적이고 실용적인 결과를 얻게 해준다. 만약 달 탐사선 궤도를 논증적으로 엄밀히 구하려고 했다면, 인간은 결코 달에 도착할 수 없었을 것이다.

수학을 탐구해 갈 때 처음부터 체계적이고 엄밀하고 간결한 형태를 갖춰 진행하려면 앞으로 나아가기가 어렵다. 처음에는 불확실한 직관에도 의존하고, 복잡하고 비효율적 형태인 채로 탐구를 해가면서 점점 체계적이고 엄밀한 최적의 논리를 구축해 간다. 개개인이 수학 문제를 탐구해갈 때도 그렇고, 수학사 전체를 봐서도 그렇다. 엄밀한 논리에 의한 수학을 추구하던 고대 그리스인들이 무리수를 정당화하지 못해 수로 받아들이지 못했던 반면에, 까다롭게 따지지 않던 아라비아인들은 무리수를 수로 받아들여 연산 법칙도 만들어냈고, 이를 유럽에 전수해 주었다. 유럽인들은 이를 선뜻 받아들이진 못했지만, 과학에서 필수불가결하게 사용했고, 19세기에 와서야 무리수와 실수가 엄밀히 정의된다. 또 현재 이론 물리학에서 사용하고 있는 파인만 경로 적분은 무한 차원 공간에서의 적분으로 아직 수학적으로 엄밀히 잘 정의되지 못한 채로 사용되는 임시적 계산법인데, 정답을 정확히 구해내고 있다. 수학자들이 엄밀성에 가로막혀 나아가지 못하는 사이에 수학적 엄밀성으로부터 자유로운 물리학자들이 파인만 경로 적분을 이용해 앞서 나가서 정답을 미리 보고 수학자들에게 알려주는 일들이 일어나고 있다.

이전의 축적된 수학 지식이 없이 처음으로 수학을 만들어가는 처지에 있던 그들에게 완전한 형태의 수학을 기대하는 것은 과도할 것이다. 그들이 찾아낸 수학적 진리의 파편들이 있었기에 그리스인들이 그것들을 가지고 아름다운 진리로 빚어낼 수 있었다. 어쩌면 그들은 단편적인 수학적 관찰 사실들의 모임 그 근저에 숨어 있는 수학의 신비한 능력을 예감하고 있었는지도 모른다. 이집트의 서기관 아메스가 쓴 수학 파피루스의 서문에서 수학을 '존재하는 모든 것에 대한 지식과 모든 비밀로 들어가는 문'으로 묘사한다.

마지막으로, 최초의 수학 문서들에는 다양한 연습문제가 풍부하게 실려 있었다. 아직 수학 이론이 형성되지 않았기에 문제 중심으로 수학을 공부할 수밖에 없었겠지만, 인류 최초의 수학 학습이 문제 중심 학습(Problem-Based Learning)이었음은 흥미롭다. 문제 중심 학습은 지식 전달보다 실제적인 문제 해결 과정을 통해 지식을 스스로 구성하게 하는 학습으로 학습자의 흥미를 유발하고 문제 해결력과 자기 주도 학습, 협동심을 향상시킬 수 있다. 지금도 대부분의 수학 책에는 하나의 이론 설명이 마칠 때마다 예제와 연습문제들이 따라 나온다.

2.6 생각해 볼 문제들

❶ 큰 문명에서 벗어나 있는 소규모의 부족들은 수천 년 동안 하나, 둘, 많다 외에는 수를 인식하지 못한 채 살아왔고, 수학에 정통할 뿐 아니라

온갖 다양한 철학적 사유를 산출한 고대 그리스인들도, 기원전부터 음수를 사용해 온 중국인들도 생각해 내지 못한 수 0을 인도인들이 처음으로 고안해 전 세계로 확산되었다는 사실들은 어떤 교육학적 시사점을 주는가?

참고 고대 그리스 엘레아 학파의 창시자 파르메니데스에 의하면 '존재'만이 존재할 뿐, 그 이외의 어떤 것도 존재하지 않는데, '존재하지 않는 것' 즉 '무(無)'를 존재한다고 말하는 순간 모순에 빠지고 말기 때문이다. 그래서 그는 "무가 존재한다는 관념이 절대로 창궐하지 않도록 하라. 자신의 마음을 그런 탐구로부터 항상 멀리 하라."고 말했으며, 플라톤에게 주요한 영향을 미쳤다.

❷ 자연수를 정의해보시오. 인간은 자연수를 발견했는가, 아니면 발명했는가?*

❸ 인간은 수와 도형 중 어느 것을 먼저 발견(또는 구성)했는가? (주의: 추상화의 수준에 따라 다르다.)

❹ 단지 사물의 양을 나타내는 것으로만 알았던 수에 무한한 신비와 아름다움이 존재하는 이유는 무엇이라고 생각하는가?

$$1 \times 1 = 1$$
$$11 \times 11 = 121$$
$$111 \times 111 = 12321$$
$$1111 \times 1111 = 1234321$$
$$11111 \times 11111 = 123454321$$
$$111111 \times 111111 = 12345654321$$
$$1111111 \times 1111111 = 1234567654321$$
$$11111111 \times 11111111 = 123456787654321$$
$$111111111 \times 111111111 = 12345678987654321$$

참고 (i) 무한히 많은 소수는 인간이 정확히 예측할 수 없는 무질서한 분포를 따르지만, 그러면서도 N이 커질수록 N이하의 소수 개수는 점점 $\frac{N}{\ln N}$에 가까워진다.(:소수 정리)

(ii) 골드바흐 추측

독일의 수학자 골드바흐(Christian Goldbach)가 제기한 추측으로 2보다 큰 모든 짝수는 두 소수의 합으로 표현할 수 있다는 것이다. 가령 4=2+2, 6=3+3, 8=3+5, 10=3+7=5+5, 12=5+7, 14=3+11=7+7, 16=3+13=5+11, 18=5+13=7+11,……. 추측이 제시된 지 300년이 다 되어 가는데도 아직 미해결이다.

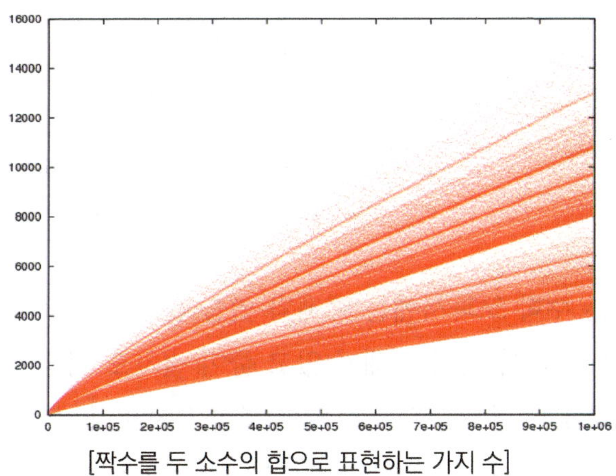

[짝수를 두 소수의 합으로 표현하는 가지 수]

(iii) 원주율 π

$\pi = 3.141592\cdots$를 계속 전개해 나가다 보면, 무수히 많은 숫자 패턴이 나오는데, 숫자들이 완전히 무작위적(random) 즉, 0,1,⋯,9 모든 숫자가 나올 확률이 같을 것으로 추측된

다. 놀라운 사실은 물리학의 거의 모든 방정식에 π가 등장한다는 사실이다.

$$\Delta x \Delta p \geq \frac{h}{4\pi}, \quad R_{ij} - \frac{R}{2} g_{ij} = \frac{8\pi G}{c^4} T_{ij}$$

또 π는 다양한 수열의 무한 합과 연관되어 있는데, 몇 개만 나열한다.

$$\pi = \frac{1}{1} + \frac{1}{2} + \frac{1}{3} + \frac{1}{4} - \frac{1}{5} + \frac{1}{6} + \frac{1}{7} + \frac{1}{8} + \frac{1}{9} - \frac{1}{10} + \frac{1}{11} + \frac{1}{12} - \frac{1}{13} + \cdots$$ [22]

$$\pi = 2\left(\frac{2}{1}\frac{2}{3}\right)\left(\frac{4}{3}\frac{4}{5}\right)\left(\frac{6}{5}\frac{6}{7}\right)\cdots,$$

$$\frac{\pi^2}{6} = \frac{1}{1^2} + \frac{1}{2^2} + \frac{1}{3^2} + \frac{1}{4^2} + \frac{1}{5^2} + \frac{1}{6^2} + \frac{1}{7^2} + \cdots$$

$$\frac{1}{\pi} = \frac{\sqrt{8}}{99^2} \sum_{k=0}^{\infty} \frac{(4k)!}{(4^k k!)^4} \frac{1103 + 26390k}{99^{4k}}$$

❺ 모든 수학 교과서에는 예제와 연습 문제가 가득하지만, 대부분 목표 개념과 공식이 이미 정해져 있고 풀이 절차도 거의 정형화돼 있어 정답이 하나로 수렴되는 구조화된 폐쇄형 문제이다. 문제 중심 학습의 핵심은 개방적, 비구조화된 문제를 다룬다는 데 있다. 수준별로 그런 문제를 만들어 보시오.

22) 이 식에서 각 항의 분모의 소인수 분해에서 $4n+1$꼴의 소수가 홀수 개 나타나면 − 부호이다.

CHAPTER

03

논증 수학의 개화

Let no one ignorant of geometry enter here!

- Plato

3.1 문화적 배경

고대 그리스는 서양 사상의 발상지로서, 철학, 수학, 과학, 정치, 예술 등 다양한 분야에서 인류의 문명에 큰 영향을 미쳤다. 특히 학문에 있어 질문하는 방식과 핵심 개념뿐 아니라 그들의 다양한 창의적 발상들은 인류에게 사상의 거대한 저장고와 같은 역할을 한다. 그들의 문화적 배경을 살펴보면 그 찬란한 업적이 우연이 아님을 알게 된다. 그들은 오늘날의 그리스와 그 주위 지중해와 흑해 연안에 방대한 식민지를 개척하였는데, 이로 인해 문화적 교류가 잘 이뤄졌고 이집트와 바빌로니아의 수학과 과학도 전수받을 수 있었다.

정치적으로는 도시 국가들의 느슨한 연합이어서 각 식민지도 독립적 자치를 하였으며, 기원전 500년경 아테네 등에서 평민이 참여하는 직접 민주주의 정치를 실시하였다. 자연스럽게 토론과 합리적 사고를 중시하고, 이성으로서 세계를 이해하고자 하는 문화적 풍토가 배양되었다. 특히 이오니아(밀레토스, 에페소스, 사모스섬 등)는 해양 교역의 허브로서 상업을 통해 경제적 부를 축적하였고, 페르시아, 이집트, 메소포타미아 등 다양한 문화가 교차하는 문화의 용광로로서 개척자 특유의 대담함과 풍부한 상상력을 가지고 있었다.

3.2 밀레토스의 자연철학

BC 6세기경 역사상 최초로 신화(mythos)를 거부하고, 자연에 대한 이성(logos)적 설명을 시도한 사람들이 나타났다.

탈레스 : 최초의 수학자, 철학자, 과학자

이집트와 바빌로니아에 가서 수학과 천문학을 배웠으며, 수학에서 최초로 왜(Why?)라는 질문을 던지고 증명을 제시하였는데, 평면 기하의 여러 유명한 정리들을 증명하였다. 과학자로서 큰 업적은 없지만,[23] 일식을 예측했다는 전설이 전해진다.

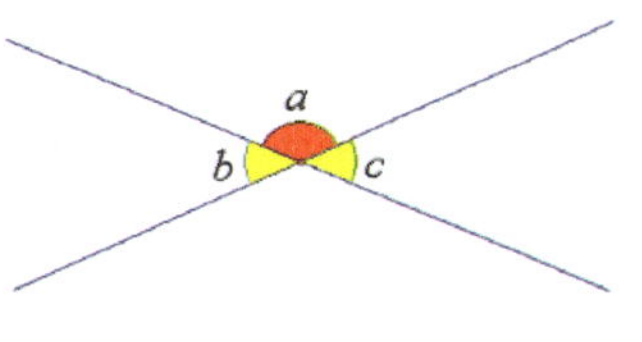

$\angle b + \angle a = 180^\circ = \angle a + \angle c$
$\therefore \angle b = \angle c$

만물의 근원이 물이라고 주장하였는데, 로고스적 사유와 뮈토스적 감성이 결합된 말이라 할 수 있다. 물이 생명체의 필수 요소이자 땅이 물 위에 떠 있다는 관찰로부터 합리적 사유를 통해 얻은 결론으로 추정되지만, 또한 물은 뮈토스적 모티브를 상징한다. 성경에 의하면 태초에 땅이 혼돈하고 공허할 때 물이 있었고, 바빌로니아의 창조 신화에서도 태초의 존재는 물이다. 하지만 구체적 답보다는 최초로 만물의 근원(Arche, 아르케)이 무엇인가라는 질문을 던졌다는 점이 중요하며, 이것이 디딤

23) 그래서 과학사의 관점에서 다음에 나올 아낙시만드로스를 최초의 과학자로 꼽는 이들도 많다. 전설에 의하면, 어느 날 탈레스가 하늘의 별을 관측하면서 가다가 그만 웅덩이에 빠지게 되자, 이를 본 사람이 "바로 눈앞의 일도 알지 못하면서 어떻게 하늘에서 일어나는 일을 알 수 있는가?"라고 말했다고 한다.

돌이 되어 후대 사람들이 더 진일보한 견해들을 내놓게 된다.

아낙시만드로스(Anaximander)

탈레스의 제자이며, 만물의 근원은 특정한 성격을 가진 물이 될 수 없고 그 성격을 규정할 수 없는, 영원하고 무한한 존재인 무한자(apeiron)이어야 한다고 주장하였다. 무한자로부터 모든 것이 생겨나는데, 그 생성 메커니즘을 나름 합리적인 방식으로 설명하였다. 그는 세계가 다른 데 얹혀 있는 것이 아니고 떨어지지도 않고 공중에 떠 있다고 본 최초의 사람으로 천동설 형태의 우주론을 창시하였다.

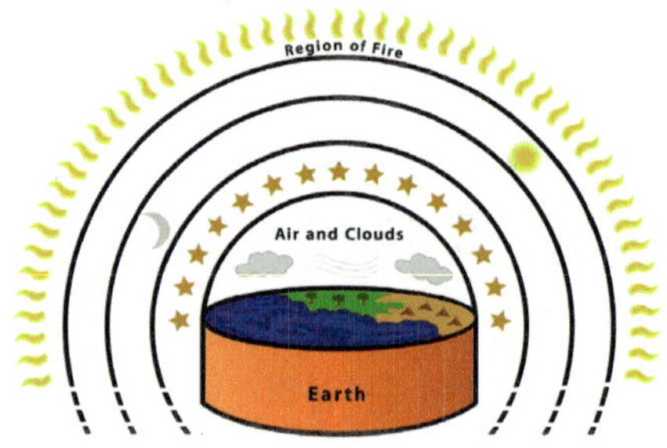

태양과 달이 구체가 아니라 지구 주위의 원형 고리에 있는 작은 틈에서 빛이 새어 나오는 것으로 보는 등 현대 과학의 관점에서 우습게 보이는 주장도 있지만, 우주에 대해 최초로 합리적이고 창의적인 가설을 담대하게 제시한 것은 큰 의의가 있다. 또 스승이 생존해 있는 가운데 제자가 스승과 다른 의견을 주장했음은 매우 바람직한 학문 풍토를 보여준다. 아마도 스승인 탈레스가 본인의 이론을 교조화하지 않고, 제자들이 진일보한 견해를 적극적으로 제시하도록 장려하지 않았을까?[13]

6세기 중엽 탈레스가 세상을 떠나고, 밀레토스와 이오니아는 페르시아 제국에 점령된 후 자유로운 지성 문화가 점점 소멸하며 창의적 활력을 잃고 말았다.

3.3 피타고라스 학파

피타고라스에 와서 수학은 영원한 진리로 인도하는 학문으로 고양된다. 러셀[24)]의 말을 인용하는 것이 좋겠다. “사상의 영역에서 피타고라스만큼 영향력이 큰 사람은 더 없을 것이다. 플라톤 사상처럼 보이던 점이 분석을 거치고 나면 본질적으로 피타고라스의 사상으로 드러난다. 지성에는 드러나지만 감각에 드러나지 않는, 영원한 세계라는 개념의 착상이 피타고라스에서 비롯된다.”[14]

사모스섬 출신의 피타고라스가 탈레스와 아낙시만드로스 아래에서 수학하고, 이집트와 바빌로니아에 가서 학문을 전수받고 이탈리아 남부 크로톤에서 학파를 창시한다. 학교이면서 엄격하고 비밀스런 종교 단체이자 정치 세력이기도 했다. 학파가 발견한 수학적 사실을 외부에 발설하는 것을 제한하여 학문의 전파와 발전이 잘 이뤄지지 못했지만, 그 유명한 피타고라스 정리를 증명하고, 유클리드 원론 1,2권의 대부분의 내용들을 발견하였다. 당시 관습상 모든 업적이 학파의 대표자 명의로 발표되어 피타고라스 개인의 업적으로 단정할 수는 없다.

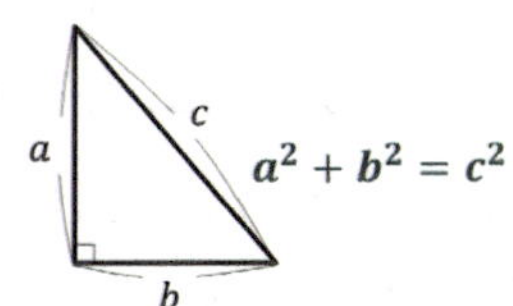

[좌 : 사모스 섬에 세워진 피타고라스와 직각 삼각형을 형상화한 조형물]

24) 수학자이자 철학자로서 『서양 철학사』를 저술하여 노벨 문학상을 받았다.

그들은 정수론의 여러 발견을 통해 수에 대한 상징적 해석과 신성함을 부여하는 토대를 마련했다. 가령 친화수 쌍 220과[25] 284를 발견하였는데, 두 수가 친화적이라는 것은 각 수가 상대방의 진약수의 합이 됨을 말한다. 친화수 쌍이 무한히 많이 존재하는지, 짝수와 홀수로 된 친화수 쌍이 존재하는지 아직 알려져 있지 않다. 또 자신의 진약수의 합이 자신과 같은 수인 완전수들을 발견했다. 완전수는 매우 드물어 5번째 완전수는 33,550,336인데, 완전수가 무한히 많이 존재하는지, 홀수인 완전수가 존재하는지도 여전히 미해결인 채로 남아 있다. 정다각형과 관련된 다각수들도 특별히 취급하여 연구하였는데, 과연 만물의 형상(Forms)이 수로 이뤄져 있음을 알 수 있다.

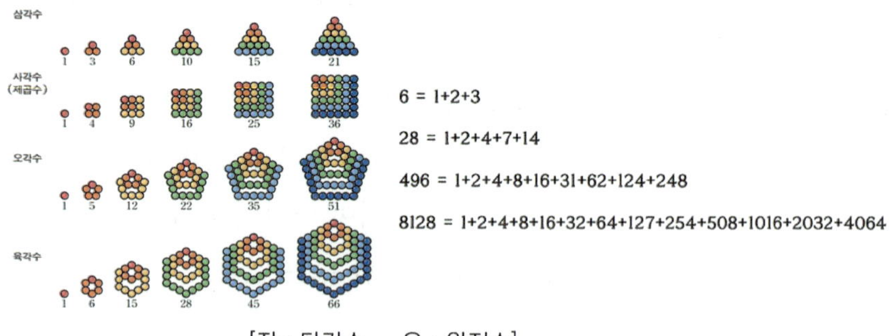

[좌 : 다각수 우 : 완전수]

또 악기의 현의 길이가 간단한 정수비 즉 1 : 2, 2 : 3, 3 : 4의 비를 이룰 때 각각 옥타브와 5도, 4도 음정에 해당하는 협화음이 산출되는 등 소리에 수학적 구조가 있음을 발견하였다.[26] 지구와 천체들이 가장 완전한 입체인 구형임을 (최초로) 주장하였고, 천체들이 수학적으로 조화로운

25) 성경의 창세기에 보면, 야곱이 쌍둥이 형 에서와 화해하기 위해 보내는 선물 가운데 양과 염소를 각각 220마리를 보내었다는 기록이 나온다.

26) 널리 알려진 전설에 의하면 피타고라스가 대장간을 지나가다가 망치 소리가 조화롭게 들리는 것을 듣고서 이 사실을 발견했다고 하는데 사실이 아닐 가능성이 높다.

운동을 하고 있으므로 음악을 만들어낸다고 주장하였다. 신비주의적이긴 하지만, 지상에서 물체들이 움직일 때 소리가 나는 것처럼 거대한 천체들이 빠른 속력으로 움직이므로 소리가 생기지 않을 리가 없다는 것이다. 실제로 태양풍에서 나온 전하 입자들이 지구 자기장과 충돌하면서 전파가 발생하고 그것이 지구 자전에 따라 주기적으로 변하긴 하지만, 가청 주파수를 넘어서기에 인간이 들을 수는 없다. 하지만 이러한 천구 음악 사상은 근대의 과학자인 케플러와 뉴턴에게까지 이어진다.

이런 일련의 사실들로부터 피타고라스는 만물의 근본 원리가 수 즉 자연수와 그 비(유리수)라고 생각하였다. 자연이 수학적 원리에 따라 구성되어 있으며 수량 관계를 통해 자연의 질서를 파악하고자 하는 현대 과학의 자연관의 뿌리가 바로 피타고라스에서 시작된 것이다. 더 나아가 그에게 수학은 단지 자연을 이해하는 도구만이 아니라 진리, 아름다움, 덕스러움의 표상이자 원리였고, 수학 공부는 영혼의 정화와 도덕적인 삶으로 연결되었다.

이 세상에 존재하는 원과 삼각형은 다 불완전하고, 모든 사물은 다 시간이 지나면 퇴색되지만, 기하학에서 다루는 원과 삼각형은 완전하며 그것들이 이루는 관계는 정확하며 영원불변하다. 이런 인식에 의해 수학은 초감각적 지성계에 대한 믿음뿐만 아니라 영원하고 정확한 진리에 대한 믿음을 발생시키는 주요 원천이 된다. 수학과 이상주의 혹은 종교적 사유의 결합은 플라톤에서 분명하게 체계화되지만, 그 근원은 피타고라스에서 비롯되었다. 플라톤에 이어 성 어거스틴, 토마스 아퀴나스, 데카르트, 스피노자, 칸트 등에서도 영원한 존재를 향한 '종교적(도덕적) 염원과 논리적 감탄'은 친밀하게 어울려 있다.[15]

수학적으로 가장 주목할 만한 그들의 업적은 무리수의 발견이다. 한 변의 길이가 1인 정사각형의 대각선의 길이 $\sqrt{2}$가 유리수 즉, 두 자연수의 비로 표현될 수 없음을 발견하였는데, 모든 것이 자연수와 그 비로 구성되어 있다는 학파의 신념에 큰 충격을 주었다. 학파의 중요 멤버이었던 히파소스(Hippasus)가 이 사실을 증명하고 외부에 알린 죄로 학파의 사람들에 의해 바다에 던져져 죽었다는 전설이 전해지는데, 후대 사람들이 재미로 지어낸 얘기가 아닐까?

무리수에 대한 고대 그리스인들의 해결책은 길이, 면적, 부피 등과 같은 양(quantity)과 수를 구별하는 것이었다. 고대 그리스인들은 양들의 관계를 비로 표현하였는데, 플라톤의 제자 에우독서스(Eudoxus)는 양의 비에 대한 비교를 다음과 같이 정의하였다. 우선 네 양 w,x,y,z에 대해 $w:x$가 $y:z$와 같기 위한 필요충분조건은 임의의 자연수 n,m에 대해 다음 세 식이 성립하는 것이다.

$$nw < mx \Rightarrow ny < mz$$
$$nw = mx \Rightarrow ny = mz$$
$$nw > mx \Rightarrow ny > mz$$

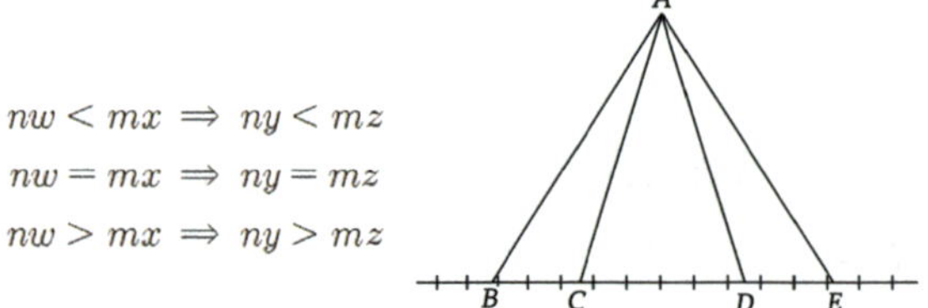

이 정의에 의해 위 그림에서 '$\overline{BC}$의 길이 : $\overline{DE}$의 길이 = $\triangle ABC$의 면적 : $\triangle ADE$의 면적'을 말할 수 있다. 두 비의 대소도 비슷하게 정의되는데, $w:x$가 $y:z$보다 크다는 것은 어떤 자연수 n,m에 대해 '$nw > mx$, $ny \leq mz$'이 성립하는 것으로 정의되며, 훗날 아르키메데스는 원의 둘레 길이가 내접 정96각형의 둘레 길이보다 크고 외접 정96각형의 둘레 길이보다 작음을 이용해 원주율 π가 $\frac{223}{71} < \pi < \frac{22}{7}$임을

증명한다.

무리수는 무한의 문제와 결부되어 있어 수로 정당화하기 어려웠지만, 실제적인 양으로 다룰 수 있는 미봉책으로 이 난제를 봉합하고 넘어갈 수밖에 없었다. 따라서 대수 방정식 $x^2=2$를 기하적으로 풀었고, 해는 수가 아닌 선분으로 표시되는데, 지금도 영어에서는 x^2을 x square로, x^3을 x cube로 읽는다. 기하와 대수의 분리는 앞으로 2천년 동안이나 지속된다. 참고로 무리수(無理數, irrational number)를 무비수(無比數)로 번역되었어야 한다는 주장이 있다. 고대 그리스인들이 무리수를 지칭했던 용어는 '알로고스(ἄλογος)'로서 '비율로 나타낼 수 없는'과 '비이성적인'이라는 두 가지 의미를 다 가지고 있다. 무리수가 처음 발견되었을 때 그 수가 그들의 수학적 신념을 뒤흔드는 충격적인 존재였음을 감안하면, 무리수의 수학적 정의가 전자일지라도 후자의 의미도 중첩되어 통용되었으리라 추정할 수 있다.

3.4 무한의 문제

인류가 논증 수학에 눈을 뜬 이래로 무한의 문제는 피해 갈 수 없는 딜레마로, 고대 그리스인들뿐 아니라 현대의 직관주의자들까지 무한을 수학에서 배제하게 만든다. 기원전 5세기경 이탈리아 반도 남부의 엘레아 학파의 제논(Zeno)은 그의 스승 파르메니데스가 주장한 "무(빈 공간)는 없고, 세상 전체가 하나의 존재이며 이것은 변화하지 않고 운동하지도 않는다."를 귀류법으로 증명하고자 여러 역설들을 만들었다. 그중 무한이 연관된 역설 2개만 살펴보자.

- **아킬레스의 역설** : 거북이가 일정 거리 가령 $1/2\,m$ 앞에서 출발하면,

아킬레스가 거북이가 있던 위치만큼 달려와도 그 시간 동안 거북이는 더 앞서가 있으므로 아킬레스는 영원히 거북이를 추월할 수 없다?

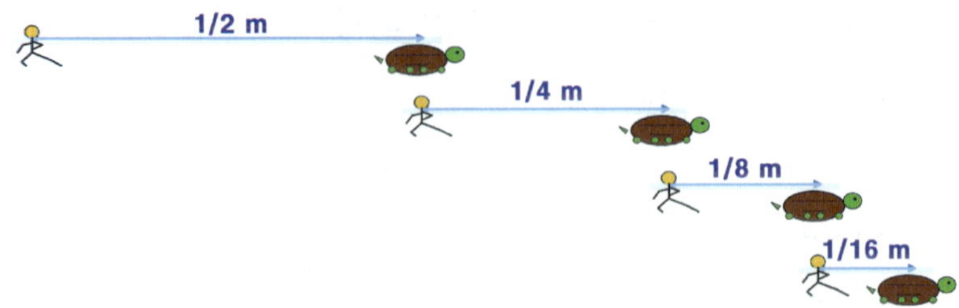

[아킬레스가 거북이보다 2배의 속도를 가진다고 가정할 경우]

제논은 몰랐겠지만 우리는 무한 등비급수 $\frac{1}{2}+\frac{1}{4}+\frac{1}{8}+\frac{1}{16}+\cdots$가 유한한 값 1로 수렴함을 알기에 유한한 시간 안에 아킬레스가 거북이를 따라잡고 추월하게 됨을 논증할 수 있다. 하지만 무한히 많은 단계를 유한한 시간 안에 다 거쳐 완수해 낸다는 논리적인 모순은 여전히 남아 있다. 이상적인 램프[27)]를 하나 준비하자. 아킬레스가 $1/2\,m$를 가는 동안 램프를 켜놓고, 다음 $1/4\,m$를 가는 동안 램프를 꺼두고, 그다음 $1/8\,m$를 가는 동안 램프를 다시 켜두고, $\cdots$, 이렇게 켰다 껐다를 반복하자. 그러면 아킬레스가 $1\,m$ 지점에 도달했을 때, 램프는 켜져 있을까? 꺼져 있을까? 켜져 있음을 1, 꺼져 있음을 0으로 표시하면, 수열 $1,0,1,0,\cdots$을 얻는데, 이 수열은 수렴하지 않는다. 따라서 아킬레스가 $1\,m$ 지점에 도달했을 때, 램프의 상태는 정의될 수 없다. 이것은 램프가 켜지거나 꺼지는 각 단계는 다 수행되지만, 모든 단계가 다 완수되는 시점에는 도달하지 않음을 시사한다.

27) 20세기 영국의 철학자 톰슨(James Thomson)이 고안한 램프로 유한한 시간에 무한한 작업을 수행하는 슈퍼태스크 문제를 제기한다.

무한히 많은 절차를 유한한 시간 안에 다 완수할 수 있다면 π의 정확한 값도 유한한 시간 안에 알아낼 수 있다. $\pi = 3.14\cdots$의 소수점 아래 첫 번째 숫자를 1/2분 안에 계산하고, 소수점 아래 두 번째 숫자를 1/4분 안에 계산하고, 소수점 아래 세 번째 숫자를 1/8분 안에 계산하고, $\cdots$. 이렇게 하면 1분 만에 π의 십진수 표기 전체를 다 알 수 있다. 같은 방식으로 수학의 많은 미해결 문제들도 1분 만에 다 해결할 수 있다. 가령 2보다 큰 짝수가 두 소수의 합으로 표현된다는 골드바흐 추측을 확인하기 위해 4에 대해 1/2분 안에 확인하고, 6에 대해 1/4분 안에 확인하고, 8에 대해 1/8분 안에 확인하고, $\cdots$. 이렇게 하면 1분 만에 골드바흐 추측이 참인지 거짓인지 알아낼 수 있다.

아킬레스의 역설의 기본 전제에는 시간과 공간이 수직선처럼 연속체로서 무한히 계속 분할할 수 있다는 가정이 깔려 있다. 그 가정은 현대에도 계속 유지되고 있지만 확증된 바가 없고, 오히려 시공간이 이산적이라는 가설[28]들이 제기되고 있다. 시공간의 연속성을 인정하더라도 양자 역학의 불확정성 원리와 상대성 이론에 의하면, 플랑크 길이($\approx 1.616\times10^{-35}$미터), 플랑크 시간($\approx 5.39\times10^{-44}$초)보다 작은 길이와 시간은 측정 자체가 원천적으로 불가능하며 측정 자체가 물리적 반작용을 불러와 운동이 바뀌게 될 수밖에 없다. 따라서 애초에 아킬레스 역설은 물리적으로 잘 정의된 문제가 아니다. 하지만 약 2500년이 지난 지금까지 시공간의 연속성, 무한에 대한 수학적, 물리적, 철학적 사유를 자극하는 중요한 원천이 되고 있다.[16]

무한 분할의 역설 : 어떤 사물을 부분으로 나누는 일을 무한히 계속할 경우 궁극에 남는 것은 무엇인가? 무를 합하여 유를 구성할 수는 없기에

28) 대표적으로 루프(loop) 양자 중력 이론이 있다.

그것이 무(無)일 수는 없다. 그렇다면 그것은 크기를 가지지 않는 어떤 것이다. 왜냐면 크기가 있다면 다시 분할 가능하기 때문이다. 그런데 크기가 0인 것을 아무리 합해도 크기는 여전히 0이므로 모순이다!

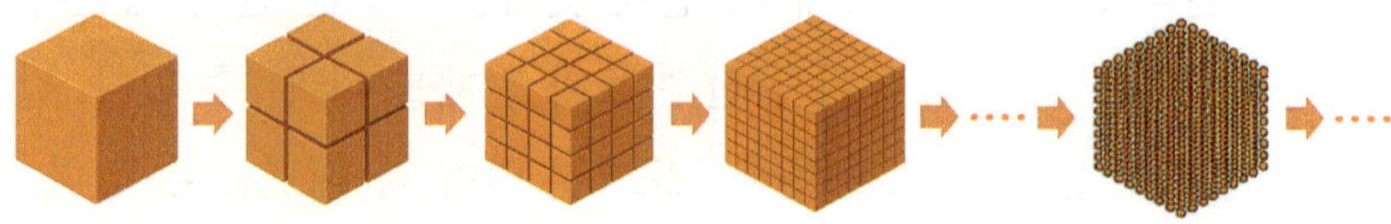

물리적으로만 생각한다면 원자론에 의해 무한 분할의 역설은 간단히 회피될 수 있지만, 수학적으로는 여전히 역설로 유효하며, 19세기 말에 가서 무한에 대한 엄밀한 해석이 이뤄진 다음에야 해결할 수 있다. 직선을 분할하여 얻어지는 궁극적인 대상인 점은 길이가 0이지만, 부분들의 길이 합이 전체 길이가 되는 것은 가산(countable)[29] 합에만 적용된다. 직선은 비가산(uncountable)개의 점들로 구성되어 있다.

무한의 문제에 대한 아리스토텔레스의 해결책은 가무한 즉, 가능태(potentiality)로서의 무한은 허용하지만, 실무한 즉 현실태(actuality)로서의 무한은 존재하지 않는다고 단정했다. 물질은 한없이 분할 가능하고 모든 자연수는 다 존재하지만, 모든 자연수를 다 모은 집합은 존재하지 않는다는 것이다. 완료된 무한으로서의 실무한이 인간의 인식 범위 내에 존재하지 않다고 본 것은 일견 적절한 판단이었지만, 실무한을 단편적으로만 규정하고 실무한에 대한 다양한 해석으로 향하는 문을 닫아버려 인류의

29) 가산 개는 유한개이거나 자연수 집합과 일대일 대응을 이루는 집합의 크기이다.

상상력의 발현을 막아버린 것은 매우 아쉽다.

그리하여 19세기 말 칸토르에 의해 실무한이 재해석되고 다시 도입되기까지 인류는 실무한을 수학에서 완전히 배제하게 된다. 실무한을 수학에 도입함으로써 수학에 새로운 지평이 열리게 되지만, 새로운 역설과 불확실성을 직면하게 된다. 어쩌면 인간에게 무한은 완전히 풀 수 없는 신비로 영원히 남아 있을지도 모른다. 앞으로 우리가 다루게 될 주요 주제이다.

한편 데모크리토스는 그의 스승 레우키포스의 생각을 발전시켜 모든 물질은 더 이상 쪼개지지 않는 원자(atom)들로 구성되어 있다는 원자론을 확립하였다. 물론 실험적 근거 없이 순수한 철학적 사유에서 나온 것이긴 하지만, 고대 그리스에서 나온 수많은 창의적인 과학 가설들 중 현대 과학과 직접적으로 연결되는 몇 안 되는 것들 중 하나이다.[30] 그들은 원자가 무한히 많이 존재하고, 그래서 무수히 많은 조합들이 가능해지므로 무한히 많은 다른 세계가 존재한다고 생각하였다.

3.5 플라톤

서양의 2000년 철학은 다 플라톤의 각주에 불과하다는 화이트헤드의 말처럼 플라톤이 서양 철학사에 끼친 영향은 지대하다. 그는 감각에 의해 지각되는 현실 세계가 그림자에 불과하고, 인간과 독립되어 영원히 존재하는 이데아의 세계에 모든 실체와 진리가 존재한다고 보았다. 수학적 대상도 이데아의 세계에 영원불변하게 존재하므로 수학적 진리

30) 19세기에 와서 영국의 화학자 존 돌턴에 의해 과학적인 원자설이 제기되고, 그 후 원자는 더 작은 기본 입자들의 결합으로 밝혀진다.

에 대한 지각이 가능하다고 보았으며, 수학을 지식의 가장 본보기가 되는 형태이자 최고의 준비 학문으로 간주했다. 피타고라스의 수학적 자연관을 이어받아 자연이 수학적으로 조화롭게 설계되었다고 믿었으며, 그의 우주관은 'God always geometrizes' 라는 슬로건으로 내세워져 고대만이 아니라 중세, 근대, 현대에 이르기까지 영향을 미치고 있는데, 케플러와 아인슈타인 등에 의해 기하학적 우주는 정확한 수학적 모델로 구성되었다.

[God the Divine Geometer from the Bible moralisée in 13c.]

또 다섯 가지만 존재하는 정다면체가 자연을 구성하는 기본 원소들의 모양이라고 주장하였는데, 비록 과학적인 타당성은 없지만 정다면체와 대칭성을 자연의 근본 요소로 인식했음은 의미가 크다. 그래서 정다면체를 영어로 'Platonic solid'로도 부른다.

[정사면체 : 불, 정육면체 : 흙, 정팔면체 : 공기, 정이십면체 : 물, 정십이면체 : 천상의 세계]

정다면체에 근거한 자연철학은 훗날 르네상스 이후 다시 부활하며 심지어 케플러도 처음엔 정다면체를 이용해 태양계 행성들의 공전 궤도를 구하였다. 현대 물리학에 와서도 정다면체는 여전히 자연의 대칭성을 구현하는 중요한 역할을 하는데, 자연의 구성 요소의 직접적인 형태가 아니라 정교하게 고도로 변장된 형태로 나타난다. 정다면체의 대칭 군

(Symmtery group)이 미시 세계를 기술하는 게이지 이론과 끈 이론을 기술하는 수학적 구조를 만들어낸다. 현대 물리학의 이론이 자연에 대한 최종 이론이 아닐진대 새로운 이론이 등장하게 되더라도 정다면체는 여전히 그 이론에서 대칭성을 구현하는 중요한 역할을 할 것이라 조심스레 추측해 본다.

플라톤 자신의 수학적 업적은 없지만, 훌륭한 수학 선생으로서 수학을 장려하고 교육하는 데 큰 기여를 하였다. 그가 아테네에 설립한 학교인 아카데미는 서양 최초의 고등 교육 기관으로 여겨지는데, 정문에 '기하학을 모르는 자는 이 문을 들어오지 말라'고 써 붙였다고 한다.

3.6 아리스토텔레스

플라톤의 사상을 비판적으로 계승한 아리스토텔레스(BC 384~322)는 플라톤과 함께 서양 철학사의 양대 기둥을 이룬다. 스승인 플라톤이 현실보다는 이데아에서 본질을 추구한 관념적인 이상주의자였던 반면에 그는 현실에서 본질을 찾고자 한 경험론적 현실주의자였다. 현실 세계와 분리된, 존재의 세계 이데아를 거부하고, 사물들이 갖고 있는 공통된 특징들을 추상화한 형상들(Forms)은 개별 사물에 내재되어 있으며, 사물의 재료인 질료와 결합되어 사물을 이룬다고 보았다. 가령 구체적 사물인 책상은 질료인 나무에 책상의 형상이 결합되어 이뤄진 것이다. 수학적 대상들도 감각으로 지각할 수 있는 대상들 안에 내재된 속성으로서 존재하며, 질료가 없이 존재하는 순수 형상은 변하거나 움직이지 않으며 사물을 변화, 운동시키는 부동의 동자(Unmoved mover)로 신에 해당한다.

플라톤이 단순하고 영원불멸한 기본 요소인 형상과 수학적 원리로부터 자연을 설명하려 했다면, 아리스토텔레스는 인간이 경험하는 바에 기초하여 자연을 설명하려 하였다. 복잡한 자연 현상을 관찰하고 귀납과 직관을 이용하여 제1 원리를 발견하고 이로부터 연역과 논증에 의해 과학 지식을 도출하는 과학적 연구 방법론을 제시하였다. 그의 방법은 플라톤의 방법과 함께 지금까지 과학을 수행하는 두 가지 상보적인 방법이 되고 있다.

실제로 그는 철학자로서보다는 과학자로서 많은 연구를 수행하였는데, 의사인 아버지의 영향을 받아서인지 생물학을 가장 많이 연구하였다. 무려 500종 이상의 동물을 관찰하고 정밀한 기록을 남겼다. 인간만이 아니라 자연의 모든 사물과 운동이 목적을 지니고 있다는 그의 목적론적 세계관도 생물학의 영향을 받은 것이다. 또 지구가 구형인 과학적 근거를 최초로 제시하였는데, 월식 때 달에 비친 지구의 둥근 그림자, 남쪽으로 갈수록 새로운 별자리가 보이는 현상, 배가 수평선 아래로 사라지는 현상 등을 근거로 들었다. 과학자로서 아리스토텔레스의 한계점은 실험의 필요성을 인식하지 못한 것이다. 그래서 무거운 물체가 가벼운 물체보다 빨리 떨어진다는 잘못된 결론을 내렸고, 근 2000년 이후 수학과 실험을 중시한 갈릴레오가 바로 잡게 된다.

수학을 피타고라스와 플라톤만큼 중시하진 않았지만, 자연학 연구의 도구이자 자연학과 구별되는 독자적 학문으로서 논리적 엄밀성과 아름다움을 높이 평가하였다. 수학과 관련된 그의 업적은 고전 논리학을 정립한 것이다. 삼단논법의 다양한 형식을 체계적으로 분류하고, 논리적 사고의 기본 법칙들을 제시하였다.

(i) 동일률: $\forall P$, P는 P이다. 한 사고 과정에서 P가 그 동일성을 유

지해야 함을 의미한다.

(ii) 모순율 : $\forall P, \sim(P \wedge \sim P)$ 즉 P이면서 동시에 P가 아닌 것은 성립하지 않는다.

(iii) 배중률 : $\forall P, P \vee \sim P$ 즉 P이든지 P가 아니든지 둘 중 하나는 반드시 성립한다.

스승과 제자에 의해 연이어 서양 철학사의 양대 기둥이 만들어진 배경에 고대 그리스의 좋은 학문적 풍토가 있음을 다시 강조해도 지나치지 않다. 플라톤의 아끼는 수제자였던 아리스토텔레스는 플라톤을 존경하면서도 비판하는 것을 두려워하지 않았는데, “우리는 친구를 아끼지만, 진리를 더 소중히 여긴다.”라고 말했다. 플라톤 역시 자신의 이데아론을 교조화하지 않고, 자신의 이론을 비판하고, 수정하고, 열린 상태로 남겨두는 자세를 보였다. 그가 이런 열린 마음과 학문적 겸손을 갖게 된 것도 자신의 무지에 대한 자각을 지혜의 기초로 삼은 스승 소크라테스에게서 배운 것이 아닐까?

3.7 헬레니즘 시대와 그 이후

알렉산더 사후에 제국이 여러 개의 나라로 나눠지고, 고대 그리스 문명과 이집트, 바빌로니아 문명이 융합되어 헬레니즘 문명(BC 323~146)이 탄생하게 되는데, 학문의 중심지는 아테네에서 신도시 알렉산드리아로 옮겨져 크게 부흥하였다. 특히 알렉산드리아 도서관은 당시 세계 최대로, 수용 인원 5,000명, 소장 장서 수십만 권이었다고 전해지는데, 학술 연구원의 일부로 학문 발전에 큰 기여를 하였다.

태양과 달의 크기 및 지구와의 거리를 구한 아리스타르코스(Aristarchus)와 히파르코스(Hipparchus), 지구 반지름을 구한 에라토스테네스(Eratosthenes), 『원론』을 저술한 유클리드, 고대 세계의 가장 뛰어난 수학자이자 물리학자였던 아르키메데스, 『원뿔 곡선』을 저술한 아폴로니우스, 삼각형의 면적에 대한 헤론의 공식[31]을 구한 헤론, 천동설을 확립하고 『알마게스트』를 저술한 프톨레마이오스(Ptolemy), 『산술』을 저술한 디오판토스, 파푸스 등 걸출한 학자들이 쏟아져 나왔다.

특히 아르키메데스는 무한의 개념이 사용된 구분구적법으로 면적과 부피를 계산하는 등 시대를 앞서나간 수학자로서, 고대 그리스인들이 묶여 있었던 관념의 족쇄를 벗어나 문제를 풀기 위해 무기가 될 수 있는 것은 무엇이든지 이용한 근대정신의 소유자였다. 수학에서 최고의 상으로 간주되는 Fields medal의 앞면에는 아르키메데스의 얼굴이, 뒷면에는 그가 가장 자랑스러워한 정리인 "구의 부피(표면적) : 외접 원기둥 부피(표면적)=2:3"을 상징하는 구와 외접 원기둥의 그림이 새겨져 있다.

3.8 유클리드의 원론(Elements)

그리스 수학의 황금시대에 당시까지 발견된 수학을 총 13권으로 집대성하고 수학의 기본 패러다임을 제시한 기념비적 업적이다. 발간된 BC 3세기부터 2천 년이 넘는 시간 동안 기하학의 교과서로, 성경 다음

31) 세 변의 길이가 a, b, c인 삼각형의 면적 $= \sqrt{p(p-a)(p-b)(p-c)}$ (단, $p=(a+b+c)/2$)

으로 가장 많이 인쇄되었다. 최소한의 자명한 공리로부터 모든 (465개의) 명제를 도출해 내는 원론의 공리주의적 방식은 지금까지 수학이라는 지식 체계를 탄탄한 기반 위에 확실하게 구성해 가는 기본적인 형식이고, 다른 학문들에게도 모범이 되었다.

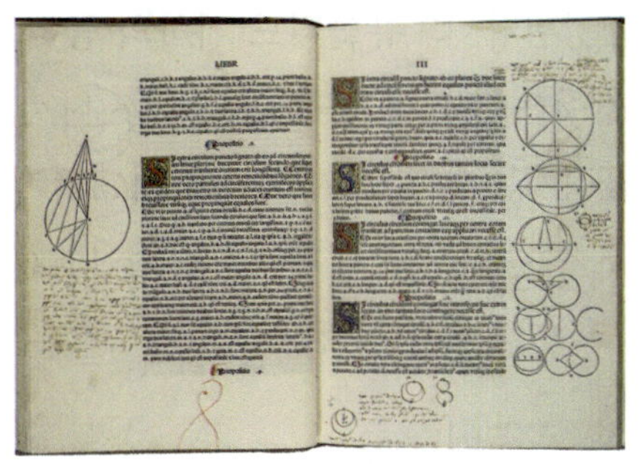
[최초(1482년)로 인쇄된 원론]

기본적 정의들

(1) 점은 어떤 부분도 갖지 않는 것이다.
(2) 선(curve)은 폭이 없고 길이만 있는 것이다.
(3) 선은 점들로 끝난다.
(4) 직선이란 점들이 균일하게(evenly) 놓여 있는 선이다.
(5) 면(surface)은 길이와 폭만을 가지는 것이다.
(6) 면의 끝은 선이다.
(7) 평면이란 직선이 그 위에 균일하게 놓여 있는 면이다.

정의의 술어들만 봐서는 더 이해하기 어려워 보인다. 가령 4,7번의 '균일'은 정확히 무엇을 의미하는가? 아리스토텔레스가 주장했듯이 무한 소급을 피하기 위해 점, 선, 면과 같은 기본 개념은 정의하지 않아야 되는데, 유클리드는 왜 그랬을까? 추측을 해 보건대, 플라톤이 말한 대로 점, 선, 면은 이미 이데아의 세계에 존재하는 실체이므로, 명시적 정의로서 그것을 지시할 수 있다고 생각한 것 같다. 하지만 현대의 구조주의 수학 철학의 관점에서 보면 점, 선, 면은 독립적으로 존재하는 실체가 아니라 그들이 속한 유클리드 기하라는 구조 내에서의 관계에 의해 규정된다. 즉 유클리드 기하의 공리계가 점, 선, 면에 대한 암묵적 정의를 주는 것이다. 2천 년도 더 지나서 힐버트 등에 의해 유클리드 기하의 공리계는 엄밀한 재구성이 이뤄지게 되는데, 점, 직선, 평면을 탁자, 의자, 맥주잔으로 대체해도 좋을 만큼 점, 선, 면의 형식적 관계들로만 기하학이 구성되게 된다.

공리와 공준들

아리스토텔레스에 의하면 공리란 우리 인간이 지니고 있는 절대 무류의 직관을 통해 참으로 받아들여지는 것으로, 무한한 논리적 소급을 피하기 위해 도입된다. 유클리드는 공리(axiom)와 공준(postulate)을 구별하였는데, 공리는 양에 대하여 자명한 것으로 가정된 명제로 모든 학문에 공통적인 가정이고, 공준은 점, 선에 대해 자명한 것으로 가정된 작도로 기하학의 고유한 가정이다. 우선 공리부터 살펴보자.

[1] 똑같은 것과 같은 것들은 서로 같다.
($A = C$이고, $B = C$이면, $A = C$)

[2] 같은 것에 같은 것을 더하면 그 더한 전체는 여전히 같다.
($A = B \Rightarrow A + C = B + C$)

[3] 같은 것에서 같은 것을 빼도 그 나머지들은 여전히 같다.
($A = B \Rightarrow A - C = B - C$)

[4] 포개어서 같은 것들은 서로 같다.

[5] 전체는 부분보다 크다.

1번에서 '것'의 정의가 모호하다. 원론에서 길이, 넓이, 부피, 정수에 사용되었다. 4번에서 포갠다는 개념도 명확히 정의되지 않았다. 다음으로 공준은 아래와 같다.

[1] 임의의 점에서 임의의 점으로 직선을 그릴 수 있다.

[2] 선분을 이어서 직선을 만들 수 있다.

[3] 임의의 중심과 반지름을 가진 원을 그릴 수 있다.

[4] 모든 직각은 서로 같다.

[5] 임의의 직선이 다른 두 직선과 교차하여 생기는 두 동측 내각의 합이 두 직각(180°)보다 작을 때, 두 직선을 계속 연장하면 그 두 동측 내각과 같은 쪽에서 교차한다.

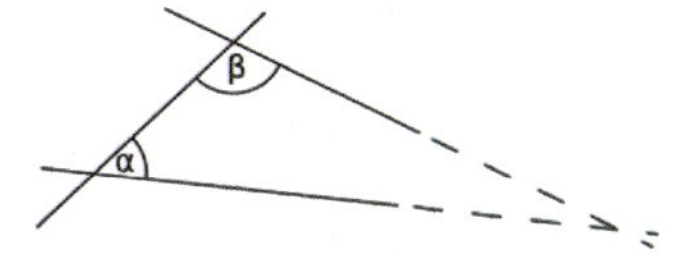

보통 수학에서 공리와 공준을 구분 없이 공리로 통칭하기에 우리도 앞으로 그렇게 하자. 마지막의 평행선 공리는 나머지 공리와 달리 설명도 길고 복잡해서 그렇게 자명해 보이지 않을 수 있다. 유클리드도 가능하면 이 공리를 사용하지 않고 증명하려고 했고, 이후 2천여 년 동안 여러 수학자들이 이 공리를 다른 공리들로부터 유도하려 하거나 이 공리가 틀렸음을 증명하려 했으나 다 실패하였다. 다른 네 공리를 가정할 때 평행선 공리와 동치인 명제는 많은데, 이 공리가 유클리드 기하의 핵심적 공리임을 알 수 있다. 그중 10개를 나열해 보자.

(i) 평면에서 주어진 직선 밖 한 점을 지나는, 그 직선의 평행선은 많아야 하나 존재한다.

(ii) 평면에서 같은 직선과 평행한 두 직선은 서로 평행하다.

(iii) 평행한 두 직선의 거리는 어디에서나 일정하다.

(iv) 모든(어떤) 삼각형의 내각 합은 180°이다.

(v) 모든 삼각형은 외접원을 갖는다.

(vi) 합동이 아닌 닮음 삼각형이 존재한다.

(vii) 삼각형들의 넓이는 상계를 갖지 않는다.

(viii) 피타고라스의 정리

(ix) 직사각형이 존재한다.

(x) 모든 원의 둘레와 지름의 비율은 같다.

첫째 명제 : 주어진 선분을 한 변으로 하는 정삼각형을 작도할 수 있다.

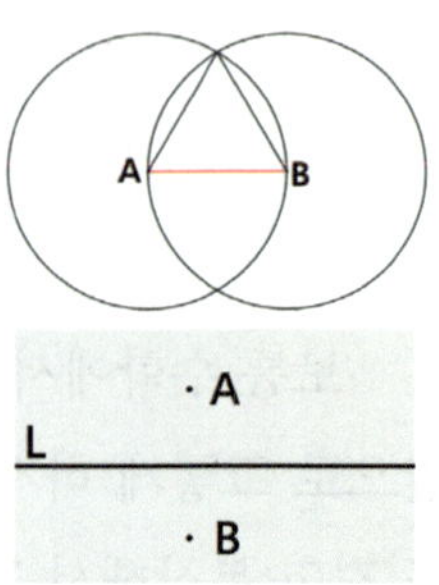

이 명제의 증명에서 선분 $\overline{AB}$를 반지름으로 하는 두 원이 왜 두 교점을 가지는지 공리에서 유도되지 않는다. 따라서 새로운 공리가 필요하다. 또 평면에 직선 L이 있을 때 **두 편이 존재**해서, 한쪽 편에 있는 점 A, 다른 한 편에 있는 점 B를 직선으로 연결하면 L과 **만난다**는 사실도 증명 없이 사용되었는데, 원래 주어진 공리에서 유도되지 않는다.(이것은 라이프니츠가 찾아내었다.) 그 외 어떤 정리들은 완전히 잘못 증명되었는데, 19세기 말 힐버트 등의 수학자들에 의해 유클리드 기하는 형식주의 관점에서 완전하게 재구성되었다.

3.9 고대 그리스 수학의 의의와 과학에의 응용

요약하자면, 고대 그리스에서 수학은 단지 자연에서 관찰된 단편적이고 실용적인 사실들의 모임이 아니라 이데아의 세계에 존재하는 추상화된 수학적 대상들에 대한 진리 체계로 만들어졌고, 그것을 공리와 논리로 엄밀하게 증명해 보임으로써, 순수 수학을 탐구하는 방법론이 확립되었다. 무리수, 제논의 역설 등 무한과 관련한 수학의 불확실성을 최초로 인식하였지만 이를 해결하기에는 역부족이었고, 무와 영을 존재하지 않는 것으로 규정하였다.

또 수학을 자연을 설명하는 원리이자 도구로 인식하였다. 자연에는 법칙과 질서가 있으며 그러한 질서를 밝히는데 수학이 열쇠가 됨을 발견한 것이야말로 최초의 주요한 과학적 발견이라 할 수 있다. 가장 큰 과학적 성과는 천문학에서 이뤄졌는데 간단한 삼각법을 이용해 지구, 달, 태양의 크기와 거리를 구했다.

지구의 크기를 구하다

기원전 3세기경 알렉산드리아 도서관장이었던 에라스토테네스는 햇빛이 평행하다고 가정하고 같은 경도상에 있는 두 도시 시에네와 알렉산드리아에서 측정한 태양의 남중 고도 차이와 두 도시의 거리로부터 지구의 반지름을 구하였다.

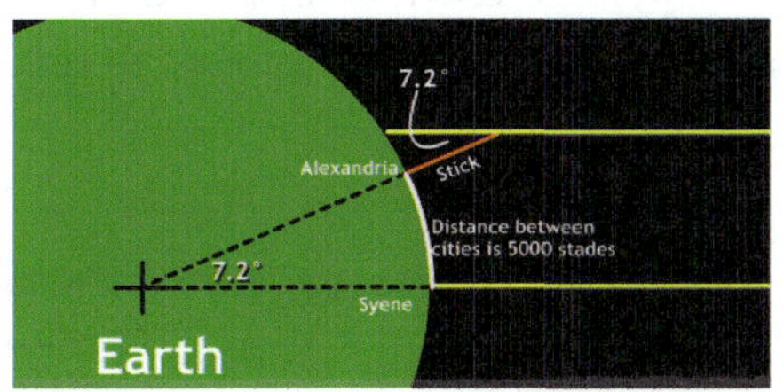

$$\frac{7.2^\circ}{360^\circ}=\frac{800km}{\text{지구 둘레}}$$

지구-달 거리, 달 크기, 지구-태양 거리, 태양 크기를 구하다

아리스타르코스와 히파르코스는 지구 반지름 r를 이용해 이 모두를 구하는 방법을 발견했다. 햇빛이 평행하다고 가정하고 월식 때 달이 지구 그림자에 가려지는 시간 t를 측정하여 비례식 '$2\pi R : 2r = T : t$'로부터(T:달의 공전 주기) 지구-달 사이 거리 R을 구할 수 있었고, 달이 지구 그림자에 들어가기 시작하는 시점과 완전히 다 들어간 시점 간의 시간 간격을 τ라 하면, '달의 지름: $2r = \tau : t$'로부터 달의 크기를 구했다.

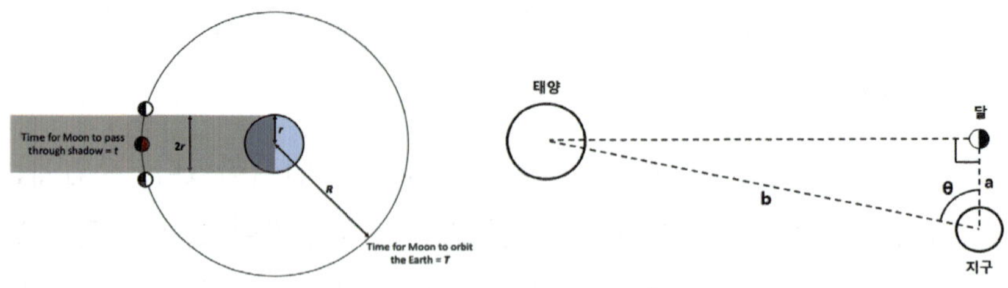

지구-태양 간의 거리 b는 반달일 때 달과 태양 사이의 각 θ를 측정하고 $b\cos\theta = a$로부터 구할 수 있었고, 마지막으로 지구에서 볼 때 태양과 달의 겉보기 크기가 거의 같으므로(그래서 개기 일식이 가능) 해당하는 시야각이 같고, 그래서 태양의 지름과 달의 지름이 그것들까지의 거리에 비례함을 이용해 태양의 지름을 구했다.

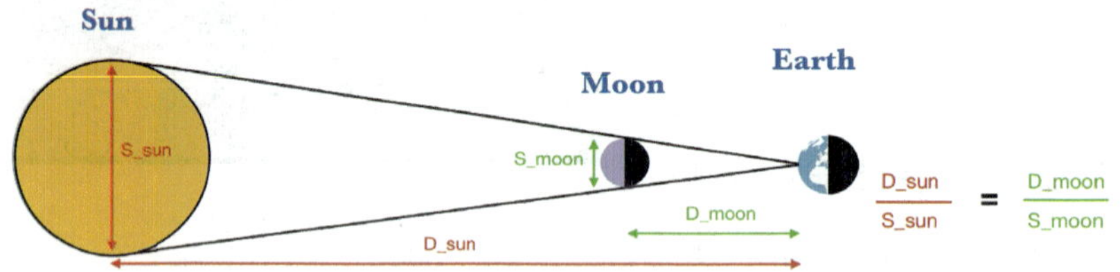

이렇게 해서 얻어진 태양의 크기가 지구보다 훨씬 크게 나오자, 아리스타르코스는 작은 것이 큰 것 주위로 돌아야 한다는 생각에 최초로 지동설을 제안하였다. 하지만 당시 사람들로부터 외면당했고, 약 1700년 후 코페르니쿠스에게 영감을 주게 된다.

우주의 기하적 모델을 만들다

천체의 운동을 기하학적으로 설명하라는 플라톤의 문제에 대한 답변으로, 2세기경 프톨레마이오스는 천동설 모델을 확립하였다. 아리스토텔레스나 프톨레마이오스도 지동설의 가능성을 고려하지 않은 것은 아니지만, 지구가 움직인다면 원심력에 의해 지구 위의 물체 등이 다 떨어져 나갈 것이고, 오른쪽 그림처럼 연주시차가 관측되어야 하는데 관측되지 않기에 모든 천체가 지구 주위로 원운동을 하는 천동설을 채택하였다. 당시 관측 기술로는 매우 작은 연주시차를 측정해 내기 어려웠던 것이다.

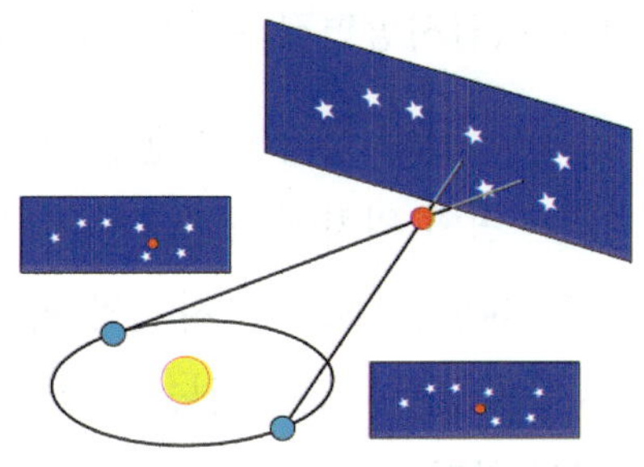

천동설 모델은 행성의 겉보기 역행을 설명하기 위해 주전원(周轉圓)을 도입하여 그 중심이 이심원(離心圓)의 둘레를 돌고, 행성은 주전원의 둘레를 돌게 해야 했다.[32)]

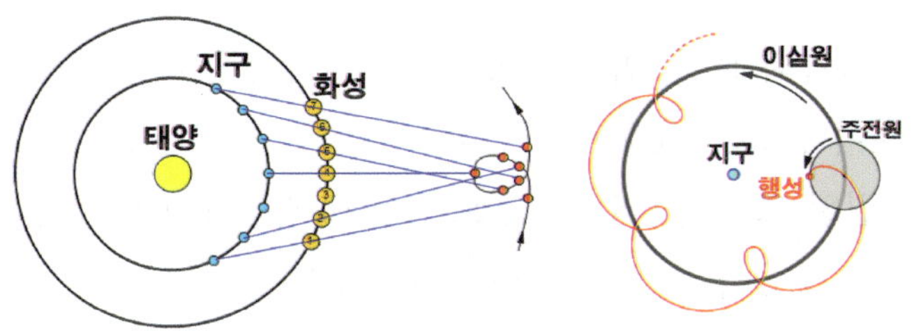

또 행성의 속도가 일정하지 않은 것을 설명하기 위해 지구가 이심원의 중심에 있지 않고 약간 벗어나 있고, 이심원 중심으로 지구와 대칭을 이루는 동시심(equant)에서 볼 때 주전원의 중심이 일정한 각속도로 회전하도록 하는 등 실제 모델은 더 복잡했다. 동시심의 위치는 물리적 원리에 의해 정해진 것이 아니라 관측 자료에 맞추기 위해 인위적으로 설정된 것이다. 과학사에서

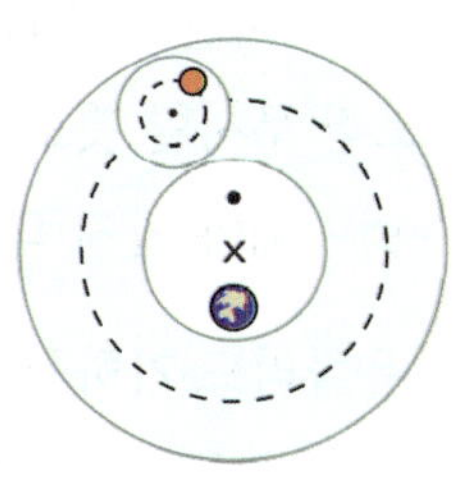

32) 천동설 재현 영상 : https://www.youtube.com/watch?v=EpSy0Lkm3zM&t=60s

ad hoc(임시방편적) 수정의 전형적인 예이다.

하지만 별과 행성의 운동을 정확하게 기술하고 예측해 냈다. 심지어 지금도 별의 위치에 대한 근사적 계산법으로 널리 쓰이고 있을 정도이다. 프톨레마이오스는 자신의 이론이 수학적 기술일 뿐 실제와 반드시 일치하지 않는다는 사실을 인식했고, 최대한 단순한 수학적 모델을 찾아가야 한다고 말했지만, 근 1500년 동안 천문학의 절대 진리로 군림하게 된다.

3.10 생각해 볼 문제들

❶ 고대 그리스에서 진정한 의미에서의 학문이 시작되었다는 사실은 민주적 정치 체제와 토론, 합리적 사고를 중시하는 문화적 풍토와 무관하지 않을 것이다. 그런 문화가 완전히 뿌리내린 서양과 달리 동양에서는 현대에 유입된 그런 문화와 함께 오랜 유교 경험에서 비롯된 아시아적 가치와 공부 방법이 혼재되어 있다. 자유로운 토론과 창의적 사고보다는 권위에 대한 순종과 암기 위주의 지식 습득을 중시하는 경향이 남아 있다. 하지만 한국과 일본[33]의 성공 사례에 비춰볼 때 아시아의 전통을 무조건 무시할 것도 아니다. 21세기 우리의 공부 방법과 학교 수업 방식은 어떠해야 할지 의견을 나눠보자.

❷ 유클리드 기하학을 엄밀히 공리화하기 위해서는 점, 선, 면을 정의하지 않고 그들 간의 형식적 관계들로 기하학을 구성해야 하지만, 학교 수학에서는 학생들의 인지 발달 수준을 고려할 때 직관적으로 정의할 수

33) 일본은 2000년 이후 한동안 거의 매년 과학 분야에서 노벨상 수상자를 배출하였는데 대부분 자국에서 공부한 학자들이다.

밖에 없다. 각급 학교의 수준에서 점, 선, 면을 어떻게 설명하면 좋을지 논의해 보자.

참고 미국의 초등 수학 교과서 Everyday Mathematics(Bell et al. 2002)에서는 점을 '공간에서의 위치'로, 선분을 '두 점과 그 사이를 곧게 이은 경로'로 설명하고 있다(참고문헌[17] 참조). 우리나라 중1 수학 교과서에서는 점이 연속적으로 움직여 선이 되며 선이 무한히 많은 점으로 이뤄진다고 설명한다.

❸ 고대 그리스인들이 내놓은 사상들이 인류 역사에서 유례없이 풍부한 상상력을 보여주지만, 한편으로는 아리스토텔레스가 실무한을 단편적으로만 규정하고, 실무한에 대한 다양한 해석으로 향하는 문을 닫고 인류의 상상력을 꺾어버린 것은 아쉽다. 또 초중등 교육과정에서 논리적 불완전성을 덮어둔(sweep under the rug) 채로 점, 선, 면의 정의를 명시적으로 내리고 있다. 이처럼 개념의 내포와 외연에 테두리를 그어 놓는 것이 가드레일처럼 안전장치를 만들어 주어 학습자의 인지 부하를 줄이고 해당 학문의 기본 구조를 안정적으로 습득하는 것을 용이하게 해주는 이점이 있지만, 학생들이 거기에서 더 나아가 자유로운 상상력을 펼치는 것을 억제하는 족쇄로 작용한다. 학문을 교육함에 있어 경계 설정이 영구적인 레드라인(red line)이 아니라 임시적인 보행기나 스캐폴딩(scaffolding)으로 작동할 수 있도록 교사는 어떻게 수업을 진행하면 좋을지 논하시오.

❹ 유클리드의 원론이 2천 년이 넘는 세월 동안 인류의 수학사와 사상사에 끼친 영향에 대해 논하시오.

참고 17세기 영국의 정치철학자로서 최초로 사회계약론을 주창한 토마스 홉스(Thomas Hobbes)는 경험론자이었지만, 유클리드의 『원론(Elements)』을 접하고 큰 감명을 받았다. 그는 기하학처럼 엄밀한 개념 정의에 기초해 정치학을 구성하면 현실의 정치적 혼란을 종식시킬 수 있고, 기하학적 질서를 국가와 사회에 구현하여 조화를 달성할 수 있다고 보았다. 기하학자가 삼각형을 정의하듯 그는 국가, 주권, 자유 등의 개념을 엄밀히 규정하고, 이를 바탕으로 국가 즉 리바이어던(Leviathan)을 하나의 거대한 인공적 몸체로 구성하였다. 홉스에게 있어 『원론』의 서술 방식은 철학 저술의 범례(Paradigm)이었다.

❺ 고대의 셈과 산술에서 비롯되어 고대 그리스에서 개화하여 현대에까지 이른 수학 체계보다 더 자연스럽고 효율적이며 근본적인 체계가 존재할 수 있다고 생각하는가?[34]

$$\sqrt{2} = 1 + \cfrac{1}{2 + \cfrac{1}{2 + \cfrac{1}{2 + \cfrac{1}{2 + \cdots}}}}$$

The simplified maths notation for this is:

$$\sqrt{2} = [\,1 : 2, 2, 2, \ldots\,]$$

34) 과학사의 아버지로 불리는 사튼(George Sarton)은 "역사적 경험에 근거하여 보건대, 현재의 수학이 16세기 수학과 다른 것처럼 21세기의 수학은 현재의 수학과 다르리라는 것을 완전히 확신한다."고 말했다.

CHAPTER

04

과학혁명 : 수학, 과학, 종교의 삼중주

The book of nature is written in the language of mathematics.

- Galileo

16~17세기 유럽에서 일어난 과학혁명은 과학을 철학의 하위 분야인 자연철학에서 독립시키고 현대의 과학기술 문명의 토대를 이루는 발전을 이루어냈을 뿐 아니라 과학적 세계관과 민주주의 정치사상을 촉발시키는 데 사상적 기여를 함으로써 유럽 문화 전체에 영향을 미친 혁명적 현상이었다. 혁명을 뜻하는 'revolution'도 코페르니쿠스의 책 『천체의 회전에 관하여』 제목의 '회전'에서 유래하였다. 역사학자 버터필드(Herbert Butterfield)에 따르면, 과학혁명은 유럽 역사상 기독교의 출현 이래의 어떠한 사건보다도 훨씬 더 중요한 일이었으며, 과학혁명에 비하면 종교개혁이나 르네상스는 단순한 에피소드에 지나지 않는 작은 변화였다. 과학혁명의 영향을 강하게 받은 계몽주의 사상이 프랑스 혁명이나 미국독립전쟁 같은 민주주의 혁명의 기초가 된 것을 생각하면 그의 주장이 결코 과하지 않다. 그(The) 과학혁명은 수학적 사고방식의 승리라고 할 수 있으며, 기독교 세계관의 바탕 위에서 이루어졌다.

4.1 수학과 과학의 암흑기(중세)

알렉산드리아 도서관이 파괴되었다. 로마와의 전쟁(율리우스 카이사르가 (실수로) 방화, 로마 황제 아우렐리아누스의 침략)이 있었고, 기독교가 세라피스 신전을 허물면서 소장하던 책도 파괴되었고, 그나마 남아 있던 책들은 7세기 아라비아(이슬람) 제국이 점령하여 다 불태워지면서 결국 수학과 과학은 암흑기에 들어서게 된다. 학자들은 책을 싸 들고 동로마 제국의 수도인 콘스탄티노플로 이주하였다.

그 후 이슬람 지식인들이 그리스 책들을 수입해서 번역하고 지식을 보존했다. 9세기 수학자이자 천문학자 알-콰리즈미(Al-Khwarizmi)는 대수학 책 『Al-Jabr』를 저술했는데, 약분과 소거 등의 방법으로 방정식을 푸는 알고리즘을 제시한 이 책은 진정한 의미에서 대수적 방법을 도입한 첫 번째 책으로, 그리스 수학의 한계를 넘어 유리수와 기하적 크기를 같은 대수적인 대상으로 다룰 수 있는 체계를 세웠다. 아부 카밀(Abu Kamil)은 이에 기반하여 제곱근 등의 무리수도 정상적인 수로 대우하여 자유롭게 방정식의 계수나 해로 사용하였다.

중세 유럽인들은 가톨릭교회의 내세 지향적 경향으로 수학과 과학에 대한 큰 관심이 없었다. 12세기 수도원에서 아라비아 서적이 라틴어로 번역되면서 고대 그리스의 고전과 아라비아의 앞선 지식이 유럽에 유입되어 문예 부흥과 과학혁명이 싹틀 토양이 되었고,[35)] 볼로냐 대학, 파리 대학, 옥스퍼드 대학, 케임브리지 대학 등 최초의 대학들도 이즈음에 생겨났다.

인도-아라비아 숫자를 유럽에 소개하는 데 큰 역할을 한 이탈리아의 수학자 피보나치는 피보나치 수열 $F_1 = F_2 = 1$, $F_n = F_{n-1} + F_{n-2}$을 연구하였고, 프랑스의 사상가 오렘은 조화급수 $1 + \frac{1}{2} + \frac{1}{3} + \frac{1}{4} + \cdots$가 발산함을 최초로 증명하고, 직교 좌표에 대한 생각을 최초로 했다.

4.2 르네상스와 종교개혁

문예 부흥이 이탈리아에서 시작되었다. 15세기 투르크족에 의해 동로마 제국이 멸망하자 학자들은 고대 그리스의 문헌들을 갖고 이탈리아로 피신하였고, 독일의 구텐베르크가 금속 활자를 발명하여 지식의 대중화에 기여하면서 문예 부흥은 더 가속화되었다. 이어서 16세기에 시작

35) 역사학자 하스킨스(Charles Haskins)는 이것을 『12세기 르네상스』라 불렀다.

된 종교개혁은 가톨릭교회의 절대적 권위에 도전하여 개인이 직접 성경을 읽고 신과 관계를 가질 것을 강조함으로써 기존의 권위에 대해 의문을 제기하고 개인이 비판적으로 사고할 수 있는 분위기가 확산되었고, 종교개혁으로 등장한 개신교는 근면을 강조하고 인류를 위한 지식 활용을 독려하는 등 새로운 윤리관을 내세웠다.

이러한 시대적 배경에서 자연이 수학적으로 짜여 있다는 그리스 사상과 자연이 하느님에 의해 창조되었다는 기독교 신앙이 융합되어 하느님이 우주를 수학적으로 창조했다는 세계관이 성립되었다. 따라서 수학과 이성을 사용하여 세상과 실재에 대한 진리를 발견할 수 있다고 믿게 되고, 수학과 자연을 탐구하는 것은 창조주의 위대함을 찬미하는 일로 고취되었다. 코페르니쿠스, 케플러, 데카르트, 뉴턴, 갈릴레오 등 과학혁명의 주역들은 다 이러한 종교적 믿음하에서 과학 활동에 종사하였으며, 수학이 자연을 이해하는 열쇠임을 인식하였다.

4.3 천문학의 혁명

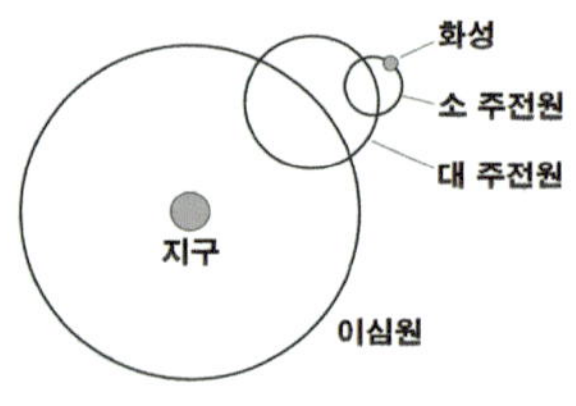

아랍인들이 얻은 새로운 관측 자료들과 합치시키기 위해 천동설은 주전원들을 더 추가하는 방식으로 미세 조정을 계속했다. 수학적으로 말하면, 임의의 주기 함수를 푸리에 급수로 얼마든지 가깝게 근사시킬 수 있듯이 평면상의 임의의 폐곡선도 주전원 즉 원운동들의 합으로 근사시킬 수 있다. 이렇게 하여 정확도는 향상되었지만, 원이 총 77개나 되는 등 천문학자들도 혀를 내두를 정도가 되었다.

율리우스력의 1년은 365.25일로 실제보다 11분 정도 길어서 1500년간 누적된 오차가 열흘이 넘게 되자 교회가 달력 개혁을 의뢰했으나 천동설로 잘 해결하지 못하였다. 폴란드의 성직자이자 천문학자였던 코페르니쿠스는 하느님이 우주를 이렇게 복잡하게 창조했을 리 없다고 생각하고, 아리스타르코스의 지동설을 접하고서 지구가 매일 자전을 하면서 태양을 중심으로 행성들이 공전하는 모델을 제안하였다. 하지만 공전 궤도가 원이라고 고수한 데다 행성의 일정치 않은 운동 속도를 설명하기 위해 여전히 (대·소) 주전원을 이용하였다. 코페르니쿠스는 천동설에서 사용되었던 동시심을 제거한 것을 가장 큰 의의로 생각했다.

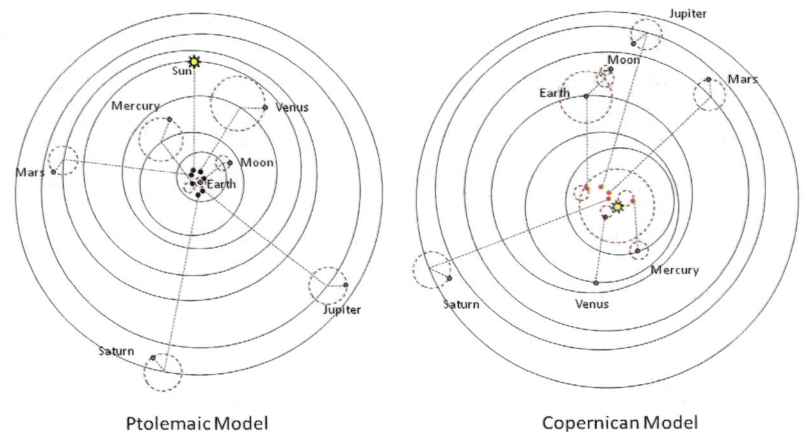

Ptolemaic Model Copernican Model

천동설보다 약간 더 단순해졌지만, 행성의 위치를 예측하는데 있어 천동설보다 정확도가 떨어지고, 여전히 지구 공전에 따른 연주시차를 관측할 수 없는데다 너무 혁명적인 제안이라 당시 사람들에게 외면당할 수밖에 없었다. 코페르니쿠스의 독일식 이름에서 유래한 단어 'Kopperneksch'는 '믿지 못할 것' 또는 '비논리적인 주장'을 뜻한다고 한다. 코페르니쿠스는 사람들의 반대를 두려워하여 평생의 역작 『천체 회전에 관하여』를 발간하지 않고 있다가 제자인 레티쿠스의 설득으로 출판을 했는데, 이 이론이 실재를 기술하는 것이 아니라 단지 계산을 위한 도구일 뿐이라는 서문이 그의 허락 없이 첨가되었다. 그렇게 출판된 책을 받아보고서 그는 바로 세상을 떠났다.

하지만 훗날 이 지동설에 매료된 중요한 한 사람은 바로 대학생 케플러였다. 지구가 우주의 중심이라는 교리를 채택한 교회도 처음엔 코페르니쿠스의 지동설을 금지하지 않았고, 지동설 모델을 이용해 그레고리력을 만들 정도로 계산 도구로서 유용성은 인정받았다.

이어서 등장한 덴마크의 천문학자 튀코 브라헤(Tycho Brahe)는 국가의 지원에 힘입어 놀라울 정도로 정밀한 천문 관측 자료를 육안으로 수집하였다. '하늘의 성'으로 불린 그의 연구 시설은 당시 덴마크 총생산의 5%를 지원받았다.[18] 참고로 우리나라 정부는 GDP 대비 1% 정도를 연구개발에 투자하고 있는데 세계 최고 수준이다. 하지만 구슬이 서 말이어도 꿰어야 보배다. 그래서 독일의 천문학자 케플러를 조수로 고용하였는데, 케플러가 정다면체를 이용해 만든 태양계 행성들의 공전 궤도 모델은 오차 5%로 꽤 정확해 당시 학계의 주목을 받았다. 시력을 많이 잃은 케플러는 관측은 할 수 없었지만 수학은 잘 해서[36] 서로에게 완벽한 공동 연구자가 될 수 있었지만, 상대방의 장점만을 탐내고 자신의 장점을 내놓기 꺼려 해 서로 사이가 좋지 못했다.

튀코 브라헤가 불의의 어이없는 사고로 세상을 떠나게 되자 그의 40년간의 정밀 관측 자료를 케플러가 넘겨받아 오늘날의 지동설 모델을 확

36) 특히 고대 그리스의 기하학과 원뿔 곡선도 잘 알고 있어서 타원 궤도 가설을 세우는데 도움이 되었을 것이다. 수학과 관련해 케플러의 추측이 유명하다. 3차원 공간을 같은 크기의 구(sphere)들로 가장 적은 빈틈으로 채우는 방법을 추측하였는데, 400년이 지난 최근에 컴퓨터를 이용해 증명되었다.

립하게 된다. 처음에 케플러는 8일이면 이론을 완성할 수 있다고 자신했지만, 무려 8년 동안 2절지 900장을 채우는 계산을 한 후에야 완성했다. 그 연구 논문에도 이렇게 썼다. "만일 이 책의 계산들이 지겹게 생각된다면 엄청난 시간 동안 적어도 70번은 반복해서 계산해야 했던 나를 생각해 주길 바랍니다." 그가 발견한 행성의 공전 운동 법칙은 다음과 같다.

[1] 행성들은 태양을 초점에 두고 타원 궤도로 공전한다.
(주전원이 불필요해짐)

[2] 행성과 태양을 연결하는 선분이 같은 시간 동안 쓸고 나간 면적은 같다.(운행 속도가 변한다고 가정함으로써 동시심도 불필요해짐.)

[3] 행성이 공전주기의 제곱은 타원의 긴 반지름의 세제곱에 비례한다.

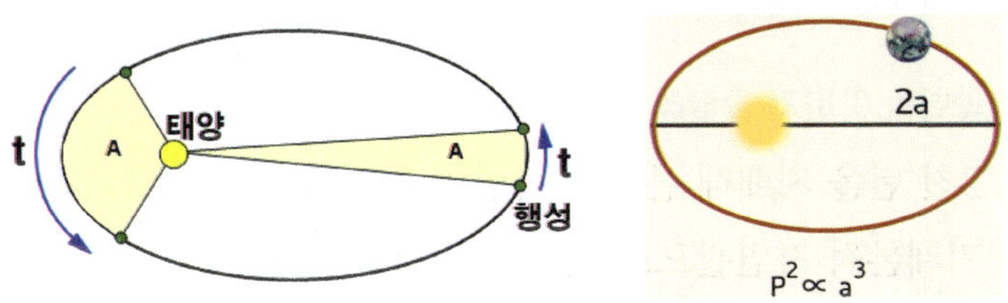

아리스토텔레스 역학에 의하면 하늘에서 자연스런 운동은 오직 원운동이고, 고대 그리스 이후로 원이 가장 완벽한(대칭적인) 도형으로 인식되어 왔기에 케플러도 거의 십 년 동안이나 원운동의 복합으로 설명하려고 노력했지만 실패를 거듭하자, 티코 브라헤의 정밀한 관측 사실과 부합시키기 위해 과감히 포기하였다. 태양과 행성 사이에 작용하는 만유인력은 $F = G\frac{m_1 m_2}{r^2}$로서 거리의 제곱에 반비례하는 원형 대칭성을 보여주는데, 왜 행성의 궤도는 원형 대칭성에서 약간 벗어난 타원을 이

루고 있을까? 이것은 초기 조건 즉, 행성의 초기 위치와 속도가 원형 대칭성을 깨기 때문이다.

하느님이 단순하고 아름다운 수학적 원리에 따라 우주를 설계했다는 믿음을 가졌던 케플러는 위 법칙들을 발견하고서 조화로운 천상의 세계를 지으신 하느님을 찬미하였고, 피타고라스의 천구 음악을 지동설 모델에 맞게 재구성하였다. 대부분의 천문학자와 수학자들은 연주시차를 관측할 수 없고 (공전 속도가 거의 초속 30km인) 지구의 운동을 느낄 수 없다는 등의 반론과 타원 궤도에 대한 거부감으로 인해 케플러의 모델을 거부했지만, 나중에 뉴턴이 만유인력을 이용해 수학적 증명을 보여주면서 케플러의 모델은 광범위하게 수용되어 갔다.

4.4 역학의 혁명

현대 과학의 아버지 갈릴레오

역시 2천 년을 지배해 온 패러다임인 아리스토텔레스의 목적론적 자연관이 기계론적 자연관으로 대치되는 역학의 혁명이 갈릴레오에 의해 시작되었다. 목적론적 자연관은 모든 자연 현상과 사물이 고유한 목적(telos)을 가지고 있으며 그 목적을 향해 나아간다는 관점으로, 물체의 낙하, 연기의 상승, 천체의 원운동과 같은 자연적 운동은 사물의 본성(physis)에 따라 고유한 위치나 상태로 자발적으로 향한다. 그 외의 모든 비자연적 운동은 외부로부터 강제적 작용에 의한 것이어서 물체를 던졌을 때 손을 떠난 후에도 운동을 계속하는 이유에 대한 구차한 설명이 필요했다. 이탈리아의 물리학자 갈릴레오는 이처럼 운동의 원인과 목적에 대한 철학적 설명을 하는 대신 정량적 기술에 주력하고, 실험과 수학적 분석 방법을 도입함으로써 현대적인 과학 연구 방법을 정립하게 된다. 그는 수학이 확실한 진리로서 자연이 하느님에 의해 수학적으로 설계되었다고 믿었다.

물체의 낙하 거리는 크기나 무게와 상관없이 $y(t) = y_0 + \frac{1}{2}gt^2$($g$:중력 가속도)로 동일하게 낙하한다는 것을 수학적으로 증명하여 아리스토텔레스의 오류를 비로소 바로잡았다. 피사의 사탑에서 낙하 실험을 했다는 이야기는 지어낸 것이며, 수직으로 떨어뜨리면 너무 빨리 떨어져 측정하기 힘들므로, 대신 마찰이 거의 없는 경사면에 구슬을 굴리는 실험으로 중력 $W = mg$를 $W\sin\alpha$로 '약화시켜' 속도를 늦추어 낙하 법칙을 검증했다. 이때 구슬의 속도 $\mathrm{v}(t)$는 $(g\ \sin\alpha)t$, 움직인 거리 $u(t)$는 $\int_0^t \mathrm{v}(t)\,dt = \frac{1}{2}(g\sin\alpha)t^2$로 주어진다.

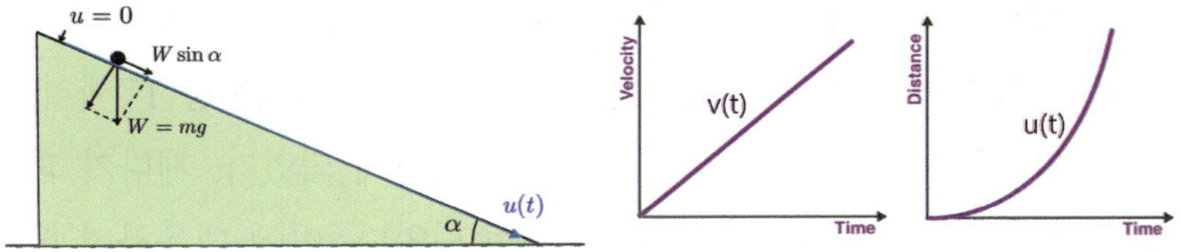

코페르니쿠스의 지동설을 옹호하기 위해 관성의 개념을 창안하였다. 자전하는 지구에서 물체가 지표면에 수직으로 떨어지는 이유에 대해, 지구와 함께 등속 원운동을 하는 물체가 수평 방향의 속도를 관성에 의해 그대로 유지하기 때문이라고 설명하였다.

망원경을 제작하여 목성의 위성이 목성을 공전함과 보름달 모양의 금성을 관측함으로써[37] 지동설을 지지하는 증거를 제시하였고, 달의 울퉁

37) 금성은 내행성이므로 태양의 오른쪽에 있을 때는 해 뜨기 전에 잠간 볼 수 있고 태양의 왼쪽에 있을 때는 해 지고 난 초저녁에 잠간 관측할 수 있다.

불퉁한 표면과 태양의 흑점을 관측하여 천상계가 완전하고 불변하다는 아리스토텔레스적 관념을 깨트렸다. 갈릴레오가 발견한 4개의 위성은 오늘날 '갈릴레이 위성'으로 불리지만, 망원경으로 태양을 많이 관측해서인지 말년에 그는 녹(백)내장으로 실명까지 하게 된다.[38)]

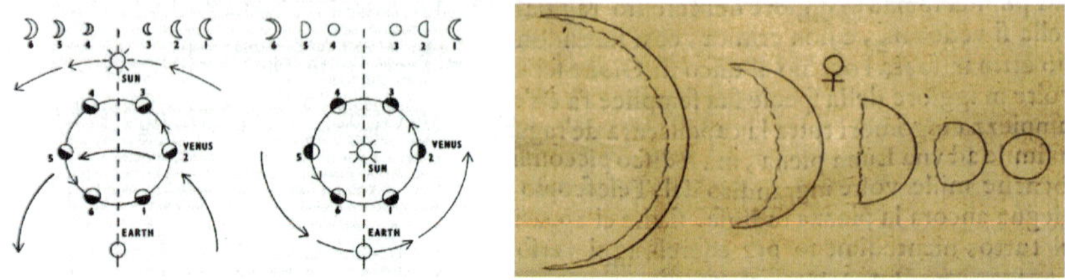

[좌 : 천동설에 의한 금성의 위상 변화, 중 : 지동설에 의한 위상 변화, 우 : 갈릴레오가 실제 관측한 변화]

데카르트의 기계론적 세계관

르네상스 이후 쏟아진 고대 그리스 지식의 홍수, 종교개혁으로 지적인 권위가 없어지고 누구나 성경을 해석할 수 있게 되는 등 17세기 초 유럽 사회에는 지식의 위기와 회의론이 성행하게 되었다. 게다가 과학혁명까지 일어나면서 이런 혼란이 더 가중되었다. 이에 대응하여 데카르트는 모든 것을 의심해 보는 방법론적 회의를 거쳐 자신이 생각한다(cogito)는 확실한 지식을 얻고, 이로부터 자신의 존재함, 신의 현존과 완전성, 명석·판명한 인식의 확실성, 자연 세계의 현존을 차례로 증명하고, 나아가 우주 전체에 대한 기계론적 자연관을 확립하였다. 이처럼 자연철학과 형이상학 등을 다 포괄한 새로운 철학 체계의 구축은 아리스토텔레스 이후 일어난 적이 없던 일로, 그가 근대 철학의 창시자로 불리는 것은 합당하다.

38) 안과 검사 장비 중에 갈릴레이 G6가 있다.

데카르트의 기계론적 자연관은 자연을 거대한 기계로 보고, 물질(연장된 실체, res extensa)과 운동이라는 기본 요소로 자연의 모든 현상을 설명하고자 하는 환원주의적[39] 관점으로 근대 과학의 발전에 큰 공헌을 했고 현대에까지 과학의 주요 방법론이 되고 있다. 가령 아리스토텔레스가 냄새와 맛 자체를 실재로 본 것에 반해 데카르트는 미세한 입자들의 운동과 결합에 의해 그 현상을 설명하고자 하였다. 이러한 기계론적 자연관의 입장은 갈릴레오 등 동시대의 다른 이들에 의해서도 주장되었지만,[40] 그들은 이것을 기초로 하여 우주 전반을 설명하는 형이상학과 자연학의 통합 체계를 세우지는 않았다. 또 데카르트의 기계론적 자연관의 특징은 그 신학적 기반에 있다. 즉 하느님이 물질을 창조했고 그것에 운동을 부여했고 그것을 유지해 주고 있다는 것이다. 영원불변한 신이 운동의 불변성을 유지하므로 관성의 법칙이 성립하고, 신이 항상 같은 양의 운동을 우주 안에 보존하므로 운동의 총량이 보존된다는 개념을 (약간 부정확하지만) 처음으로 제안하였다.

그는 수학이 하느님에 의해 인간의 마음에 심어진 확실한 진리이며, 자연을 기하학적 공간으로 보고 자연법칙은 기하학적 원리로부터 연역가능하다고 보았다. 수학과 관련하여 최대 업적은 2차원 직교 좌표계라는 획기적 발상을 통해 기하를 대수와 연관시키고, 물리적 세계의 수학적 기술을 용이하게 한 것이다. 데카르트는 어릴 때부터 병약하여 침대에 누워있는 시간이 많았는데, 군대에서 침대에 누워 천장에 붙은 파리

39) 환원주의는 복잡한 현상을 단순한 구성 요소들로 분해하여 설명하려는 방법론으로 과학의 발전에 큰 기여를 했다. 하지만 정신·사회 영역과 생명 현상에서는 비환원주의적·전체론적 관점도 꼭 필요하다. 부분들의 합으로 보는 관점으로는 전체 시스템에서 나타나는 새로운 특성 즉 창발성을 설명하기 어렵고, 전체 시스템의 맥락을 간과하기 쉽기 때문이다.

40) 기계론적 자연관의 기원은 고대 그리스의 레우키푸스와 데모크리토스의 원자론에까지 거슬러 올라간다.

의 위치를 나타내려고 좌표계를 착안하게 되었다고 한다. 현대에 와서 대수, 기하, 물리의 연관성은 점점 더 깊어지고 확대되고 있다. 미지수를 x,y,z로, 상수를 a,b,c로 표기하고, x의 거듭제곱을 $x^2,x^3,\cdots$등으로 표기하는 것도 데카르트의 표기법에서 연유한다.

뉴턴의 만유인력 발견

뉴턴은 가속도의 법칙 $F=ma=\frac{d}{dt}(mv)$와 만유인력의 법칙 $F=G\frac{m_1m_2}{r^2}$을 발견하고, 3권으로 된 『자연철학의 수학적 원리』를 저술하여 고전 역학을 확립하였다. 이로부터 케플러의 세 법칙을 수학적으로 연역해 냄으로써 사람들이 지동설을 받아들이는데 큰 기여를 하였고, 천상의 세계를 관장하는 법칙이 지상의 세계의 법칙과 다르다는 고대로부터 내려오는 관념을 깨트렸다. 역학을 기술하기 위해 미적분학[41)]을 창안하는 등 수학에도 여러 업적을 남겼다.

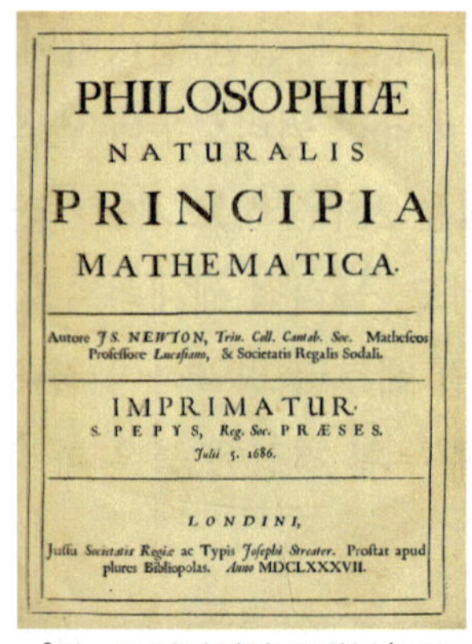

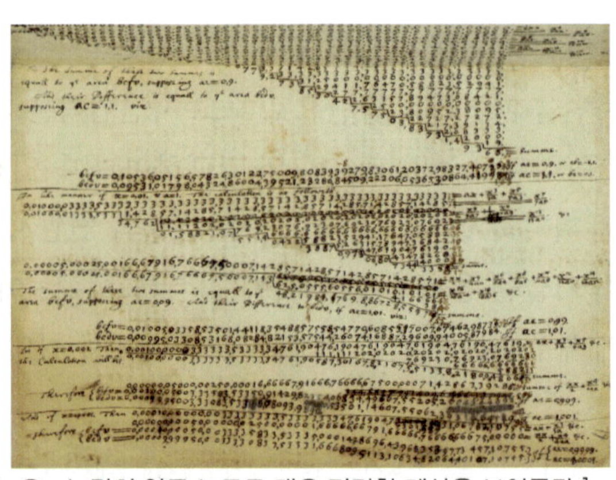

[좌 : 프린키피아 초판본(1687) 우 : 뉴턴의 연구 노트로 매우 정밀한 계산을 보여준다.]

41) 동시대 독일의 수학자 라이프니츠도 뉴턴과 독립적으로 미적분학을 만들었는데, 누가 먼저 창시했는지 표절 여부를 두고 영국과 대륙의 수학자들 간에 논쟁이 있었다.

자연 세계의 만유(universal)법칙 발견은 로크, 볼테르 등 계몽주의 사상가에게 영감을 주어 인간 세계의 만유 법칙을 찾아 세계를 변혁시키고자 하였는데, 로크의 사회계약론은 미국의 독립 혁명과 프랑스 대혁명의 이념적 기틀이 되었고 현대 민주주의의 이론적 기초가 되었다. 뉴턴은 오히려 신학 연구에 더 매진하였고, 과학 연구도 종교적 사명의 일부로 간주하였다.

페르마와 최소 작용의 원리

페르마는 변호사로서 정식 수학 교육을 받지 않고 취미로 수학을 했지만, 그 업적은 정수론에서 확률론에 이르기까지 지대하다. 사실 데카르트보다 먼저 좌표계와 해석 기하학을 창안했으며, 뉴턴이나 라이프니츠보다 먼저 미분을 발견했다. 뉴턴 스스로도 페르마의 연구에서 착상을 얻어 미분법을 완성했다고 분명히 밝혔지만, 뉴턴의 명성에 가려 이러한 사실은 잘 알려지지 않고 있다. 그리고 데카르트, 뉴턴, 라이프니츠는 공개적인 출판을 통해 세상에 큰 영향을 미치고 과학혁명의 주역이 된 반면에, 페르마는 사적으로 수학을 연구하다 보니 연구 결과를 생전에 출판하지 않은 것도 큰 이유이다.

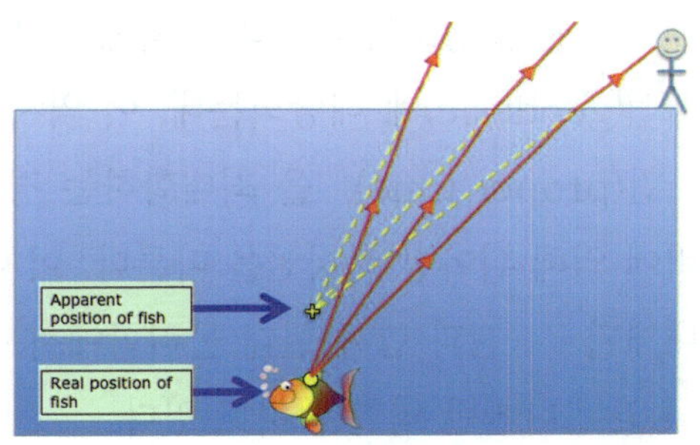

페르마는 빛이 최단 시간으로 이동할 수 있는 경로를 택한다는 최소 시간의 원리도 발견하였다. 빛의 굴절이 일어나는 이유도 물속에서 빛의 속도가 느려지므로 최단 시간이 소요되는 경로는 그림처럼 굴절되는 경로이기 때문이다.

페르마의 이 원리는 18세기 모페르튀(Pierre Louis Maupertuis),

오일러, 라그랑주에 의해 '모든 자연 현상은 어떤 함수가 최소가 되는 방향으로 일어난다'는 최소 작용의 원리로 일반화되고 수학적으로 체계화되어 이 관점에서 뉴턴 역학은 라그랑주 역학으로 재구성되었는데, 물체의 운동 경로 $q(t)$는 운동에너지 T와 위치에너지 V의 차이를 시간에 대해 적분한 값 $\int_{t_0}^{t_1}(T(q(t))-V(q(t)))\,dt$을 최소로 하는 것으로 주어진다. 오일러에 의하면 "우주의 구조는 완벽하고 또 가장 현명한 창조주의 작품이기 때문에 최대화나 최소화가 일어나지 않는 사례는 단 하나도 없다."

현대에 와서 뉴턴의 만유인력의 법칙은 4차원 시공간의 곡률과 질량·에너지를 '등가시킨' 아인슈타인의 중력장 방정식

$$R_{ij}-\frac{R}{2}g_{ij}=\frac{8\pi G}{c^4}T_{ij}$$

으로 대치되며, 다시 고대에서처럼 기하학적 우주관으로 복귀하게 된다. 이 우주관에 의하면, 우주 공간에 시간을 더한 4차원 시공간은 비유클리드 기하학을 따르며, 태양을 초점으로 하는 타원을 따라 운행하는 행성의 운행 경로는 태양의 중력에 의해 휘어진 4차원 시공간에서의 측지선(geodesic)에 해당되는데, 이 역시 주어진 초기 속도에 대해 고유시간(proper time)[42)]을 최대화하는 경로이다. 심지어 빛도 태양의 중력에 의해 휘어진 측지선을 따른다. 이처럼 최소 작용의 원리는 자연에 내재된 **대칭성**과 함께 현대 물리학에서 수학적 모델을 세우고 탐구하는 데 있어 나침반 역할을 하고 있다.

42) 경로를 따라 움직이는 관찰자의 관점에서 측정되는 시간으로, 중력장이 약한 지역을 지날수록, 속력이 느릴수록 고유 시간은 커진다.

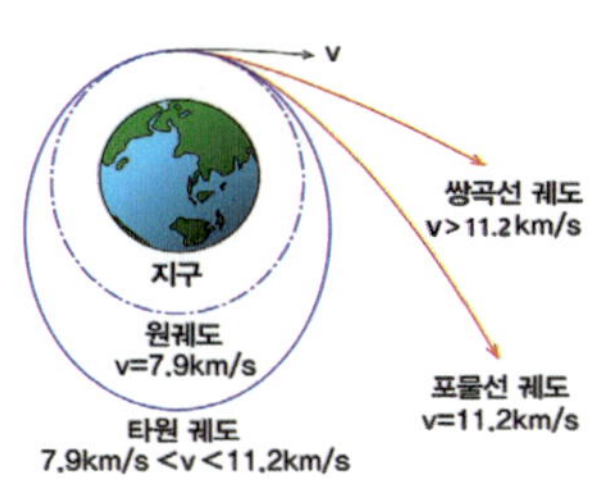

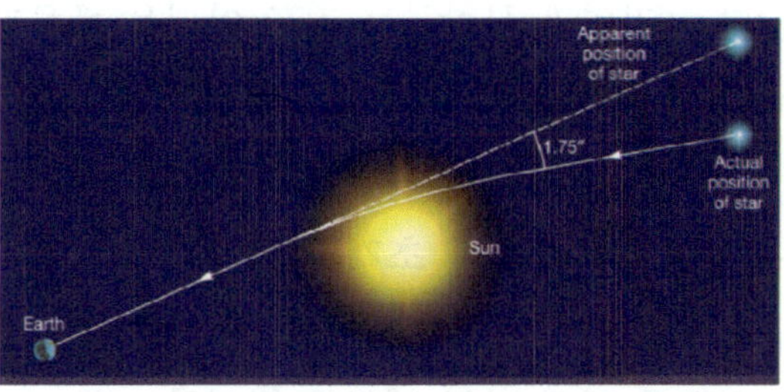

4.5 과학혁명에서 배우는 교훈들

오컴의 면도날

천동설에서 지동설로 전환하는 천문학의 혁명을 통해 우리는 중요한 교훈을 배운다. 천동설이 거듭된 ad hoc 수정을 통해 모든 현상들에 잘 부합하는 복잡한 설명을 제시하였지만, 거짓에 불과한 이론이었다. 과학철학의 '오컴의 면도날' 원리에 의하면, 만일 서로 다른 두 이론이나 설명이 있을 경우 다른 모든 것이 같다면 단순한 것이 사실일 가능성이 크다. 중세 영국 오컴의 수도자였던 윌리엄[43]은 "꼭 필요하지 않은 경우에는 복잡성을 도입해서는 안 된다."고 말했는데, 현대에도 과학 이론을 구성하는 기본적 지침으로 지지받고 있다. 물리학자 마티아스(Bernd Matthias)는 다음과 같이 말했다. "If you see a formula in the *Physical Review* that extends over a quarter of a page, forget it. It's wrong. Nature isn't that complicated."

자연은 대칭적?

대칭성이 자연의 근본 원리임은 사실이지만, 무조건 단순히 대칭성이

43) 한편 그는 보편자(universals)의 존재도 잘라버려야 할 불필요한 가정이라고 주장했다. 즉 실재하는 것은 개별자(particulars)이며 보편자는 언어적 편의를 위한 용어일 뿐이라는 유명론을 주장했다.

많다고 자연과 부합하는 것도 아님을 배우게 된다. 자연은 종종 인간의 소박한 기대를 벗어나 인간이 상상치 못한 새로운 구조를 보여준다. 코페르니쿠스와 초기의 케플러는 행성의 궤도가 완벽히 대칭적인 원형이어야 한다는 선입견으로 인해 타원 궤도를 발견하는데 이르지 못했다. 그런데 사영 기하의 관점에서 보면 원과 타원을 포함한 모든 이차 곡선은 같은 수학적 대상으로 통합되므로, 더 높은 차원에서 보면 여전히 대칭성이 숨어 있는 것이다. 따라서 자연을 탐구함에 있어 수학적 아름다움과 대칭성은 중요한 길잡이가 되지만, 그것이 단순한 형식으로만 구현되지 않음을 명심해야 한다. 정다면체가 고도로 변장된 형태로 자연의 대칭성을 구현하고 있음을 3장에서 설명한 바 있다.

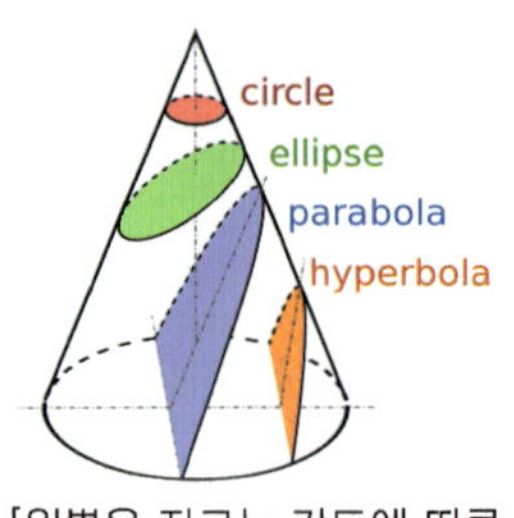

[원뿔을 자르는 각도에 따른 단면 곡선들]

현대 물리학에서 대칭성은 자연의 근본 원리로 간주되고 있는데, 많은 물리학자들이 모든 기본 입자들이 초대칭(Supersymmtery)에 의해 짝을 이루고 있다는 가정하에 이론을 구성해 왔다. 즉 스핀 값이 정수인 보존(boson) 입자에 대해 전하, 질량 등 다른 성질은 같고 스핀 값만 1/2만큼 차이 나는 페르미온(fermion) 입자가 대응된다는 가설이다. 가령 스핀 값이 1/2인 전자의 초대칭 짝으로 스핀 값이 0인 초전자(selectron)가 존재한다는 것이다. 보존에는 광자나 글루온처럼 힘을 전달하는 게이지 보존, 입자들에게 질량을 부여하는 힉스 보존 등이 있으며, 페르미온은 물질을 구성하는 입자들로 양성자와 중성자 등을 구성하는 쿼크, 전자처럼 작은 렙톤이 있다. 초대칭 가설은 수학적으로 매우 우아한 대칭으로 현재의 이론을 완벽하게 들어맞게 만드는 만능열쇠와 같지만, 자연의 대칭을 너무 쉽게 단순화한 것은 아닐까? 지금까지의 모든 실험에서도 초대칭 짝인 입자가 하나도 발견되지 않고 있어 이 가설의 신빙성에 의문이 제기되고 있다. 물론 현재의 가속기보다 더 높은 에너지로 충돌시켜 초대칭 입자들이 발견될 수도 있지만, 천문학적인 자금과 수많은 인력이 소요되는 입자 가속기를 계속 건설할 수도 없고, 결국 초대칭 이론은 반증(反證) 불가능한 이론은 아닌가?

과학과 종교의 대립(?)

갈릴레오가 종교 재판을 받고 나오면서 "그래도 지구는 돈다."고 말했다는 이야기는 근거가 없다고 한다. 재판 결과로 그는 평생 가택 연금에 처해졌는데, 개인적 위험을 감수하고 진리의 편에 서고자 한 그의 지적 용기는 높이 평가받아야 하며, 과학이 단순히 계산의 기술이 아니라, 때로는 사회의 통념과 싸우는 철학적, 사회적 행위임을 보여준다. 탈구조주의 철학으로 유명한 미셸 푸코(Michel Foucault)에 의하면 과학도 권력의 담론 속에서 생성되며, 기존의 지식 체계에 대한 저항을 통해 자기 정당성을 확보하는 지적 실천이다.

그런데 갈릴레오가 교회와 대립하게 된 것은 여러 복합적 요인이 작용한 결과이다. 지동설 주장은 표면적 이유이고, 이 문제를 태양이 움직인다는 성경 표현의 해석과 연관시킴으로써 교회의 권위에 도전하는 형태가 되었기 때문이었다. 당시 유럽은 가톨릭 국가와 개신교 국가 간에 참혹한 30년 전쟁을 벌이고 있었는데, 개신교가 계속 확산되자 교황청은 자유로운 성경 해석을 엄하게 금지하였다. 게다가 인간관계의 갈등은 문제를 더 악화시켰다. 갈릴레오는 평소에도 사람들과 논쟁을 많이 벌이고 사이가 원만하지 못했다고 한다. 갈릴레오가 쓴 책에서 천동설을 주장하는 인물인 Simplicio(바보라는 뜻)를 조롱하고 꾸짖는 이야기가 나오는데, 갈릴레오와 사이가 좋지 않던 천문학자들과 보수적인 추기경들이 Simplicio는 교황을 빗댄 것이라는 소문을 퍼뜨렸고, 화가 난 교황은 갈릴레오의 기소를 명령했다.

당시 문헌에 근거할 때, 갈릴레오의 재판을 과학과 종교의 근본적 대립으로 보기 어려우며, 새로운 과학적 지식을 아리스토텔레스적 자연철학과 결합된 기존의 신학 체계에 통합하는 과정에서 발생한 갈등으로 봐야 한다. 과학혁명가들 스스로도 자신의 연구가 신앙을 배반하는 것이라 생각하지 않았다. 코페르니쿠스가 그랬듯이 당시의 가톨릭 성직자들은 과학을 장려하고 또 사랑했다. 교황과 추기경들도 코페르니쿠스의 지동설에 관심을 가졌고, 어떤 추기경은 코페르니쿠스의 업적을 치하하고 책의 출간을 재촉하기도 하였다. 역사 전체적으로 볼 때 갈릴레오의 사례는 예외적인 경우라고 할 수 있으며, 가톨릭교회는 새로운 과학 견해를 대체로 상당히 너그럽게 받아들이고 기꺼이 성서를 재해석해 왔다. 또 그레고리력 반포를 위해 교황청이 천문 관측소를 설치한 이래로 천문 연구를 지원하고 여러 천문학적 발견을 해왔는데, 지금도 교황청 산하 천문대가 있다. 현재 우주론의 주류 패러다임인 빅뱅 이론을 처음으로 제안한 천문학자는 벨기에의 신부 르메트르(Georges Lemaître)이며, 유전학의 아버지로 불리는 멘델(Gregor Mendel)도 수사이자 신부였다.

종교개혁이 신앙을 교회와 교황의 권위로부터 해방시키고 각 신자가 직접 하느님의 책인 성경을 접하도록 했듯이, 과학혁명은 과학을 고대 아리스토텔레스의 권위로부터 해방시키고 하느님이 쓴 책인 자연을 직접 접해서 연구한 것이었다. 성 어거스틴이 말한 대로 "하느님은 자신을 계시하기 위해 자연과 성경이라는 두 가지 책을 주셨다." 일상의 언어로 기록된 성경과 수학의 언어로 기록된 자연은 진리를 찾는 상보적인 수단으로 각각 고유한 방법으로 해석되어야 한다.

뮈토스 vs 로고스

뮈토스와 로고스는 모두 '말하다'라는 뜻의 고대 그리스어에서 나왔다. 뮈토스가 신이나 왕족, 영웅이 말할 때 쓰인 동사 뮈테오마이(mytheomai)에서 나온 반면, 로고스는 여자나 노예, 모략가가 말할 때 쓰인 동사 레게인(legein)에서 파생했다. 뮈토스가 권위 있는 말이라면, 로고스는 논증을 통해 증명하고 설득해야 할 담론의 의미로 사용되었다. 플라톤 이후 뮈토스는 신화, 종교, 문학, 예술의 화법으로, 로고스는 이성적 사유에 의한 합리적 화법으로 그 의미가 바뀌게 된다.

고대 그리스인들이 자연에 대한 뮈토스(mythos)적 이해를 거부하고 로고스(logos)적 설명을 시도하여 마침내 과학혁명을 통해 꽃피웠다고 할 수 있다. 하지만 과학혁명을 이루는 주요 가설의 수립에 여전히 뮈토스적 사유가 큰 역할을 했음을 주목해야 한다. 코페르니쿠스가 지동설을 믿고 나가게 된 데에 '하느님은 단순하고 조화로운 우주를 지으셨다'는 신학적·미학적 확신이 큰 힘이 되었고, 뉴턴이 기계론적 자연관에 반하여 만유인력이라는 원격 작용을 구상하게 된 것도 신비주의적 사고와 연금술의 영향을 받은 것으로 해석될 수 있다. 또 데카르트의 기계론에서도 운동의 보존 법칙의 정당성을 신학적 기반에 두고 있으며, 케플러도 처음엔 플라톤적 철학에 기반하여 다섯 가지 정다면체로 행성의 간격을 설명하는 태양계 모델을 만들기도 했다.

현대에 와서 로고스에 기반한 과학적 방법이 과거의 신화(mythos)에 버금가는 절대적 지지를 받고 있지만, 수학과 과학을 탐구할 때 로고스만으로는 창의적 도약을 이뤄낼 수 없다. 뮈토스적 상상력과 열정을 가진 사람이 창의적 이론을 만들어낸다. 그래서 아인슈타인은 "종교 없는 과학은 절름발이이다."라고 말했다.

현재 물리학자들은 우주의 시작과 모든 운행을 하나의 이론 체계에 의해 다 설명하는 만물 이론(Theory of Everything)을 찾고자 애쓰고 있다. 자연에 존재하는 네 가지 근본적인 힘인 중력, 전자기력, 강력, 약력을 하나로 통합하는 것이 관건인데, 만물을 매우 작은 끈의 진동으로 설명하는 끈 이론과 그것의 모태가 되는 미지의 M-이론이 그 후보로서 많은 지지를 받고 있다. 그런데 만물 이론의 가능성에 회의를 갖고 있는 과학자들도 있다. 과학사적으로도 과학 이론은 끊임없이 수정을 거치며 발전해 오고 있으며, 현대 과학으로 설명할 수 없는 현상들도 계속 일어나고 있다. 토마스 쿤의 패러다임 이론을 거론하지 않더라도 유한한 인간이 어쩌면 무한한 자연이라는 실재에 대한 유일하고 완전한 이해를 가질 수 있다고 믿는 것은 근거 없는 자만이 아닐까? 불확정성 원리를 발견한 물리학자 하이젠베르크가 말했던 것처럼 우리가 관측하는 것은 자연 그 자체가 아니라 우리의 질문 방법에 노출된 자연이다. 또 스티븐 호킹의 우려대로 수학 자체의 불완전성과 불확실성으로 인해 만물 이론을 유한한 체계로 형식화 불가능할 수도 있다.

모든 수학적 참을 형식 체계 내에서 증명하는 것이 가능하지 않듯이 세상의 모든 진실이 다 과학적으로 검증 가능한 것이 아니다. 철수의 어머니가 철수를 임신했을 때 어떤 특별한 태몽을 꾸었는데 이를 과학적인 방법으로 검증할 길은 없다. 하지만 철수와 어머니는 서로를 사랑하고 신뢰하므로 철수는 어머니의 말씀을 믿음으로 받아들인다. 이처럼 세상에는 과학으로 도저히 검증할 수도 설명할 수도 없지만, 믿음으로 어떤 것이 진실임을 알 수 있을 때도 있다. 사실과 언어라는 그릇은 진실과 진정을 담아내기에는 언제나 작고 부족하다. 타르스키(Alfred Tarski)의 정의 불가능성 정리에 의하면 형식 체계에서의 참이라는 개념도 그 체계 내의 언어만으로는 정의될 수 없다.

로고스로 다 설명할 수 없는 세상과 자연을 뮈토스의 시각으로 바라볼 순 없을까? 뮈토스적 시각은 로고스가 보지 못하는 **숨겨진 실재**[44]를 볼 수 있게 해줄지도 모르며, 실재를 균형 잡힌 시각으로 바라보고 실재에 의미와 가치를 부여해준다. 현재 기후 위기로 인류의 생존 자체가 위협받게 된 것도 과학혁명 이후 자연을 단지 물체로만 보고 뮈토스적 의미를 점점 상실해버렸기 때문이라고 볼 수 있다.

독일의 사회학자 막스 베버(Max Weber)는 합리성이 지배하는 근대세계를 탈마법화(Entzauberung)라는 개념으로 설명했다. 로고스가 세상의 모든 현상을 설명하면서 세상은 더 이상 신비로운 힘이 작용하는 공간이 아닌, 예측 가능하고 계산 가능한 인과관계의 집합이 되고, 과거 사람들이 가졌던 자연에 대한 신비와 경이는 사라져갔다. 탈마법화된 세계에서 자연은 단지 도구화되고, '인간은 왜 살아야 하는가?'와 같은 궁극적인 의미의 질문에 답을 찾지 못한다. 역설적이게도 모든 것이 합리적으로만 설명될 때, 삶의 목적이나 가치를 찾기 어려워지고, 인간은 환멸감(Disenchantment)과 허무주의, 실존적 불안을 경험한다. 과학이 세상을 탈마법화하려는 시도는 억압된 것의 귀환, 즉 계몽된 이성에 의해 억눌렸던 비이성이 제2차 세계 대전 동안 나치즘과 파시즘이라는 폭력과 야만성의 형태로 되돌아 왔다.

어쩌면 인간의 사유를 로고스와 뮈토스로 엄격하게 나누는 이분법적

44) Reality is not what it seems.

접근 자체가 로고스적, 즉 추상적이고 분석적인 사고방식의 산물일 뿐 실상 분리할 수 없는 것이 아닐까? 빅뱅 이론과 다중 우주(multiverse) 가설, 그리고 만물 이론의 후보자로 꼽히는 끈 이론과 M-이론에 의하면 우주 공간이 3차원이 아니라 각각 9차원, 10차원이어야 하는 등, 현대 물리학의 주요 이론들의 가설들도 로고스를 가장한 뮈토스가 아닌가? 16세기 종교 개혁가 장 칼뱅에 의하면 모든 인간은 Sensus divinitatis 즉 신적인 것을 감지하는 내재적 감각을 가지고 있다. 2004년 영국 BBC에서 한국, 영국, 미국 등 전 세계 10개국을 대상으로 실시한 조사에 의하면 자신이 무신론자라고 답한 사람들 가운데 약 30퍼센트 정도는 가끔 기도한다고 답했다.[19]

과학은 과연 합리적인가?

과학혁명 당시 철학자와 천문학자, 교회의 지도자 대다수가 케플러의 모델이 계산에 있어 정확성을 인정했지만 천동설을 철석같이 믿었는데, 이는 패러다임의 전환이 점진적이고 논리적인 선택이 아니며 오히려 종교적 개종과 유사하다는 토마스 쿤의 주장에 신뢰를 더하게 한다. 이 개종은 의식적인 결단에 의한 것이 아니라 증거들에 기반하여 형성되는 신념에 의한 것이다. 그래서 자신이 믿는 패러다임에 강한 종교적 확신을 갖게 된다.

모든 물질이 기본 단위인 입자들로 이뤄진 것처럼 에너지도 연속적인 양을 가지지 않고 기본적인 단위가 존재함을 발견하여 양자 역학을 창시한 막스 플랑크(Max Planck)는 다음과 같이 말했다. "과학혁명은 점진적인 설득을 통해 반대쪽으로 전환되는 형식으로는 거의 일어나지 않는다. 사울이 바울이[45] 되는 일은 거의 일어나지 않는다. 실제로는 예전

45) 기독교를 탄압하던 사울이 환상 중에 예수님을 만나고서 기독교로 개종하고 이름도 '작은 자'라는 뜻의 '바울'로 고치게 된다.

의 개념에 젖어 있던 사람들이 점차 사라지고 새로 자라나는 세대가 새로운 개념에 처음부터 익숙해지는 것이다." 케플러가 대학생 시절 코페르니쿠스의 지동설에 사로잡히게 되었고, 뉴턴도 대학생 때 만유인력과 미적분 이론을 만들어냈다. 인간의 뇌는 학습에 의해 신경망의 연결 즉 선입견을 형성하므로, 새로운 관점에서 사고하기가 어려워진다.

사실이 아니어도 얼마든지 정확하게 현상을 설명하는 이론을 만들어낼 수 있고, 그것이 수천 년이나 지속될 수도 있다. 지금 모든 사람이 그 이론을 신봉한다고 해서 반드시 사실이라는 보장도 없다. 과거 지동설이 그랬던 것처럼 진리이지만 현재의 기술로 실증이 불가능할 수도 있다. 과학혁명에 의해 확립된 고전 역학 등의 고전 물리로 만물이 다 설명 가능하리라는 소박한 기대를 가지게 되지만 고전 물리 역시 어떤 스케일에서만 근사적으로 맞는 이론일 뿐, 어느 인간도 상상치 못한 양자 역학과 상대성 이론으로 대치되게 된다. 하지만 인간은 자신이 믿는 현재 이론이 옳을 것이라는 환상에 쉽게 빠진다. 다수의 과학자들에 의해 신봉되는 이론은 더 많은 연구비를 받아 그 이론을 더 그럴듯하게 꾸미고, 일반 대중에게 화려하게 호소함으로써 유행을 선도하고 젊은 학도들을 신도로 끌어들인다. 연구비를 선정, 배분하는 심사 회의에 가보면, 연구자의 우수성, 연구의 객관적 중요성, 연구비의 합리적 배분이라는 관점보다는 항상 자신이 속한 분야에 많은 연구비가 할당되도록 하는 경향이 강하다. 진리는 다수결에 의해 결정되는 것이 아니지만, 연구 자원의 배분은 다수결에 의해 결정될 수밖에 없는 것이 현실이다. 거대과학[46]의 시대에 소수 이론은 점점 더 설 자리가 없어진다.

46) 유럽 입자 물리학 연구소(CERN)의 대형 강입자 충돌기는 지하 175m에 27km 길이의 입자 가속기로, 건설비만 수조 원이 소요된 인류 역사상 최대의 실험 장치이다. 만물에 질량을 부여하는 힉스 입자를 발견하는 성과를 이루었다. 과학혁명기에 시작된 실험 과학이 현대에 와서 천문학적 자금, 수많은 인력, 대규모 컴퓨터를 요하는 거대과학(big science)이 되어가고 있다.

겸손과 인내

우리는 진리 앞에 겸허해야 한다. 조급히 결론을 이끌어 내기보다는 한 오라기의 가능성도 놓치지 않기 위해 철저히 신중해야 하고, 자신이 믿지 않는 다른 이론들도 열린 마음으로 그 가능성을 탐색해 볼 수 있어야 한다. 그리고 진리를 얻기 위해서는 기다리고 인내해야 한다. 아리스타르코스가 제시한 지동설이 완전히 사실로 확립되기까진 무려 약 2천 년이라는 시간을 기다려야 했다.

자기도 모르게 교만해지려는 자신을 부단히 채찍질해야 한다. 성직자이자 물리학자였던 르메트르가 신부복을 입고서 그 유명한 솔베이 학회에 참석하여 우주가 팽창한다는 이론을 아인슈타인에게 설명했는데, 우주가 정적이라고 믿던 아인슈타인이 무시하면서 폄하하자 그는 절망하고 포기할 수밖에 없었다. 당시 물리학계에 미치는 아인슈타인의 영향력은 막강하였다. 훗날 허블의 관측에 의해 르메트르의 예상이 옳았음이 증명되는데, 아인슈타인은 "권위에 대한 도전으로 고통을 받던 내가 어느새 권위가 되어 버렸다."고 후회했다.

생물학자 토머스 헉슬리[47]가 말한 대로 (인간이) 아는 것은 유한하고 모르는 것은 무한하며, 지적으로 우리는 설명할 수 없는 무한한 바다 한가운데 있는 작은 섬에 서 있다. 수학과 자연의 밀접한 연결은 광범위한 전체의 부분적 현상일지도 모르며, 인간은 결코 만물 이론을 영원히 찾지 못할지도 모른다. 어쩌면 대 과학자 뉴턴이 "나는 미지의 진리가 가득한 거대한 바다가 펼쳐진 해변에서 노니는 아이와 같았다."고 말했던 것처럼 순수한 아이로 돌아가는 것이 진리에 조금이나마 더 가깝게 나

47) Thomas Huxley. 19세기 영국의 진화 생물학자로 불가지론(agnosticism)이라는 말을 만들어 냈다.

아가는 것일지도 모른다.

4.6 생각해 볼 문제들

❶ 티코 브라헤는 당대 세계에서 가장 정밀하고 방대한 관측 결과를 가지고 있었는데도 태양, 달, 별이 지구를 중심으로 돌고 모든 행성은 태양을 중심으로 도는 모델을 주창하였으나, 코페르니쿠스는 상대적으로 빈약한 관측 자료에도 불구하고 오랜 사유 끝에 지동설을 발견하였다는 사실은 어떤 시사점을 주는가?

참고 과학철학자 핸슨은 "논리 안에 없는 것은 지각 안에도 없다."고 주장하며 이론으로부터 자유로운 관찰이 존재할 수 없음을 지적한다. 자신이 가진 선행 지식에 의해 형성된 프레임을 가지고 자신이 보고자 하는 것을 보게 된다. 철학자 비트겐슈타인[48]도 "두 동물의 형태를 선행 학습으로 잘 알고 있는 경우에만 우리는 토끼와 오리의 진정한 모습을 볼 수 있다"라고 말했다. 인간의 시각도 눈에 들어온 빛 그대로를 보는 것이 아니라 그것을 가지고 뇌가 만들어낸 이미지를 보는 것이다.

[좌 : 토끼인가 오리인가? 우 : A와 B 영역의 색이 같다!]

48) Ludwig Wittgenstein. 논리실증주의와 분석 철학을 대표하는 철학자. 말할 수 없는 것(검증 가능하지 않은 것)에 관해서는 침묵해야 한다고 주장했다. 1차 대전이 발발하자 군대에 자원입대하여 용감한 행동으로 여러 훈장을 받았으며, 부모로부터의 막대한 유산을 포기하고 산골에서 초등 교사로 일하기도 했다. 2차 대전이 발발하자 교수 신분을 숨기고 병원에서 봉사하였다.

❷ 현대 생물학의 진화론은 절대적인 증거 없이 구성된 하나의 학설임에도 불구하고 주류 패러다임으로 선택되어 과거 천동설에 버금가는 절대적인 지위를 누리고 있다. 과학철학자 루스(Michael Ruse)는 열렬한 진화론자임에도 불구하고 다음과 같이 말했다. “진화론은 그 종사자들에게 과학 이상으로 떠받들어진다. 진화론은 이념, 세속 종교로서 반포된다.… 진화론은 종교이다. 진화론의 처음부터 그것은 사실이었고 지금도 여전히 사실이다.” 관찰의 이론 의존성과 토마스 쿤의 패러다임 이론을 염두에 두고 진화론을 재검토해 보시오.

참고 다윈(Charles Darwin) : 셀 수도 없이 많은 중간 단계 화석이 존재해야만 하는데, 지층에서 왜 우리는 셀 수도 없이 많이 찾지 못하는가? 왜 모든 지층에서 중간 단계가 가득 있지 않은가? 지질학은 분명히 이러한 구분을 지어주는 생물 사슬도 보여주지 않으며, 이것이야말로 내 이론의 가장 커다란 반론일지 모른다.

❸ 천체의 궤도가 다 2차 곡선을 이루고 있고, 모든 물리적 작용은 최소 작용의 원리에 의해 일어나는 등 자연이 이토록 수학적으로 구성되고 운행하고 있는 이유가 무엇이라고 생각하는가? 테그마크의 주장대로 우주는 과연 수학적 구조 그 자체인가?

참고 테그마크는 수학적 언어에 의해 기술되는 것과 수학적 구조를 분별해야 함을 강조한다. 가령 3차원 유클리드 기하학에서 5가지만 존재하는 정다면체라는 개념을 표현(구성)하는 수학적 방식과 언어는 다양할 수 있다. 힐버트의 형식주의적 방법에 의하면, 정다면체를 점, 직선, 평면의 기하적 구성체가 아닌 맥주잔, 탁자, 의자의 어떤 결합 관계로 표현할 수도 있다. 하지만, 어느 누구도 5가지 정다면체 외에 또 다른 정다면체를 만들어낼 수 없다는 수학적 구조는 벗어날 수 없다. 수학적 표현 방식과 언어는 인간이 만들어낸 것이지만, 대상들의 관계로 이뤄진 수학적 구조 자체는 인간이 만들어낸 것이 아니다.

자연과학에서 인간이 구성하여 부여한 개념들(물고기, 바다, 물, 원자 등)은 근본 요소가 아니며, 이들을 다 걷어내면 순전히 수학적 구조만 남는다. 빅뱅 우주론에 의하면 태초의 우주는 매우 높은 에너지가 밀집된 매우 작은 점에서 팽창하였는데 그 특이점은 시간과 공간의 구분도 없고 물질적 구조도 갖지 않는 실체이므로, 수학적 구조만 내재되어 있다고 할 수 있다.

테그마크의 주장은 피타고라스를 계승한 가장 강력한 형태의 수학적 우주관이다. 그의 수학적 우주 가설에 의하면, 모든 무모순인 수학적 구조가 어떤 물리적 우주로 실재하고 있다고 주장되는데, 그런 우주들은 우리 우주와 완전히 분리되어 있어 원천적으로 관측이 불가능하다. 따라서 이 이론은 반증 가능하지 않으므로, 과학적 이론으로 볼 수 없다는 반박이 제기된다. 또한 우주가 수학적 구조와 동일시되기 위해서는 우주를 기술하는 궁극적이고 완전한 만물 이론의 존재를 전제해야 한다. 하지만 과학사를 살펴보거나 과학철학의 여러 관점들에서 볼 때 과연 그러한 이론이 존재할지 의문을 갖게 한다. 무엇보다 괴델의 불완전성 정리에 의하면 심지어 수학조차도 그 완전성과 확실성을 보장할 수 없다.

❹ 당신은 (과학혁명기를 통해 정립된) 과학적 방법론만이 사실적 지식을 얻는 유일한 원천으로 보는가? 과학과 종교는 서로 어떤 관계에 있다고 보는가?

참고 이언 바버[49]는 과학과 종교의 관계를 다음 네 가지로 분류했다.

---

49) Ian Barbour. 20세기 미국의 물리학자이자 신학자로 과학과 종교간 대화에 기여한 공로로 종교계의

(i) 갈등 : 과학과 종교는 진리를 놓고 싸우는 적으로, 한쪽이 옳으면 다른 쪽은 틀리다는 관점. 가령 창조론과 진화론의 대립

(ii) 독립/불개입 : 과학과 종교는 각자 다른 질문에 답하며 서로 다른 영역을 다룬다고 보는 관점. 가령 과학은 '어떻게(how)'를, 종교는 '왜(why)'를 묻는다.

(iii) 대화 : 과학과 종교가 서로의 영역을 침범하지 않으면서 서로에게 중요한 통찰을 제공하며 개념, 은유, 방법론을 서로 빌릴 수 있다는 입장

(iv) 통합 : 과학과 종교가 궁극적으로는 하나의 통일된 실재에 대한 서로 다른 접근 방식이며, 서로를 보완하여 더 완전한 진리 이해에 도달할 수 있다는 관점

❺ 중국의 4대 발명품인 종이, 인쇄술, 화약, 나침반이 유럽의 근대화에 크게 이바지하는 등, 어떤 면에서 중국의 과학 기술은 15세기까지 유럽보다 우월했다고 할 수 있다. 음수 사용만 해도 중국이 유럽보다 1500년 이상 앞섰으며, 고대 그리스, 인도, 아라비아의 우수한 수학과 과학도 중국에 소개되었다. 우리나라도 세종 시대에 과학 기술 수준이 세계 최고에 이르렀는데, 일본 측 자료에 의하면 15세기 전반부 세계 과학 기술의 주요 업적으로 한국이 29건, 중국이 5건, 일본이 0건, 그 외의 전 지역이 28건으로 집계되었다.[50] 세종은 친히 『산학계몽』을 공부하시고 신

노벨상으로 불리는 템플턴상을 수상했다.

50) 위키피디아(https://en.wikipedia.org/wiki/History_of_science_and_technology_in_Korea) 등에서 재인용함. 그 당시 우리나라의 천문 관측 자료가 지금도 요긴하게 사용되고 있다. 2016~2017년 미국, 영국 등의 국제 공동연구팀이 전갈자리에서 관측한 가스 성운이 신성 폭발의 잔해일 가능성이 높다고 판단하고, 신성 폭발의 위치와 지속 시간을 정확하게 기록해 놓은 『세종실록』의 도움을 받아 그것을 규명하였고, 그 연구 결과는 세계 최고의 과학 저널 Nature에 게재되

하들도 수학을 공부시키고 시험을 보게 하는 등 수학을 장려하였다. 일본에서는 관료와 상인들의 실용적 목적 외에 수학 자체를 위한 연구가 민간인들에 의해 이뤄졌는데, 수학 책을 한문이 아닌 일본어로 써서 많은 사람에게 접근이 가능하도록 했고, 봉건 영주에서 상인, 농민에 이르기까지 다양한 계층으로 구성된 수학 연구 집단들이 있었다. 하지만 유럽의 과학혁명과 같은 근대 과학으로의 발전이 동아시아에서는 일어나지 않은 이유가 무엇인지 논하시오.*

었다. 또 케플러 초신성도 『선조실록』의 관측 기록이 가장 상세해서 초신성 연구에 필수적으로 활용되고 있다.

CHAPTER

05

수 체계와 미적분학의 엄밀화

Why is there something rather than nothing?

- G. Leibniz

5.1 19세기 전반 수학의 상황

과학에서의 성공에 힘입어 18세기 후반 이성에 대한 신뢰가 극도로 확고해지면서 계몽주의가 성행하게 되었다. 종교적 믿음은 약화 되고 과학적 사실은 가치 중립화되었으며, 인간 스스로 진보를 이루어갈 수 있다는 믿음을 갖게 되었는데 계몽주의의 상징적 인물인 볼테르는 "우리는 이성과 산업이 진보를 계속하여 그 결과 인류를 괴롭혀왔던 모든 악들과 편견들이 점차로 사라질 것이라는 사실을 믿어도 좋다."라고 말했다. 이러한 믿음은 지금도 현대인들의 세계관에 큰 영향을 미치고 있는데, 역사학자 베리(John Bury)의 말을 빌리자면, "그것은 사실일 수도, 거짓일 수도 있지만 증명될 수는 없다. 진보에 대한 믿음은 일종의 신앙 행위이기 때문이다."

뉴턴의 역학을 태양계 전체에 상세하게 적용한 『천체 역학』을 저술한 라플라스는 신이 자연을 창조하였지만 더 이상 간섭하지 않고 자연은 오직 법칙에 의해서만 운행한다는 이신론(理神論)을 견지하였고, 초기 조건만 완전하게 주어진다면, 즉 우주의 모든 입자의 위치와 속도를 안다면 뉴턴의 운동 미분 방정식을 풀어서 우주 전체의 미래를 완전히 알 수 있다는 결정론적 세계관을 주장하였다. 그는 『천체 역학』을 나폴레옹에게 헌정하였는데 나폴레옹이 "라플라스 경, 당신은 우주에 대해 이렇게 큰 책을 쓰면서, 우주의 창조주에 대한 언급은 하나도 없군요."라고 말하자 "폐하, 저는 그 가정이 필요 없었습니다."라고 답했다고 한다.

비유클리드 기하의 발견

드디어 가우스, 로바체프스키, 보여이가 독립적으로 쌍곡(hyperbolic) 기하학을 발견하였다. 쌍곡 평면은 반지름 1인 단위원 내부이며, 거기에서의 '직선'은 원의 중심을 지나는 보통의 직선 또는 단위원 둘레와 수직으로 만나는 원의 일부분으로 정의된다. 쌍곡 평면에서는 유클리드 기하의 첫 네 공리는 성립하지만, 평행선 공리는 성립하지 않아서, 직선 밖의 한 점을 지나 그 직선에 평행한 직선이 무수히 많이 존재한다. 따라서 쌍곡 평면의 임의의 삼각형의 세 내각의 합은 항상 180도보다 작게 된다.

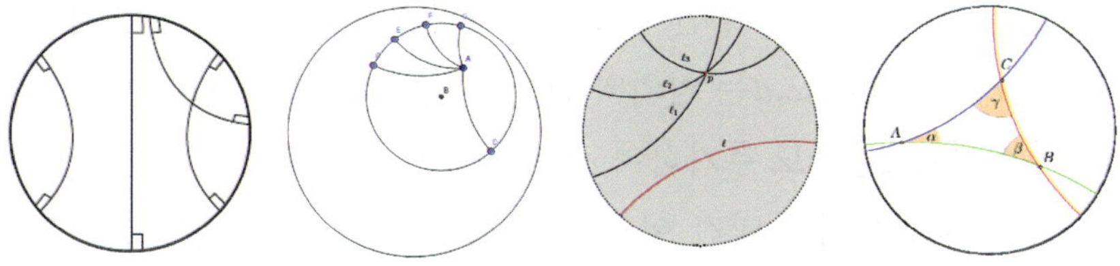

[1] 임의의 두 점을 잇는 직선이 존재한다.

[2] 선분을 이어서 직선을 만들 수 있다.

[3] 임의의 중심과 반지름을 가진 원을 그릴 수 있다.

[4] 모든 직각은 서로 같다.

사실 가우스가 가장 먼저 발견했지만, 예상되는 논란이 두렵거나 대응하기 귀찮아서 연구 결과를 출판하지 않았다. 또 그는 명예욕이 없이 수학적 성취 자체에 만족하였고, 완벽주의자여서 충분히 완숙한 소수의 결과만 발표한다는 신념으로 많은 수학적 발견들을 자신의 수학 일기에만 기록해 두었다. 그래서인지 그는 종종 타인의 걸작에 대해 칭찬이 인색하였다. 다음에 등장하는 사원수도 가우스가 먼저 발견했다고 한다.

평행선이 전혀 존재하지 않는 비유클리드 기하학 즉 타원(elliptic) 기하도 가능하다. 구면이 그 대표적인 예이다. 구면에서 '직선' 즉, 국소적 최단 거리 곡선은 대원으로 구의 중심을 지나는 평면과 구면과의 교선이다. 구면에서 모든 대원은 다 서로 만나며, 구면에서 삼각형의 내각의 합은 항상 180도보다 크다. 다음 장에서 나오게 되는 사영 평면도 두 직선이 항상 만나게 되는 타원 기하학이 성립한다. 가우스의 제자인 리만은 유클리드 기하학과 비유클리드 기하학을 통합하고 더 일반화하여 리만 기하학을 창시하였다.

사원수(quaternion)의 발견

해밀턴[51]이 2차원의 수인 복소수를 확장하여 4차원의 수, 사원수 $a+bi+cj+dk$ (a,b,c,d는 임의의 실수)를 발견하였다. 제곱하여 -1이 되는 수를 i 외에 j, k도 추가하여 사칙 연산이 가능하게 만들었지만, 곱셈에 대한 교환법칙이 약간 어긋난다. $bi+cj+dk$들의 곱만 고려한다면 3차원 벡터의 외적과 동일하다.

$$i^2 = j^2 = k^2 = ijk = -1$$
$$ij = -ji = k$$
$$jk = -kj = i$$
$$ki = -ik = j$$

위의 두 발견으로 인해 수학은 실제 세계에 대한 필연적 절대 진리로서의 위상이 약화되었다. 가우스는 "순수 수학(수를 기초로 세워진 수학)이 담보하고 있는 절대적 확실성을 기하학은 결여하고 있다.… 복소함수도 모든 수학 구성물과 마찬가지로 사람이 만들어낸 것에 지나지 않는다."라고 말했다. 사실 분수의 덧셈도 얼마든지 다르게 정의될 수

51) William Hamilton. 아일랜드의 수학자이자 물리학자로 행렬에서 케일리-해밀턴 정리를 발견하였고, 뉴턴 역학을 수학적으로 재구성한 해밀턴 역학을 창안하였다.

있다. 가령, 야구 선수가 어제 3타수 2안타를 쳤고, 오늘 4타수 3안타를 쳤다고 하면, 두 경기 합산 타율 $\frac{5}{7}$는 $\frac{2}{3} \oplus \frac{3}{4}$이고, 자동차가 2시간 동안 50km 달리고 3시간 동안 100km 달렸다면 평균 속력 $\frac{150}{5}$km/h는 $\frac{50}{2} \oplus \frac{100}{3}$이다.

하지만 나중의 발견들에 의하면 이런 새로운 수학들도 결국 실제 자연 세계를 반영하는 진리임이 밝혀진다. 가령 아인슈타인의 일반 상대성 이론에 의하면, 우리 우주가 사실 유클리드 공간이 아니라 비유클리드 공간이고, 사원수는 기본 입자의 스핀 등 회전과 관련된 변환을 기술하는 유용한 대수적 도구가 된다. 로마의 철학자 세네카가 말했던 것처럼, 자연은 그 모든 신비를 한 번에 모두 드러내지 않는다.

카드로 만든 집(House of Cards) 수학

이처럼 수학은 외형적으로 비약적인 발전을 이루었지만, 논리적 엄밀성은 취약했다. 아직도 무리수, 음수, 복소수에 대해서 수로서 거부감이 있었고, 극한에 대한 명확한 개념 없이 구성된 미적분학은 엄밀한 논리적 기초가 결여되어 있는 등 수학 전반에 확실성이 없었다. 17~18세기 수학자들은 수학을 이용한 과학에서의 뛰어난 성과와 수학적 진리에 대한 종교적 확신에 힘입어 논리적 정당화에 소홀했고, 직관이나 물리적 논증에 의존하기도 했다. 15세기까지 수학에서 다룬 개념들은 경험에서 직접적으로 추상화한 것이어서 직관에 의존해도 심각한 오류가 생길 위험이 적었지만, 추상적 개념들로부터 연역과 재추상화 과정을 거치면서 나타나는 개념들에게 인간의 직관은 매우 위험한 도구가 될 수 있다. 심지어 앙페르[52] 등은 함수가 연속이기만 하면 미분 가능하다는 증명

(!!)을 했고, 저명한 수학 교재들에 그 증명이 버젓이 실릴 정도였다. 나중에 바이어슈트라스가 모든 점에서 연속이지만, 모든 점에서 미분 불가능한 함수를 제시하자 온 세계는 충격에 휩싸였다.[53)]

자연 현상을 설명하는데 이룬 눈부신 성과에 도취된 자만심에 눈멀어서인지 엄밀한 증명을 경시한 수학자들도 많았다. 케일리-해밀턴 정리[54)]를 발견한 케일리는 2×2 행렬에 대해서 증명하고 일반적인 $n \times n$ 행렬에 대해선 공연히 힘들여 증명할 필요가 없다고 넘어갈 정도였다. 일부 수학자들은 이런 상황에 대해 우려하였는데, 아벨(Niels Abel)[55)]은 다음과 같이 말했다. "해석학에서 우리는 엄청난 모호함을 발견하게 됩니다. 나아가야 할 방향이나 체계가 전혀 없는데도 많은 사람들이 해석학을 공부하고 있다는 사실이 매우 이상하게 여겨집니다. 더욱 심각한 점은 지금까지 엄격하게 다뤄진 적이 한 번도 없었다는 점입니다. 논리적으로 타당한 방식을 통해 증명된 정리가 고등 해석학에서는 거의 없는 형편입니다. 특수한 경우에서 일반적 명제를 주장하는 터무니없는 방식을 도처에서 찾아볼 수 있는데, 이렇게 하고도 이른바 역설이 거의 생겨나지 않았다는 점은 극히 이례적이라 할 것입니다."

현재의 수학계에도 비슷한 우려가 드리워져 있다. 지금은 수학의 공리적 체계가 잘 확립되고 증명의 엄밀성이 매우 강화되었지만, 물질적 풍요에 힘입어 수학자들도 연구비를 과도할 정도로 받고, 연구 논문 생

52) 프랑스의 물리학자로 전자기학의 앙페르의 법칙을 발견함. 수학 교사 출신.

53) $f(x) = \sum_{n=0}^{\infty} a^n \cos(b^n \pi x)$로 주어진다.(단, $a \in (0,1)$, b:양의 홀수, $ab > 1 + \frac{3}{2}\pi$)

54) $n \times n$ 행렬 A의 특성 다항식 $f(t) = \det(t \cdot Id - A)$에 $t = A$를 대입하여 얻는 행렬이 0이다.

55) 노르웨이의 수학자로 20대 중반에 요절하였지만, 수학 여러 분야에 많은 업적을 남겼다. 군 이론을 만들어 5차 이상의 방정식의 근의 공식이 없음을 증명하였다. 그래서 가환군을 abelian group으로 부르기도 한다. 아벨을 기념하여 제정된 아벨상은 필즈상과 함께 수학 분야 최고의 상이다.

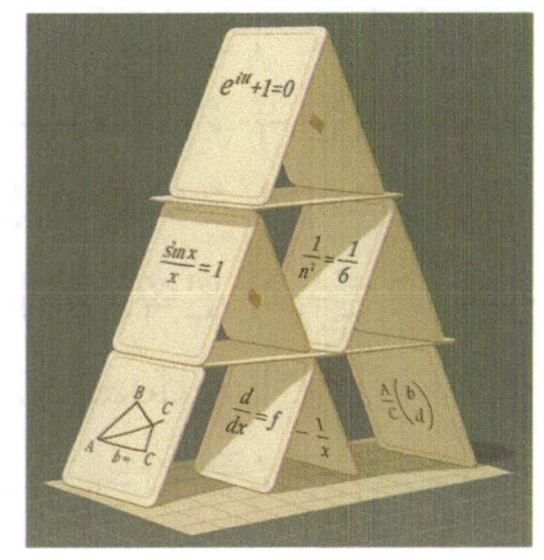

산에 대한 압박감이 어느 때보다 높다. 따라서 지나치게 많은 (급조된) 수학 논문들이 쏟아져 나오고 있는데 이 많은 논문들을 엄격히 심사할 수 있는 여유가 없는 실정이다. 제대로 검증받지 못한 논문에 기초하여 또 다른 논문이 양산되고 있는데 이러다간 현대 수학이 카드로 만든 집(House of Cards)처럼 무너질지 모르는 위기감이 있다. 사실 이미 대형 사고가 발생했었다. 페렐만이 푸앵카레 추측을 100년 만에 해결해 2006년 필즈상까지 수여되었지만, 몇 년 후 그가 증명에 핵심 도구로 이용했던 정리에 반례가 발견되었다. 그 정리는 수학계에서 아무 의심 없이 사용해 오던 유명한 정리였지만 실상 오류가 있었던 것이다. 다행히도 그 오류를 교정할 수가 있어서, 페렐만의 증명도 약간 수정하면 되는 것으로 잘 해결되었다.

20세기 이후 현대 수학이 너무 고도화되고 정교한 기법들을 요구하게 되어 뛰어난 수학자들도 공들여 만든 이론이 자신도 모르게 범한 실수로 인해 무너질지 모르는 두려움을 안고 있다. 필즈상 수상자 알랭 콘은 증명을 마친 후의 불안감과 두려움을 다음과 같이 표현했다. 그것은 마치 절벽을 타고 내려가는 것과 같다. 자꾸만 아래를 내려다보며 "여기 아마도 내가 실수했을 것 같아."라고 끊임없이 되뇌게 된다.[20]

5.2 음수의 정당화

무에 대한 관념에 익숙했던 인도인이 0을 최초로 발견한 것처럼, 음수는 음양(陰陽)의 개념에 익숙했던 중국인이 기원전 2세기경에 돈 계산 등에 음수를 사용하였다. 음양오행설에 의하면, '음'과 '양'은 우주 만물을 구성하는 두 가지 기본 원리로서 서로 대립되는 속성이지만 동시에 서로 의존하며 조화를 이룬다. 밝음과 어두움, 뜨거움과 차가움, 위와 아래, 오른쪽과 왼쪽, 안과 밖 등 만물뿐 아니라 인간 사고의 기본 개념에 이러한 쌍대성(duality)이 있는데, 현대 수학과 이론물리에서 쌍대성은 수학적 구조들 간의 대칭을 주는 개념으로 중요하게 연구되고 있다.

7세기 인도의 천문학자이자 수학자 브라마굽타는 음수를 빚으로 이해하여 0을 포함한 모든 수에 대한 가감승제를 정의하였다. 인도인들의 음수는 아라비아에 전해지고, 이어서 중세 때 유럽에도 전해졌지만 15세기까지 거의 사용되지 않았다. 17세기 중반 이후에 음수는 자유로이 사용되었지만, 무리수와 달리 음수는 양적인 의미가 약해서인지 19세기 초엽까지도 유럽인들은 음수를 부조리한 수로 여겼고 논리적으로 정당화를 할 수 없었다. 음수 곱하기 음수가 양수가 된다는 사실만 봐도 그들이 느꼈을 심리적 저항감을 충분히 추측할 수 있다. 천재 수학자 파스칼[56)]은 0에서 4를 빼면 0이라고 말했고, 심지어 달랑베르(d'Alembert)[57)]는 음수 해는 곧 그 수치의 정반대 값이 해가 된다는 뜻이라고 말했다. 영국의 수학자 월리스(John Wallis)[58)]는 음수가 0보다 작지만 무한대보다 크다고 주장했는데, 분모가 작아지면 더 커져야 한

56) 16세 때 파스칼의 정리를 발견했고, 19세 때 세계 최초로 기계식 가감 계산기를 발명했는데, 프로그래밍 언어 파스칼도 그의 이름을 딴 것이다.

57) 18세기 프랑스의 수학자, 물리학자, 계몽주의 철학자로 현의 진동으로부터 파동 방정식 $\frac{\partial^2 u}{\partial t^2} - c^2 \frac{\partial^2 u}{\partial x^2} = 0$을 발견했다. 이 방정식에서 유래된 연산자 $\frac{\partial^2}{\partial t^2} - \sum_{i=1}^{3} \frac{\partial^2}{\partial x_i^2}$를 달랑베르시안이라 하는데, 4차원 시공간에서 모든 파동을 기술하는 중요한 도구이다.

58) 성직자 출신으로 ∞ 기호를 최초로 도입하였고, 미적분학의 발전에도 기여하였다.

다는 논리로 $\infty = \frac{1}{0} < \frac{1}{-1} = -1$에 이르렀던 것이다.

하지만 월리스는 처음으로 수를 직선에 표현하는 방법을 창안하여 음수 연산에 공간적 의미를 부여했는데, 먼저 데카르트에 의해 도입된 직교 좌표계가 수로써 위치를 표현하는 아이디어를 더 발전시킨 것이다. 수직선은 지금도 음수 개념을 가르치는 유용한 도구이다.

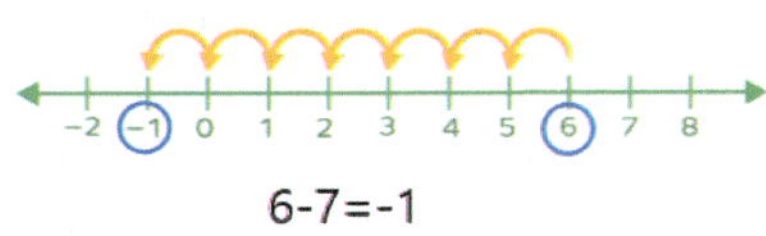

19세기 중엽 이후 음수는 양적 개념보다는 추상적인 대수적 대상으로 이해되면서 음수에 대한 의미가 더 명확해졌다. 현대 수학에서 음수는 덧셈 연산에 대한 양수의 역원으로 형식화되며, 이 방법을 일반화하여 '더하기'가 정의된 임의의 수학적 대상에 대해서도 해당하는 음의 대상을 정의할 수 있다. 수학에서 엄밀화와 논리화는 종종 뒤따라오는 것이며, 우선은 직관과 경험에 의해 타당성을 부여받은 수학적 대상과 개념을 계속 사용하며 수학의 지평을 확장시켜 나가게 된다.

인간이 음수를 받아들이는데 오랫동안 어려움을 겪었던 것은 자연수에 대한 관념이 인식론적 장애로 작용하기 때문으로, 수학이 단순히 계산 기술이 아님을 보여준다. 음수를 다루는 형식적 규칙은 단순하여 회계 등에서 유용하게 사용했지만, 인간이 수라는 형식에 부여한 의미를 음수가 갖고 있지 못했다. 음수를 받아들이기 위해서는 수의 의미가 더 확장되어야 했다. 인간은 단지 무모순일 뿐 별로 의미 없는 아무런 형식을 탐구하지 않으며, 형식들이 가지는 의미로 인해 인간은 수학으로부터 통찰을 얻게 되는 것이다. 괴델의 불완전성 정리를 통해서도 수학이 단순히 형식 그 이상임을 알 수 있다.

음수는 인간이 **구성**해 낸 대표적인 추상적 개념으로 볼 수 있지만, 인간과 무관하게 이미 자연계에 음수가 **실재**하고 있음을 보여주는 물리적 예로 전하량 보존법칙이 있다. 전자는 음(-) 전하를 가지고 있고, 양전자는 양(+) 전하를 가지고 있는데, 가령 2개의 전자가 3개의 양전자와 부딪히면, 전자-양전자 두 쌍이 전하값이 0인 빛으로 바뀌고, 양전자가 하나 남아 최종적인 전하값이 +1이 된다. 이것은 자연에 "$-2+3=1$"이 실재한다는 증거가 아닐까?

5.3 복소수(複素數, complex number)의 발견

$\sqrt{-1}$는 제곱 해서 -1이 되는 형식적인 수로 16세기 중엽 카르다노(Gerolamo Cardano)가 처음으로 도입하여 $(5+\sqrt{-15})(5-\sqrt{-15})=40$을 얻었지만, 쓸모없고 궤변적인 것으로 간주했다. 그는 점성술을 지나치게 믿는 신비주의적 성격이라 이 발상을 할 수 있었는지 모르지만, 콜럼버스의 달걀처럼 아무도 가지 못한 길을 최초로 가는 것은 쉬운 일이 아니다. 같은 이탈리아 수학자 봄벨리(Rafael Bombelli)는 여기서 한발 더 나아가 복소수의 연산을 정의하고 대수 방정식을 푸는 데 이용하였다. 가령 3차 방정식 $x^3=15x+4$의 해를 카르다노의 공식[59]으로 구하면 $x=\sqrt[3]{2+\sqrt{-121}}+\sqrt[3]{2-\sqrt{-121}}$이 되는데,

59) $x^3+px+q=0$의 근은 $x=\sqrt[3]{-q/2+\sqrt{D}}+\sqrt[3]{-q/2-\sqrt{D}}$ 이다.(단, $D=(q/2)^2+(p/3)^3$) 사실 이 공식은 카르다노가 아니라 동시대의 이탈리아 수학자 델 페로(del Ferro)와 타르탈리아(Tartaglia)가 각각 발견했다. 카르다노는 음수를 체계적으로 사용한 최초의 유럽인으로, 수학자뿐

$\sqrt[3]{2+\sqrt{-121}}$를 $a+b\sqrt{-1}$로 놓으면, $\sqrt[3]{2-\sqrt{-121}}$는 $a-b\sqrt{-1}$가 되어 $x=2a=4$를 얻었다.

음수도 받아들이기 어려운 추상적인 대상인데 그 음수를 다시 추상화하여 얻은 $\sqrt{-1}$은 훨씬 더 받아들이기 어려웠다. 하지만 음수처럼 복소수도 사용을 거듭하면서 점점 확신이 늘어갔다. 오일러는 $\sqrt{-1}$ 대신에 i 표현을 사용하고, 지수 함수와 삼각 함수의 정의역을 복소수에까지 확장하고 $e^{i\theta}=\cos\theta+i\sin\theta$를 발견하였다.

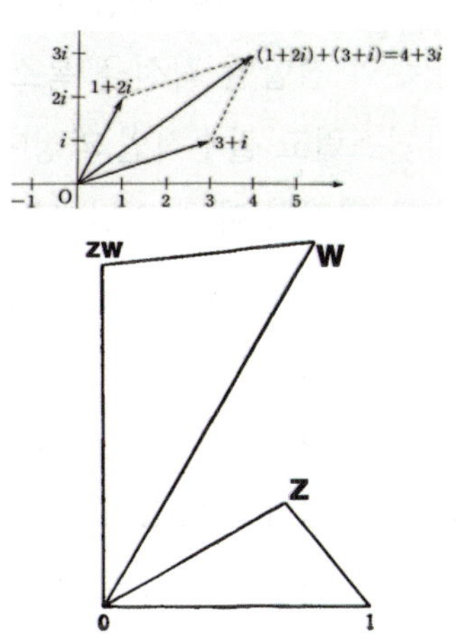

복소수는 실재로서보다는 중간 계산 과정에서 나타난 형식으로 간주되었지만, 19세기에 와서 덴마크-노르웨이의 지도 측량사 베셀(Caspar Wessel), 파리에서 서점을 운영하던 아르강(Jean-Robert Argand), 가우스는 복소수를 좌표 평면의 점으로 표현하고, 덧셈과 곱셈 연산도 기하적으로 표현함으로써 복소수에 대한 의구심을 해소하는 데 일조했다. 두 복소수의 덧셈은 해당하는 두 벡터들이 이루는 평행사변형의 대각선 벡터로 주어지며, 두 복소수 z, w의 곱 zw는 두 삼각형 $\triangle 01z$과 $\triangle 0w(zw)$이 닮음 꼴이 되도록 주어진다. 이처럼 복소수를 크기와 (x축과의) 각도를 동시에 가진 벡터로 해석할 수 있다는 사실로 인해 복소수는 나중에 자연을 기술하는 핵심적인 도구가 된다.

가우스는 데카르트가 명명한 허수라는 이름과 $\sqrt{-1}$라는 서투른 표

아니라 발명가와 의사로서도 큰 족적을 남긴 전형적인 르네상스형 박학다식가였다.

기 때문에 사람들의 복소수 이해를 힘들게 하고 있다고 말하고, 대신 복소수라는 이름과 i라는 표기를 사용했다. 코시,[60] 리만, 바이어슈트라스(Karl Weierstrass) 등은 복소함수의 미적분 이론을 발전시켰는데, 미분 가능한 복소함수는 미분 가능한 실함수에서 예상치 못한 조화로운 성질을 가짐이 발견되었다. 가령 어떤 영역에서 정의된 한 번 미분 가능한 복소함수는 사실 무한 번 미분 가능하다!

비록 복소수를 처음 발견하게 된 계기는 다소 인위적이었지만, 합리적인 사칙 연산이 가능한 수 체계는 직선과 평면에만 부여할 수 있기에 실수의 집합인 직선을 복소수의 집합인 평면으로 확장하는 것은 매우 자연스럽고 필수적인 과정이다. 실수에서 드러나지 않는 대칭성이 복소수로 확장할 때 드러난다는 사실만 봐도 실수는 복소수라는 온전한 수 체계의 일부라는 것을 시사한다. 가령 가우스와 아르강이 독자적으로 증명한 대수학의 기본 정리에 의하면, 임의의 n차 다항식은 (중복도를 포함하여) n개의 복소수 근을 가진다. 다음 장에서 살펴볼 평면의 만델브로트 집합도 인간이 전혀 예상치 못했던 무한히 많은 대칭적 구조를 보여주는데 이 역시 복소수를 통해서 드러난 수학적 구조이다.

또 복소수는 기하적 대칭성을 대수적으로 표현하는 필수적인 도구가 되기도 한다. 가령 복소평면에 있는 세 점 a,b,c가 삼각형을 이루고 세 변 $\overline{\mathrm{ab}}$, $\overline{\mathrm{bc}}$, $\overline{\mathrm{ca}}$ 위의 내분점 P, Q, R이

$$\overline{\mathrm{aP}} : \overline{\mathrm{Pb}} = m_1 : m_2, \quad \overline{\mathrm{bQ}} : \overline{\mathrm{Qb}} = m_2 : m_3, \quad \overline{\mathrm{cR}} : \overline{\mathrm{Ra}} = m_3 : m_1$$

60) Augustin Louis Cauchy. 19세기 프랑스의 수학자로 코시-슈바르츠 부등식, 코시-리만 방정식, $\epsilon-\delta$ 논법 등 많은 수학적 업적을 남겼으며 무려 800편이 넘는 논문을 썼다. 코시가 하도 많은 논문을 제출해서 인쇄비를 감당하기 힘들었던 학회로부터 논문을 4페이지 이내로 제출하라는 제약을 받았다는 전설이 전해진다. 실제로 프랑스의 대표적 수학 저널인 C. R. Acad. Sci. Paris은 그 전통을 따라 지금도 대부분의 논문이 4~6페이지 이내이다.

을 만족하면, 세 점 P, Q, R을 지나는 내접 타원이 존재하는데, 그 타원의 두 초점에 대응되는 복소수는 아래 방정식을 만족한다.

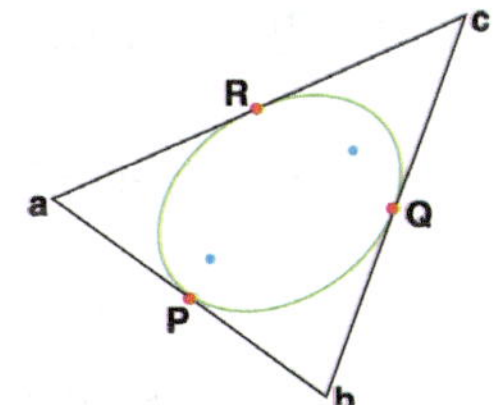

내접 타원의 초점의 방정식 :

$$\frac{m_1}{z-a}+\frac{m_2}{z-b}+\frac{m_3}{z-c}=0$$

이상의 사실들은 복소수의 필수불가결성을 확신할 수 있게 해준다. 그뿐 아니라 실수가 거시 세계의 자연을 기술하는 것처럼 미시 세계의 양자 역학을 기술하는 데 있어 복소수가 필수적이라는 사실도 복소수의 실재성을 지지해 준다.

5.4 실수를 정의하다

중세 때 아라비아 수학에서 전수 받아 $\sqrt{2}$ 같은 무리수도 수로서 받아들이고 오랫동안 사용되어 왔지만, 수로서 논리적 기초가 결여되어 있었다. 스테빈[61]은 유리수, 선분의 길이, 무리수를 다 같은 수로서 간주하여 십진 소수로 표현할 것을 주장했지만, 무리수를 십진 소수로 표시하고자 하면 소수점 아래 무한히 불규칙적으로 계속되어 명확성이 결여되므로 무리수는 여전히 찜찜한 존재로 남아 있었다. 데카르트는 자와 콤파스를 가지고 선분의 길이들의 사칙 연산과 제곱근을 작도해 보였는데, 이를 이용하면 실수를 직선상의 길이로 간주할 수 있지만, 이것만으론 실수를 엄밀하게 정의한 것이 아니다. 전통적인 유클리드 기하학에서 직선은 완비성이 부여되어 있지 않기 때문이다. 완비성(completeness)이란, 쉽게 말해 수직선이 누락된 수 없이 모든 실수를 다 포함하고 있는 연속체라는 뜻으로, 수직선상의 임의의 수열 a_n이 코

61) Simon Stevin. 16세기 네덜란드의 수학자이자 물리학자

시 수열이면, 즉 $\lim_{n\to\infty}|a_n - a_{n+1}| = 0$을 만족하면, 그 수열의 극한점이 존재한다는 것이다. 유리수 외에 어떤 수들을 얼마나 더 추가해야 선형 연속체를 얻을 수 있을까? $\sqrt{2}$, $\sqrt{3}$, π, e, e^{π}, $2^{\sqrt{2}}$, $\ln 2$, $\cdots$. 이렇게 산발적으로 추가한다고 해서 모든 실수를 다 찾아낸다는 보장이 없으므로 어떤 원리에 의해 체계적으로 실수를 정의해야 한다.

19세기 중엽 이후 바이어슈트라스, 데데킨트(Richard Dedekind), 칸토르(Georg Cantor), 힐버트 등에 힘입어 비로소 무리수와 유리수를 통합하여 실수는 추상적인 대상으로 엄밀히 정의되었다. 칸토르의 방식을 따라 실수를 구체적으로 구성하기 위해, 유리수의 집합을 더 확장해 보자. 가령 $a_1 = 1$, $a_2 = 1.4$, $a_3 = 1.41$, $a_4 = 1.414$, $\cdots$으로 정의되는 수열 a_n은 유리수들로 이뤄진 코시 수열로, $\sqrt{2}$로 수렴한다. 따라서 $\sqrt{2}$라는 수를 이 수열로 표현할 수 있다.

그렇다면 유리수로 이뤄진 임의의 코시 수열 a_n도 하나의 수 a_∞를 나타낸다고 **정의**할 수 있지 않을까? 이런 a_∞들을 실수로 정의하며, 유리수와 기존에 알던 모든 무리수들도 다 실수가 된다. 물론 수열 $a_n - b_n$이 0으로 수렴할 때, a_∞는 b_∞와 같은 것으로 간주하며, 실수들의 대소 관계와 연산도 다음과 같이 정의한다.

$$a_\infty > b_\infty \iff \text{어떤 자연수 } N\text{이 존재해서 } n > N \Rightarrow a_n - b_n > 0,$$
$$a_\infty \pm b_\infty := (\text{수열 } a_n - b_n)_\infty, \quad a_\infty \times b_\infty := (\text{수열 } a_n b_n)_\infty$$

이렇게 정의된 실수들을 다 모은 집합은 완비성을 만족하며, 드디어 $\sqrt{2}\sqrt{3} = \sqrt{6}$도 엄밀히 증명할 수 있게 되었다. 힐버트는 유클리드 기하의 공리계에 아르키메데스 성질(임의의 길이는 단위 길이를 유한 번 더해 넘을 수 있음)과 완비성을 공리로 추가하여 기하학적 직선에 칸토르가 구성한 실수 집합과 동일한 구조를 부여할 수 있음을 보였다. 실수의 엄밀화에 힘입어 미적분학의 엄밀한 기초를 제공하게 되었고, 해석기하도 $\mathbb{R}^2 = \mathbb{R} \times \mathbb{R}$에서 엄밀히 구현될 수 있게 되었다.

다른 방법으로 실수를 구성하는 방법도 있을까? 데데킨트는 유리수들로 이뤄진 수직선을 두 개의 반직선으로 절단하는 절단점을 하나의 실수로 간주하는 방식으로 실수들을 빠짐없이 다 구성해 냈다. 하지만 이런 방법들도 다 칸토르가 구성한 실수 집합과 동일한 구조를 준다. 완비 순서 체의 공리를 만족하는 집합은 다 동형(isomorphic)이기 때문이다. 순서 체란, 전 순서(total order)[62] $\leq$를 가진 체(field)로서 "$a \leq b$이면, 임의의 c에 대해 $a+c \leq b+c$이고, 임의의 $d > 0$에 대해 $ad \leq bd$"을 만족함을 말한다.

5.5 미적분학의 엄밀화

볼짜노,[63] 코시, 바이어슈트라스에 의해 극한, 수렴, 함수의 연속성 등이 $\epsilon - \delta$ 논법으로 엄밀히 정의됨으로써 미적분학의 모호함이 해소되었다. 기존에 사용하던 정의들은 무한(소)를 이용한 것으로 단순하고 직관적이어서 이해하기 쉽지만 엄밀하게 규정되지 못하여 오류를 유발하기 쉬웠는데, $\epsilon - \delta$ 논법은 극한 개념을 곤혹스런 무한 개념으로 표현하지 않고, 위상 수학적(topological) 개념으로 표현하여 논리적으로 명확해졌다.

62) 6.4절에 소개된 정렬 순서 공리에서 처음 네 조건을 만족

63) Bernard Bolzano. 체코의 수학자이자 철학자, 신부

가령 수열 a_n이 실수 L로 수렴함은 다음으로 정의된다. :

$$\text{임의의 양수 } \epsilon \text{에 대해 어떤 자연수 } N\text{이 존재해서, } n > N \Rightarrow |a_n - L| < \epsilon$$

a_1 a_3 a_4 a_8 a_{10} a_9 a_7 a_6 a_5 a_2

L−ε L L+ε

$\epsilon - \delta$ 논법을 사용하면, 함수열 f_n이 f로 각 점에서 수렴뿐 아니라 정의구역 전체에서 **평등 수렴**함도 정의할 수 있다.:

$$\text{임의의 } \epsilon > 0 \text{에 대해 어떤 자연수 } N\text{이 존재해서,}$$

$$n > N \Rightarrow \text{모든 } x\text{에 대해 } |f_n(x) - f(x)| < \epsilon$$

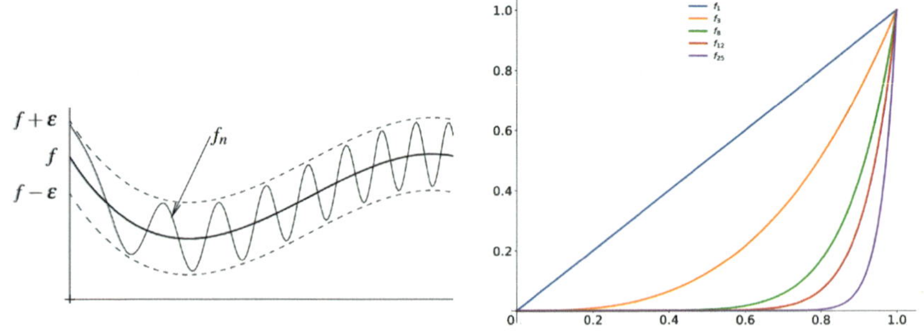

위 오른쪽 그림은 $[0,1)$에서 정의된 함수열 $f_n(x) = x^n$이 $f(x) = 0$로 각 x에서는 수렴함을 보여주는데, x가 클수록 0으로 수렴하는 속도가 느려져 정의구역 전체에서 평등 수렴하지는 않는다. 함수열에서 평등 수렴의 중요성은 다음에 있다.

$$\lim_{n\to\infty} f_n(x) : \text{평등 수렴} \Rightarrow \lim_{n\to\infty} \int_a^b f_n(x)\,dx = \int_a^b \lim_{n\to\infty} f_n(x)\,dx$$

$$\text{각 } x \in [a,b]\text{에서 } \lim_{n\to\infty} f_n(x) : \text{수렴, } \lim_{n\to\infty} f_n{}'(x) : \text{평등 수렴} \Rightarrow$$

$$\frac{d}{dx}\lim_{n\to\infty} f_n(x) = \lim_{n\to\infty}\frac{d}{dx} f_n(x)$$

이 과정에서 독일의 수학자 바이어슈트라스의 공이 제일 크다. 코시도 해석학에서 엄밀성을 강조하고 엄밀화를 시도했지만, 수렴과 같은 미묘한 개념을 너무 단순히 생각해서 실수가 많았고, 오개념을 많이 가지고 있었다. 그는 동시대인들과 마찬가지로 연속 함수는 다 미분 가능이라 믿었고, 평등 연속과 평등 수렴에 대한 인식이 없었다. 반면에 바이어슈트라스의 엄밀함은 '극도로 주의 깊은 추론'의 동의어로 불릴 정도였다. 그는 오랜 기간 중등 교사로서 재직했고, 나중에 교수가 되어선 아주 훌륭한 강의자이자 영감을 주는 선생이었다고 한다. 그의 강의는 매우 세심하게 준비되었고, 그의 수많은 수학적 발견은 논문이 아닌 강의를 통해 세상에 알려졌다. 또한 매우 관대하게도 제자들이나 다른 이들이 자기의 발견 결과를 이용해 명성을 얻도록 허락했다. 최초로 실무한의 세계를 개척한 칸토르도 그의 제자였다.

한편 아브라함 로빈슨(Abraham Robinson)은 20세기 중엽 비표준 해석학을 창시하여 다른 방법으로 미적분학을 엄밀화하였다. 비표준 해석학에선 무한대들과 무한소들을 포함하는 확장된 수(초실수) 체계를 사용하며 기존 해석학의 극한 개념이 무한 개념 없이 대수적으로 정의된다.

5.6 자연수의 공리화

그동안 직관과 경험에 의존해 왔던 자연수도 19세기 말 독일의 수학자 데데킨트와 이탈리아 수학자 페아노(Giuseppe Peano)에 의해 공리화되었는데, 보통 페아노 공리계 PA라 부른다.

[1] 0은 자연수다.

[2] 임의의 자연수 n에 대해 유일한 자연수 $S(n)$이 존재한다.

[3] 임의의 자연수 n에 대해 $S(n)$은 0이 아니다.

[4] 임의의 자연수 n, m에 대해, $S(n) = S(m) \Rightarrow m = n$이다.

[5] 자연수 n에 대한 명제 함수 $p(n)$에 대해, $p(0)$가 참이고, $p(n) \Rightarrow p(S(n))$이면, $p(n)$는 모든 자연수 n에 대해 참이다.

[6] 임의의 자연수 n, m에 대해 $n+0=n$, $n+S(m)=S(n+m)$

[7] 임의의 자연수 n, m에 대해 $n \times 0 = 0$, $n \times S(m) = (n \times m) + n$

페아노는 1을 첫 번째 자연수로 택했는데, 현대 집합론에선 주로 0을 첫 번째 자연수로 택한다. 공리 [5]는 귀납의 원리로 잘 알려져 있는데, 만약 [5]가 빠지면 오른쪽 그림의 도미노들도 자연수 집합이 된다. 여기서 명제 함수란, 변수를 갖는 형식문(정식)으로서 변수에 값을 대입하면 참 또는 거짓인 명제가 되는 것을 말한다.

중요한 사실은 [5]가 하나의 공리가 아니라 $p(n)$가 n에 대한 **구체적인 수식**으로 표현되는 (가산 무한개의) 각각의 공리들을 통칭하여 서술한 것이다. 만약 [5]가 임의의 (비가산 개의) 명제 함수 p에 대해서도 성립하도록 요구한다면, 훨씬 더 강력한 2차 페아노 공리계 PA_2가 된다. 1차 공리계는 그 공리계의 대상이 되는 원소에만 '∀ (모든, 임의의)'와 '∃ (~이 존재한다)'를 가할 수 있는 공리 체계를 말하며, 반면에 2차 공리계에서는 그 대상들의 집합이나 성질, 관계, 함수 등에 대해서도 양화할 수 있어 더 표현력이 강한 체계이다. 즉 1차 공리계인 PA에서는 자연수에 대해서만 논리 양화사 $\forall, \exists$를 가할 수 있고, 2차 공리계인 PA_2는 자연수들의 임의의 부분집합을 상정하게 되므로 진정한 자연수만의 공리계라 보기 어렵다. 또 1차 공리 체계에서는 괴델의 완전성 정리가 성립하여, 어떤 형식문이 그 체계 내에서 형식적으로 증명 가능하다는 것과 그 체계의 임의의 모델에서 그 명제가 참이라는 것이 동치이다. 형식 체계의 모델이란 그 체계의 기호들을 실제 대상과 작용으로 해석하여 공리들을 참으로 만드는 수학적 구조를 말한다.

공리 [6]과 [7]은 각각 자연수의 덧셈과 곱셈을 귀납적으로 정의한다. 관습을 따라 $1 := S(0)$, $2 := S(1) = S(S(0))$, $3 := S(2) = S(S(S(0)))$, $\cdots$으로 표기하면, 임의의 자연수 n에 대해 $n+1 = S(n)$, $n+2 = S(S(n))$, $n+3 = S(S(S(n)))$, $\cdots$을 얻는다.

연습문제 $4 := S(3)$이라고 표기할 때, $2+2=4$를 보이시오.

자연수들의 순서 관계는 다음으로 정의한다.

$m \leq n \Leftrightarrow$ 어떤 자연수 k가 (유일하게) 존재하여 $m+k=n$이 성립

이때 k를 $n-m$으로 표기한다.

위에서 얻어진 $0, 1, 2, 3, \cdots$과 같은 표준적 자연수들 외에 이들보다 더 큰 새로운 자연수들을 추가하여도 여전히 PA를 만족하게 할 수 있다.[64)]만약 그런 a를 새로 추가하면

64) 어떤 집합이 PA의 공리를 다 만족하는 모델이 됨을 증명하는 것은 PA 내에서 할 수 없고 더 강력한 공리 체계의 도움을 받아야 한다.

$$\cdots, a-2, a-1, a, a+1, a+2, \cdots \quad (*)$$

도 있어야 하고, $2\times a$, a^2, a를 2로 나눈 몫 등도 있어야 한다. 이처럼 확장된 자연수 집합을 (PA의) 비표준 모델이라 부르는데, 작은 것부터 크기순으로 나열하면, 다음 그림처럼 배열된다.

0 1 2 3 4 ⋯⋯ |||||||||||||||||⋯

여기서 스트로크 | 하나가 위의 (*)와 같은 한 묶음을 나타내는데, 이런 것들이 조밀하게(:가장 작은 비표준적 자연수는 없기 때문) 처음과 끝없이 늘어서 있다. 조밀함이란, 임의의 두 스트로크 사이에 또 다른 스트로크가 있음을 뜻한다.

놀라운 사실은, 뢰벤하임-스콜렘 정리[65]에 의하면 하나의 무한 모델을 가지는 1차 공리계는 임의의 무한 기수 크기의 모델을 갖는다. 따라서 가산 개의 원소들로 이뤄진 비표준 모델이 (무한히 많이) 존재할 뿐 아니라 심지어 비가산 개의 원소들로 이뤄진 비표준 모델도 무한히 많이 존재한다. 그래서 표준적 자연수만을 공리화하는 1차 공리계는 있을 수 없고, 현대 수학에서는 집합에 대한 1차 공리계인 ZFC 공리 체계에서 집합을 이용해 표준적 자연수들을 정의한다. 폰 노이만의 방식을 따라 $S(n)$을 $n\cup\{n\}$으로 정의하면, 자연수들이 다음으로 주어진다.

$$0=\varnothing,\quad 1=\{0\}=\{\varnothing\},\quad 2=\{0,1\}=\{\varnothing,\{\varnothing\}\},$$
$$3=\{0,1,2\}=\{\varnothing,\{\varnothing\},\{\varnothing,\{\varnothing\}\}\},\cdots$$

그런 이유로 인해 수보다는 집합이 더 근본적인 수학적 대상이라 할 수 있다. 8장에서 다룰 직관주의 수학 철학의 관점에서는 여전히 자연

65) 독일의 수학자 Leopold Löwenheim과 노르웨이 수학자 Thoralf Skolem이 증명함.

수가 가장 근본적인 수학적 대상이다.

참고로 비표준 모델들은 PA_2를 만족하지 않는다. PA_2를 만족하는 자연수 집합은 표준적 자연수 집합뿐이다. 귀납 원리를 명제 함수

$$p(n) : n\text{이 표준적 자연수 집합 } \{0, 1, 2, 3, \cdots\}\text{에 속한다.}$$ [66]

에 적용하면, 모든 자연수 n에 대해 $p(n)$이 성립함을 얻기 때문이다.

한편 괴델의 불완전성 정리로 인해, 페아노 공리계의 무모순성은 공리계 내에서는 증명이 불가능하다. 독일의 수학자 겐첸(Gerhard Gentzen)은 무한 서수[67] ϵ_0까지의 초한 귀납법을 이용해 PA의 무모순성을 보였다. 엄격한 유한주의 수학자들은 초한 귀납법이 유한적 직관을 넘어선 것으로 그 정당성을 받아들이기 꺼려하지만, 대부분의 수학자들은 페아노 공리계가 무모순일 것이라 믿고 있으며, ZFC의 무모순성을 가정한다면 PA의 무모순성뿐 아니라 표준 모델도 구체적으로 얻을 수 있다. 물론 ZFC의 무모순성을 가정하면 PA_2의 무모순성과 그 모델도 얻는다.

인류가 수학을 시작하고 거의 6천 년 만에 $2+2=4$를 증명하게 되었다. 철학자 데카르트가 $2+2=4$에 대해 회의를 가진 이래 서구에선 종종 $2+2$에 대한 논란(?)이 있어 왔다. 전체주의 사회를 그린 조지 오웰(George

66) 이 명제 함수는 집합 개념 없이 자연수에 대한 기호 S, $+$, $\times$만을 써서 수식으로 표현할 수 없다.

67) 다음 장에서 다루게 되겠지만, ω를 가장 작은 무한 서수, 즉 자연수 전체의 서수라 할 때, 무한 서수 ϵ_0는 $\epsilon = \omega^\epsilon$를 만족하는 서수 ϵ 중 가장 작은 수로 정의된다.

Orwell)의 소설 『1984』에선 국가에 의해 $2+2=5$가 강요되는 사회이다. 사회적 구성주의에 의하면 절대적 진리는 존재하지 않고 모든 지식과 사상을 상대적으로 간주한다. 국가의 강요 혹은 다수의 합의에 의해 $2+2=5$도 성립될 수 있는 것일까?

5.7 생각해 볼 문제들

❶ 자연수에서 정수, 유리수, 실수, 복소수, 사원수 등으로 수는 대수적으로 계속 확장되어 왔는데, 무한히 그 구조를 더 일반화할 수 있을까?

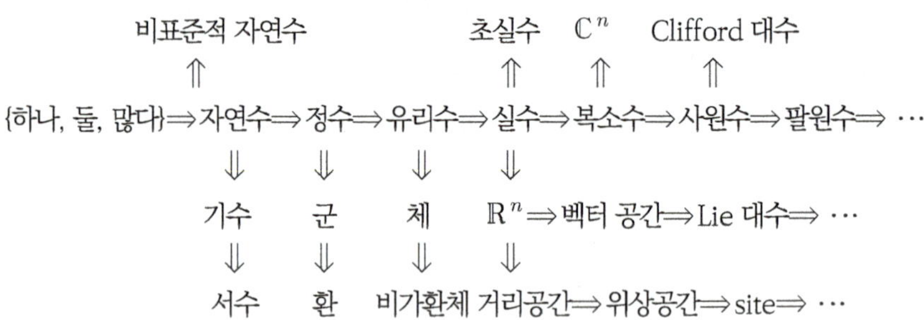

❷ 유클리드 기하, 쌍곡 기하, 타원 기하 외에 새로운 기하 체계를 하나 만들어 보시오.

참고 임의의 무한 집합에서 각 원소를 점으로 간주하고, 서로 다른 두 점을 직선으로 간주하면 기하 체계를 만들 수 있는데, 이렇게만 하면 모든 직선은 두 점만을 가지게 된다. 그래서 점 y가 x와 z사이에 있음을 의미하는 $B(xyz)$, 선분 xy와 선분 zw가 합동임을 의미하는 $xy \equiv zw$, 이 두 무정의 관계 B, $\equiv$를 도입하고, 이들이 만족해야 할 공리 체계를 잘 구성하면 무모순적 기하 체계가 되게 할 수 있다. 20세기 초 타르스키(Alfred Tarski)는 이런 방식으로 유클리드 기하를 온전히 구현해 냈다.

❸ 유클리드 기하학의 공리화는 기원전 3세기경에 이뤄진 반면, 자연수의 공리화는 훨씬 더 늦은 19세기 말에 와서야 이뤄진 이유는 무엇이라고 생각하는가?

❹ 학교에서 학생들은 주어진 알고리즘을 따라 계산하는 것은 잘 해내지만, 새로운 추상적 개념을 받아들이는 데 큰 어려움을 느낀다. 역사적으로 음수에 대한 계산 규칙이 오래전에 주어졌지만, 수학자들도 그 개념을 받아들이는데 어려워했고, 인류가 그것을 온전히 받아들이는데 천 년도 더 넘는 긴 세월이 걸렸다는 사실로부터 어떤 교육학적 시사점을 얻을 수 있을까?

❺ 실수의 집합이 (이데아의 세계 또는 자연에) 실재하는지 아니면 인간의 역사적 구성물인지 자신의 관점을 진술하되 논거를 들어 논증하고, 각각의 관점에서 실시한 수학 교육에 각각 어떤 영향을 미칠 수 있는지 논하시오.*

CHAPTER

06

수학, 낙원의 문턱에 서다

No one shall expel us from the paradise which Cantor created for us.

- D. Hilbert

6.1 공리화와 엄밀화

힐버트, 타르스키 등에 의해 유클리드 기하학의 엄밀한 공리화가 이뤄졌다. 힐버트의 공리 체계에서 점, 직선, 평면은 무정의 대상으로 공리들에 의해 암묵적으로 정의되고, 공리를 더 추가하여 완전하게 만들었다. 이제 유클리드 기하학은 점, 직선, 평면이 이루는 물리적 관계들에 대한 진술이 아니라 그것들이 이루는 형식적 관계들에 대한 진술로, 힐버트가 말한 대로 유클리드 기하학의 모든 명제에서 점, 직선, 평면이라는 용어 대신 탁자, 의자, 맥주잔으로 바꾸어도 그 명제는 성립한다. 즉 점, 직선, 평면은 독립적으로 존재하는 외연적 실체가 아니라 유클리드 기하라는 구조의 자리들일 뿐이다.

공리란 수학이라는 게임의 규칙을 정하는 일과 흡사하다. 가위, 바위, 보가 의미하는 것이 무엇인지 정의할 필요 없이 게임 진행 규칙만 상충되지 않게 즉 무모순적으로 잘 규정해 놓아서 가위 바위 보 게임을 얼마든지 할 수 있게 해주면 된다. 공리주의의 주창자라고 할 수 있는 힐버트는 『공리적 사고』에서 다음과 같이 말했다. "수학적 사고의 대상이 되는 모든 것은 그에 대한 이론 수립의 시기가 무르익으면 공리적 방법을 취하게 되고, 그래서 곧바로 수학의 영역으로 들어오게 된다. 공리를 깊이 파고들면 파고들수록 우리는 과학적 사고에 대해 깊이 있는 통찰력을 얻을 수 있으며, 인간 지식의 통일성을 배울 수 있다. 특별히 공리적 방식 덕분에 수학은 모든 지식의 선도적 역할을 부여받게 된다."

그리하여 산술, 대수학, 해석학, 기하학의 엄밀화가 완료되어, 1900년 파리에서 열린 제2차 세계 수학자 대회에서 푸앵카레는 "이제 완벽한 엄밀성이 이루어졌다고 말할 수 있다."고 선언하였다. 하지만 엄밀성에 그리 달가워하지 않는 수학자들도 있었다. 프랑스의 수학자 아다마르(Jacques Hadamard)는 "엄밀성은 직관이 정복해 놓은 것을 사후 승인할 따름이다."라며 폄하하였고, 프랑스의 수학자 피카르(Émile Picard)는 다음과 같이 말했다. "진정한 엄밀성은 생산적이다. 순전히 형식적이고 성가시기만 한 그런 엄밀성과는 구별된다. 그런 형식적인 엄밀성은 해결하고자 하는 문제에 오히려 어두운 그림자를 드리운다. … 연속 함수가 반드시 도함수를 갖는 것이 아니라는 사실을 뉴턴과 라이프니츠가 알았더라면 미적분학은 절대 태어나지 않았을 것이다."

그들의 비판에 공감되는 부분도 있다. 수학에서 엄밀성은 생명과도 같지만, 너무 논리적 엄밀성만 따지다 보면 앞으로 나아가지도 못하고 창조 행위에 장애가 될 수도 있다. 계몽주의 철학자 디드로(Denis Diderot)는 다음과 같이 말했다. "누구나 어떤 방향으로든 우선 연구를 시작해야 한다. 그리고 시작은 항상 불완전하며 또 실패로 마무리되는 일이 많다. 꼭꼭 숨겨져 있어 모든 길을 다 가 본 후에야 최선의 길을 찾아낼 수 있는 그런 진리들이 있다. 사람들에게 올바른 길을 보여주기 위해서는 누군가가 반드시 잘못된 길로 들어설 위험을 감수해야 한다. 우리는 진리에 도달하기 위해서 반드시 먼저 오류를 경험해야 하는 운명을 타고난 존재들이다."

6.2 무한의 신세계가 열리다

제논의 역설 이후 아리스토텔레스는 완성되지 않는 잠재적 가무한은 존재하지만, 완료된 실무한은 존재하지 않는다고 못 박았다. 즉 무한히 많은 자연수들은 다 존재하지만, 모든 자연수들의 집합은 존재할 수 없다는 것이다. 그 이후 무한에 대한 인식론적 장애는 근 2000년 동안 인류를 속박해 왔다. 하지만 이러한 서양 문화로부터 자유로운 인도 문화권에서는 실무한에 대한 사유가 기원전부터 있었다. 인도 특유의 종교적 사유에 힘입어 우주, 시간, 질량이 다 무한하며, 수학적 무한도 5가지, 즉 한 방향으로만 무한한 것, 두 방향으로 무한한 것, 면적의 무한, 모든 곳에 존재하는 무한, 영원히 계속되는 무한으로 존재한다고 보았다. 하지만 엄밀한 논리에 기반한 탐구로 이어지지 못하다가 12세기 인도의 수학자이자 천문학자 바스카라 2세(Bhāskara II)가 유한한 수를 0으로 나눈 결과를 무한대로 정의하며, 무한대에서 유한한 수를 더하거나 빼도 무한대는 변하지 않는다는 규칙을 제시함으로써 무한대에 대한 대수적 연산의 가능성을 열었다. 유럽보다 700여 년이나 앞선 진전이었지만, 실무한에 대한 연구가 기초적인 단계에서 그치고 더 도약하지 못한 것은 아쉽다.

유럽에서 실무한에 대한 사유가 제약받은 것은 아리스토텔레스의 영향에 기인하지만, 엄밀하게 규정되지 않은 실무한의 존재성은 분명 모순을 야기한다. 갈릴레오는 무한에 대한 역설을 엄밀히 논증하였는데, 만약 모든 양의 정수들로 이뤄진 집합이 존재한다고 하면, 제곱수들로 이뤄진 진부분집합과 일대일 대응을 이루게 되므로, 『원론』의 공리 '전체는 부분보다 크다'에 모순이 된다. 힐버트의 무한 호텔 역설도 같은 유형의 모순이다. 무한히 많은 객실을 가진 호텔의 모든 객실이 투숙객으로 차 있지

갈릴레오의 역설

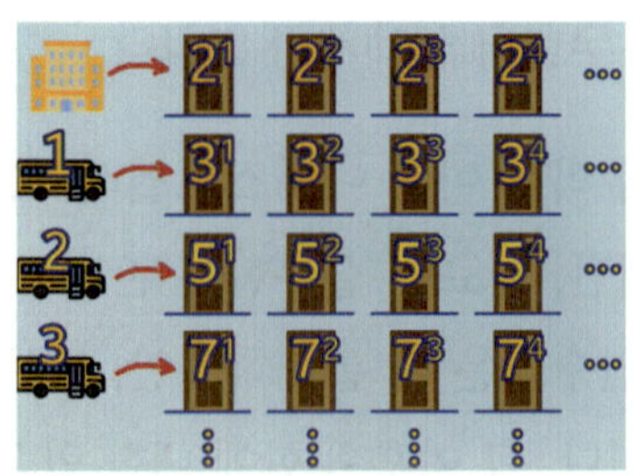

만, 그림처럼 재배치하면 계속해서 투숙객을 더 받을 수 있다.

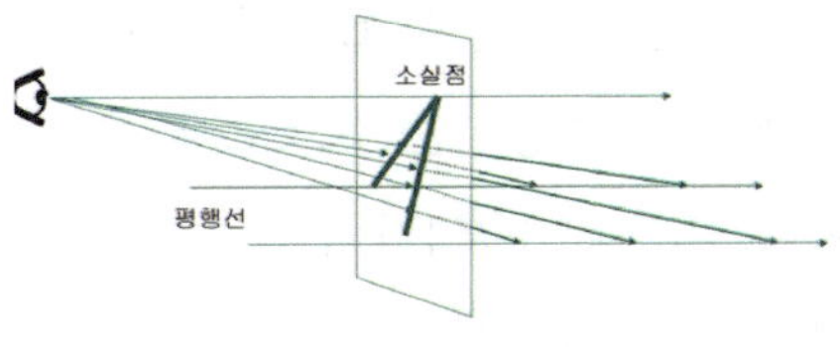

그럼에도 불구하고 실무한에 대한 금기는 측면에서 조금씩 균열이 가고 있었다. 르네상스 이후 화가들이 사실적으로 원근법에 의해 그림을 그리면서 무한 원점(point at infinity)이 소실점으로 표현되었는데, 지평면에서 무한히 멀리 있는 점이 캔버스 상에서 한 점인 소실점으로 나타나게 된다.

화가들의 원근법은 17세기 이후 수학자들에게 영감을 주어 사영기하학을 낳게 했다. 사영 평면은 유클리드 평면에 무한 원점들이 추가된 '확장된 평면'으로, $\mathbb{R}^3$ 전체를 다 사영한 것이다. 위 그림에서 각 투시선이 캔버스상의 한 점으로 사영되고 있는데, 캔버스와 평행인 투시선들은 그 캔버스로 사영되지 못한다. 물론 이 캔버스와 평행하지 않은 다른 캔버스를 택하면 거기에는 사영이 되겠지만, 그 캔버스에 사영 되지 못하는 또 다른 투시선들이 생긴다. 이처럼 한 캔버스에 사영 되지 못하는 투시선들을 캔버스의 가상적인 무한 원점들로 사영되도록 무한 원점들을 캔버스에 추가한 것이 사영 평면이다.

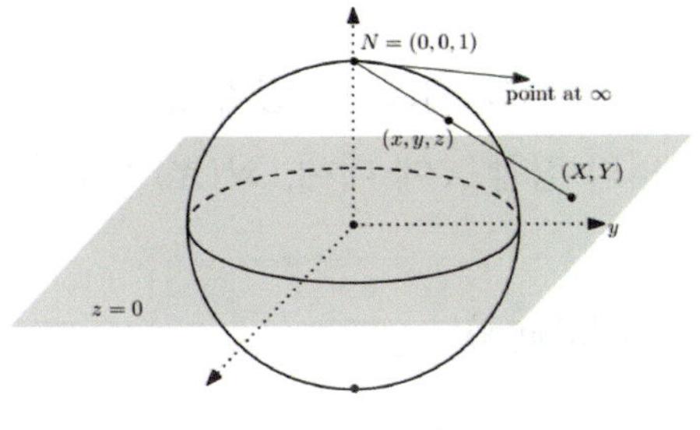

평면에 무한 점을 하나만 추가하여 '확장된 평면'을 만들 수도 있다. 오른쪽 그림처럼 구면에서 북극점을 뺀 부분에서 평면으로 가는 극사영 사상은 일대일 대응을 주는데, 이 대응을 확대해석하면 구면상의 북극점이 XY-평면의 무한 원점 ∞에

대응된다고 볼 수 있다. 즉 구면이 확장된 평면인 셈이다.

사실 실무한을 무조건 금기시하는 것도 모순을 유발했다. 가령 직선은 점들로 구성되는 것으로 볼 수 없었는데, 그것이 무한한 합이기 때문이다. 마침내 19세기 후반 독일의 수학자 데데킨트와 칸토르는 무한 집합은 유한 집합에 적용되지 않는 새로운 법칙을 만족한다고 보고, 갈릴레오의 역설을 역이용해 무한 집합을 **자신과 1:1 대응을 이루는 진부분집합이 존재하는 집합**으로 정의했다. 그리고 칸토르는 무한 집합들도 크기를 비교할 수 있고, 셀 수 있는(가산) 무한만 존재하는 것이 아니라 셀 수 없는(비가산) 무한이 무한히 많이 존재함을 발견했다.

[정의]

① 두 집합 A, B가 같은 크기(cardinality, 원소 개수)를 가진다. $\Leftrightarrow$ A, B 사이에 1:1 대응이 존재한다.(이때 $|A| = |B|$로 표기한다.)

② 집합 B가 집합 A보다 크다. $\Leftrightarrow$ A가 B와는 1:1 대응을 이루지 못하고, B의 진부분집합과 1:1 대응을 이룬다.(이 때 $|A| < |B|$로 표기한다.)

따라서 집합 A에서 집합 B로 가는 단사 함수가 존재한다면, $|A| \leq |B|$가 된다.

③ $\mathbb{N} := \{1, 2, 3, 4, \cdots\}$ 양의 정수 집합, $\mathbb{Q}$:유리수의 집합, $\mathbb{R}$:실수의 집합, 임의의 집합 X에 대해, $\wp(X)$: X의 멱집합

정리(Cantor)

① $|\mathbb{Q}| = |\mathbb{N}|$

② $|\mathbb{R}| > |\mathbb{N}|$

③ 임의의 집합 X에 대해 $|X| < |\wp(X)|$

증명 ① $\mathbb{Q}$에서 $\mathbb{N}$으로 가는 전단사 함수를 정의하자. $\mathbb{N}$을 홀수인 양의 정수들의 집합 $\mathbb{N}_1$, 짝수인 양의 정수들의 집합 $\mathbb{N}_2$의 합집합으로 보고, 우선 양의 유리수들의 집합과 $\mathbb{N}_1$의 일대일 대응을 오른쪽 그림에서처럼 정의하자.

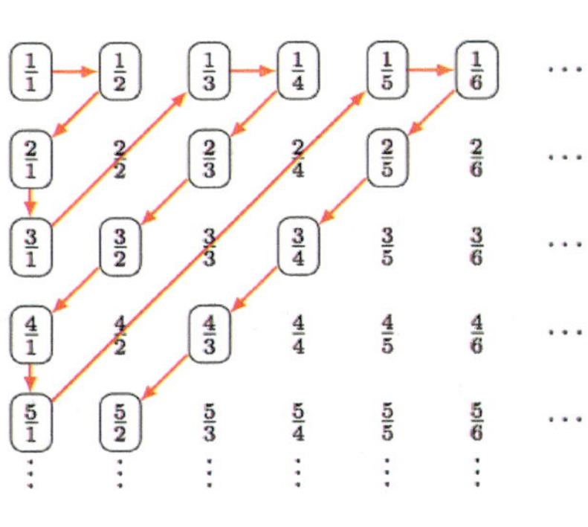

즉, $\frac{1}{1}, \frac{1}{2}, \frac{2}{1}, \frac{3}{1}, \frac{1}{3}, \frac{1}{4}, \cdots$을 각각 $1, 3, 5, 7, 9, 11, \cdots$로 대응해 준다. 이제 유리수 0을 $\mathbb{N}_2$의 첫 번째 원소인 2로 대응시키고, 음의 유리수들을 위 방법처럼 $\mathbb{N}_2 - \{2\}$에 대응시키자. 즉, $-\frac{1}{1}, -\frac{1}{2}, -\frac{2}{1}, -\frac{3}{1}, -\frac{1}{3}, -\frac{1}{4}, \cdots$을 각각 $4, 6, 8, 10, 12, 14, \cdots$로 대응시킨다.

② $\mathbb{N}$에서 $\mathbb{R}$로 가는 단사 함수가 존재하므로 $|\mathbb{R}| \geq |\mathbb{N}|$임은 성립한다.

만약 $|\mathbb{R}| = |\mathbb{N}|$이라고 가정해 보자. 자연수에 대응되는 순서대로 실수를 다 나열하자. 가령

첫 번째 : 8. **5** 4 3 5 4 3 6 4 6⋯
두 번째 : 9 1 7. 6 **3** 4 3 5 9 8 9 8⋯
세 번째 : -3 4. 5 7 **4** 5 8 4 3 5 9⋯
네 번째 : 8 4 6. 0 0 0 **0** 0 0 0 0 0⋯

다섯 번째 : 2 1. 4 5 7 4 3 4 3 5 9⋯

⋮

그렇다면 0.64514⋯은 위 리스트의 어느 수와도 다른 실수이므로, 모순이다.

③ 우선 $f(x)=\{x\}$로 정의된 함수 $f: X \to \wp(X)$가 단사 함수이므로, $|X| \le |\wp(X)|$.

이제 X에서 $\wp(X)$로 가는 전사 함수가 없음을 증명하면 된다. 귀류법으로 보이기 위해 만약 $f: X \to \wp(X)$가 전사 함수라 하자. 집합 $S := \{x \in X \mid x \notin f(x)\} \in \wp(X)$를 고려해 보자. 어떤 $z \in X$가 있어 $f(z) = S$이다. S의 정의에 의해 $z \in S \Leftrightarrow z \notin f(z)$. 한편 $f(z) = S$이므로, $z \in S \Leftrightarrow z \notin S$를 얻게 되어 모순이다.

6.3 기수(基數, Cardinal number)

기수란 집합의 크기를 나타내는 수학적 대상으로 크기가 같은 집합들을 같은 것으로 간주한 것이라 볼 수 있다. 크기가 같은 집합들 중 특별한 한 집합을 대표로 정하여 그 기수를 나타낸다. 가령 2는 $\{0,1\}$을 택한다.

{99, 3.14} {0,1} ⋯

크기순으로 기수들을 나열해보면, 아래와 같다. 무한 기수 $\aleph_i$들은 다음 절에서 정확하게 설명할 예정이며, 지금은 제일 큰 기수는 없다는 정도만 알아두자. $\aleph$는 히브리어의 알파벳 첫 글자로 '알레프'라고 읽는다. 집합 A에 해당하는 기수를 $|A|$로 표시하자.

$$0 := |\{\ \}|,\quad 1 := |\{0\}|,\quad 2 := |\{0,1\}|,\quad 3 := |\{0,1,2\}|, \cdots$$
$$\aleph_0 := |\mathbb{N}|,\ \aleph_1,\ \aleph_2, \cdots, \aleph_\omega,\ \aleph_{\omega+1}, \cdots, \aleph_{\omega^\omega}, \cdots,$$
$$\aleph_{\omega_1}, \cdots, \aleph_{\omega_2}, \cdots, \aleph_{\omega_\omega}, \cdots$$

기수의 연산

기수들에 대해 +, ×, 지수 연산은 다음과 같이 정의한다. 임의의 기수 a, b에 대해

$$a+b := |A \cup B| \qquad (\text{단}, a = |A|, b = |B|, A \cap B = \varnothing)$$
$$a \times b := |A \times B|, \quad a^b := |\{f : B \to A\}| \quad (\text{단}, a = |A|, b = |B|)$$

그러면 교환법칙, 결합법칙, 분배법칙, 지수법칙이 다 성립하며, 만약 a, b중 적어도 하나가 무한 기수라면, $a+b = a \times b = \max\{a, b\}$이 성립한다.

예 ① $f : \mathbb{N} \cup \{0\} \to \mathbb{N}$를 $f(x) = x+1$로 정의하면 1:1 대응을 이루므로, $\aleph_0 + 1 = |\mathbb{N} \cup \{0\}| = |\mathbb{N}| = \aleph_0$를 얻는다. 이를 n번 적용하면, $\aleph_0 + n = \aleph_0$

② $C = \mathbb{N} \cup \{1', 2', 3', 4', \cdots\}$에 대해 $f : \mathbb{N} \to C$를 $f(n) = \begin{cases} k+1 & \text{if } n = 2k+1 \\ k' & \text{if } n = 2k \end{cases}$로 정의하면 1:1 대응이 되므로, $\aleph_0 = |\mathbb{N}| = |C| = \aleph_0 + \aleph_0$를 얻는다. 따라서 $\aleph_0 + \aleph_0 + \cdots + \aleph_0 = \aleph_0$

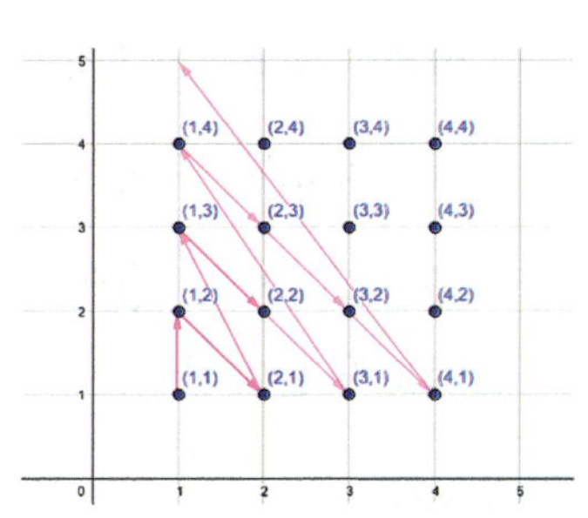

③ $\aleph_0 \times \aleph_0 \times \cdots \times \aleph_0 = \aleph_0$를 보이기 위해 $\aleph_0 \times \aleph_0 = \aleph_0$만 보이면 된다. 오른쪽 그림처럼 $\mathbb{N} \times \mathbb{N}$과 $\mathbb{N}$의 1:1 대응

을 줄 수 있다.

이 외에도 $|\mathbb{R}| = 2^{\aleph_0}$이 성립하는데, 그 증명은 부록을 참조하기 바란다.

연습문제 $|\mathbb{R}^2| = |\mathbb{R}|$ 즉, 평면 $\mathbb{R}^2$와 직선 $\mathbb{R}$는 1:1 대응을 이룸을 보이시오.

6.4 서수(序數, Ordinal number)

서수는 첫째, 둘째, 셋째 등의 순서수를 말한다. 자연수에 대해서는 기수나 서수나 사실 별 차이가 없지만, 자연수를 넘어 무한한 수에 이르면 기수와 서수가 확연히 달라진다. 같은 기수라 하더라도 다른 순서 구조를 부여하여 세분한 것이 서수라 할 수 있다.

정렬 순서(well-ordering)

임의의 집합[68] A에 주어진 이항(二項)관계 $\leq$가 다음 5 조건을 만족하면 정렬 순서라 한다.

[1] 임의의 $a \in A$에 대해 $a \leq a$

[2] 임의의 $a, b \in A$에 대해 $a \leq b$ 이고 $b \leq a$ 이면, $a = b$

[3] 임의의 $a, b, c \in A$에 대해 $a \leq b$ 이고 $b \leq c$ 이면, $a \leq c$

[4] 임의의 $a, b \in A$에 대해 $a \leq b$ 이든지 $b \leq a$

[5] 공집합이 아닌 임의의 부분집합 $B \subseteq A$에 대해 B에서 가장 작은 원소가 존재한다.

68) 사실 집합보다 더 일반적인 class(다음 장에서 다룸)에 대해서도 정의된다.

선택 공리에 의해 임의의 집합에 정렬 순서를 주는 것이 가능하다. 이 절에서 나올 모든 집합은 다 정렬 순서가 부여된 집합 즉 정렬 집합으로, 원소가 나열된 순서로 그 순서를 표시하는 것으로 약속하자. 가령 $\{c,b,a\}$의 정렬 순서는 $c<b<a$이다. 정렬 집합 A,B가 순서 동형이라 함은 순서를 보존하는 전단사 함수 $f:A\to B$가 존재하는 것을 말하며, $A\approx B$로 표시하자.(단지 집합으로 같은 것이 아니라 순서 구조도 같은 것이다) 만약 순서를 보존하는 단사 함수 $f:A\to B$가 존재하면, $A\lesssim B$로 표시하고, $A\lesssim B$이지만 $A\not\approx B$일 때 $A<B$로 표시한다.

예 ① $\{0,\ 1,\ 2\}\approx\{c,b,a\}$

② $N_0:=\{0,1,2,3,\cdots\}$이면 $N_0\approx\mathbb{N}$이다.

$(f:N_0\to\mathbb{N},\ f(x)=x+1$: 순서 보존 전단사 함수)

$\hat{N}:=\{1,2,3,\cdots,1'\}$이면, $|N_0|=|\hat{N}|$이지만, $N_0\not\approx\hat{N}$이다. 만약 $f:\hat{N}\to N_0$가 순서 보존 전단사 함수라면, $f(1')$이 N_0에서 제일 큰 원소가 되므로, 모순이기 때문이다.

서수는 정렬 집합이다.

순서 동형인 정렬 집합들을 같은 것으로 간주한 것이 서수로, 순서 동형인 정렬 집합들 중 특별한 한 집합을 대표로 택해 각 서수를 표현하는데, 직전 서수까지 순서대로 다 모은 집합으로 택한다. 서수들도 $\lesssim$ 관계에 의해 정렬 순서를 이루는데 크기순으로 나열해 보자. 서수를 기수와 구별하기 위해 아라비아 숫자로 표시할 때 크게 쓰고, 자연수 전체들로 이뤄진 정렬 집합이 나타내는 서수를 ω로 표시한다.

0 : { }

1 : {0}

$2:$ $\{0,1\}$

$3:$ $\{0,1,2\}$

$\vdots$

$\omega:$ $\{0,1,2,3,\cdots\}$

$\omega+1:$ $\{0, 1, 2, 3,\cdots,\omega\}$

$\omega+2:$ $\{0, 1, 2, 3,\cdots,\omega, \omega+1\}$

$\vdots$

$\omega+\omega:$ $\{0, 1, 2, 3,\cdots,\omega, \omega+1,\cdots\}$

$\omega+\omega+1:$ $\{0, 1, 2, 3,\cdots,\omega, \omega+1,\cdots,\omega+\omega\}$

$\vdots$

위에서 서수들의 연산이 사용되었다. 임의의 서수 α, β가 서로소인 정렬 집합 A, B의 정렬 순서를 나타낸다고 하면, $\alpha+\beta$는 $A \cup B$의 정렬 순서로 A를 먼저 세고, 그 다음 B를 센다. $\alpha \cdot \beta$는 $A \times B$의 정렬 순서로, 가령 $A=\{a,b,c\}$, $B=\{1,2,3\}$인 경우 오른쪽 그림처럼 센다.

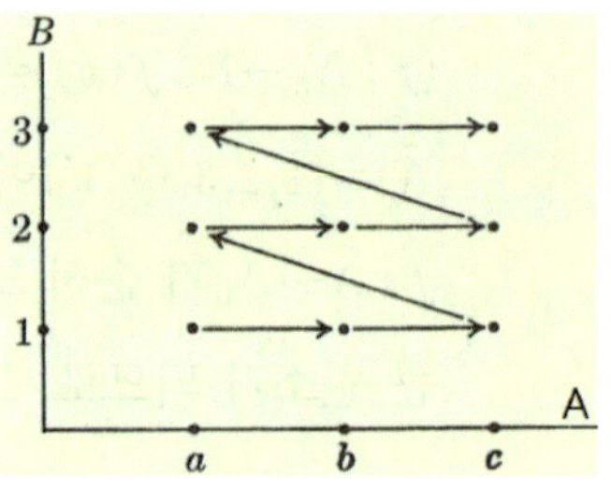

그러면 $\omega+\omega=\omega \cdot 2$가 성립함을 알 수 있다. 그런데 서수에서는 일반적으로 덧셈과 곱셈의 교환법칙과 오른쪽 분배법칙이 성립하지 않는다.

$$\omega=1+\omega \neq \omega+1, \qquad \omega=2 \cdot \omega \neq \omega \cdot 2,$$
$$(1+1) \cdot \omega=2 \cdot \omega=\omega \neq \omega+\omega=1 \cdot \omega+1 \cdot \omega$$

이해하기 쉽도록 각 서수를 막대그래프들로 표현하여 크기순으로 나열해 보자.(참고 문헌[21])

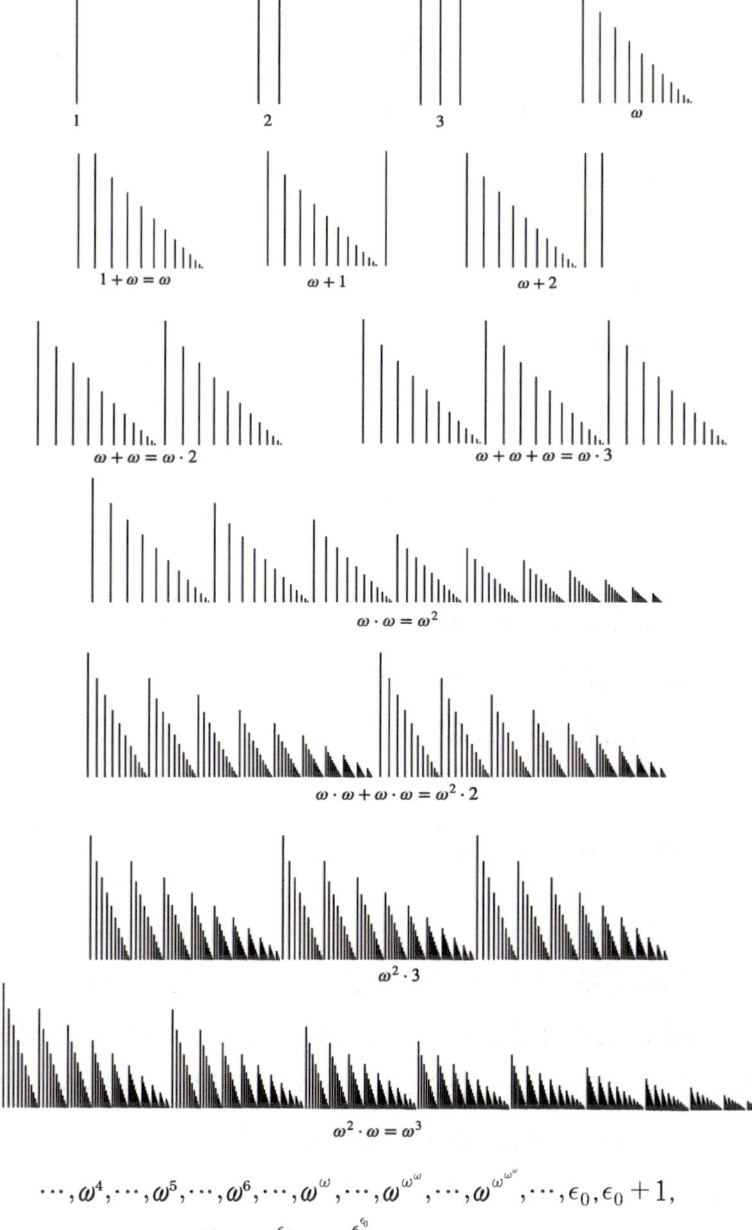

$$\cdots, \omega^4, \cdots, \omega^5, \cdots, \omega^6, \cdots, \omega^{\omega}, \cdots, \omega^{\omega^{\omega}}, \cdots, \omega^{\omega^{\omega^{\omega}}}, \cdots, \epsilon_0, \epsilon_0 + 1,$$

$$\cdots, \epsilon_0 + \omega, \cdots \epsilon_0^{\omega}, \cdots, \epsilon_0^{\epsilon_0}, \cdots, \epsilon_0^{\epsilon_0^{\epsilon_0}}, \cdots$$

비가산 서수

지금까지의 모든 서수들은 다 집합으로서의 크기가 여전히 $\aleph_0$이다! 비가산 집합의 순서 구조를 나타내는 서수는 다음과 같이 정의된다.

ω_1: $|\alpha| > \aleph_0$를 만족하는 서수 α들 중 가장 작은 것으로 정의.

$\aleph_1 := |\omega_1|$

ω_2: $|\alpha| > \aleph_1$를 만족하는 서수 α들 중 가장 작은 것으로 정의.

$\aleph_2 := |\omega_2|$

$\vdots$

ω_ω: 서수 열 $\omega_1, \omega_2, \omega_3, \cdots$의 '극한', 즉 그것들보다 큰 서수 중 가장 작은 것으로 정의. $\aleph_\omega := |\omega_\omega|$

$\vdots$

모든 무한 기수들 $\aleph_0, \aleph_1, \aleph_2, \cdots, \aleph_\omega, \cdots$은 그것들의 첨자인 서수들과 1:1 대응을 이룸을 알 수 있다. 칸토르는 연속체 가설 $\aleph_1 = |\mathbb{R}|$를 추측했지만, 증명할 수가 없었다.

6.5 지어낸 무한 vs 참된 무한

칸토르는 실무한을 물리적 양이 아닌 집합의 속성으로 보고, 1:1 대응의 방법으로 실무한들의 존재성과 상대적 크기를 부여했다. 무리수와 음수가 그랬던 것처럼 칸토르의 초한수도 처음에는 큰 파장과 반발을 불러일으켰다. 데데킨트는 칸토르를 학문적, 정신적으로 지지해 주었지만, 칸토르의 대학 은사인 크로네커는 무한 집합의 존재를 절대로 인정할 수 없어 칸토르와 큰 불화를 겪었다. 그는 "정의에는 유한한 단계를 거쳐 판단에 이르는 방법이 들어 있어야 한다. 그리고 어떤 양이 존재한다는 증명이 제대로 이루어졌다면 그 양을 원하는 만큼 정확하게 계산할 수 있어야 한다."고 주장했다.[69] 또 다른 직관주의 수학자 푸앵카레는 "논리는 때로 괴물을 낳는다."고 말했다.[70]

20세기 초 수학자들은 무한의 의미와 실재성과 관련해서 격렬하게 논쟁했고, 어떤 이들은 실무한을 수학에서 배제하고, 무한을 사물처럼 다루는 모든 기법들을 추방하길 원했다. 그런 수학적 관점의 차이로 인해 여러 학술지에서 편집권을 둘러싸고 갈등과 분쟁이 있었다. 크로네커와의 갈등과 자신의 정신 질환으로 고통을 겪으며, 칸토르는 수학을 그만두고 신학 연구에 몰두했다. 그는 수가 신의 정신 속에 존재하는 실재라고 믿었다.

힐버트는 칸토르의 초한 산술을 수학적 사고의 가장 놀랄만한 성과임과 아울러 순수 지성적인 영역에서 인간이 구현해 낸 가장 아름다운 업적의 하나로 극찬하였다. 그의 소회를 인용한다. "무한의 문제 이외의 어떤 문제도 그렇게 오랫동안 인간의 감성에 고통을 준 적이 없었고, 무한 관념 이외의 어떤 관념도 그토록 인간의 지성을 자극하고 풍요롭게 한 적이 없었으며, 무한 개념 이외 어떤 개념도 그렇게 명료하게 설명되길 요구한 적이 없었다."

칸토르의 초한수 이론이 수학의 새로운 지평을 열었고 수학을 더 풍부하게 만든 것은 분명하지만, 이렇게 도입된 실무한은 수학의 새로운 불확실성을 낳는 근원이 된다. 실무한에 의해 발생하는 모순들을 피하

69) 또 그는 다음과 같이 말했다. "God made the integers; all else is the work of man."

70) 그의 저서 『Science and Method』에 언급된 것으로, 엄밀히 하자면 Weierstrass가 만든 모든 점에서 미분 불가능한 연속 함수를 염두에 두고 한 말이다. 하지만 직관주의를 따랐던 그가 칸토르의 초한수 이론에 비판적이었음은 분명하다.

기 위해 집합을 더 엄밀히 규정하였지만, 여전히 직관적으로 보기에 역설적인 명제들은 남아 있다. 하지만 현재 칸토르의 초한수 이론은 대학 수학의 정규 과정에 들어있을 정도로 실무한에 대한 수학적 정의의 타당성은 수학계 전체에 받아들여진 것이라 볼 수 있다. 실무한에 대한 철학적 해석은 다양하지만, 실무한을 독특하고 고유한 방식으로 탐구해 나가는 수학의 가치는 높이 평가되어야 한다. 독일의 수학자 헤르만 바일(Hermann Weyl)의 말이 이를 잘 대변해 준다. "많은 위대한 사상가들의 확신에 의하면, 본질적으로 순수하게 수학적인 탐구는 이것의 특별한 성격과 확실성 및 엄밀성에 의해 인간 정신을 다른 어떠한 매체를 통해 달성할 수 있는 것보다 훨씬 더 가까이 신성으로 끌어올린다. 수학은 무한의 과학이고, 수학의 목표는 유한한 인간의 수단을 사용한 무한에 대한 상징적 이해이다."

6.6 물리적 무한

우리 우주는 가속 팽창하고 있는데, 지구와 아주 멀리 떨어져 있는 은하들은 빛보다 빠른 속도로 지구와 멀어지고 있다. 그래서 인간은 우주의 유한한 부분(지구에서 약 465억 광년 떨어진 곳까지 해당)에 대한 정보만 얻을 수 있기에 우주의 크기가 무한인지 유한한지 결코 알 수 없다. 2차원 구면처럼 유한하면서도 끝이 없는 3차원 공간도 가능하다. 하지만 오늘날 상당수의 물리학자들이 우주가 무한하다고 믿고 있다. 심지어 이에서 더 나아가 우리 우주와 인과적으로 분리된 다른 우주들이 무한히 많이 존재하며 그것들 대부분은 우리 우주와 다른 물리 법칙을 갖고 있다는 다중 우주(multiverse) 가설도 있다. 다중 우주에 대한 사변적인 생각은 고대 그리스의 철학자들에까지 거슬러 올라가지만, 물리적으로 의미 있는 논의는 현대에 와서 이루어지고 있다. 사실 우리 우주만 하더라도 인간에게 무한한 것이나 마찬가지인데 또 다른 우주의 존재까지 상상해보는 것을 넘어 왜 그 가능성을 진지하게 연구할까?

생명체가 존재할 만한 우주이기 위해서는 극히 미세한 조율(fine tuning)을 필요로 하는데, 자연의 기본 상수들을 조금만 변형시켜도 환경이 크게 달라져 생명체가 존재하지 못하는 우주가 되고 말기 때문이다. 가령 중력이나 전자기력의 세기가 지금과 조금만 달랐다면 원자가 구성되고 별과 은하계가 형성될 수 없다. 또한 생명체가 존재할 은하계가 형성되기 위해서는 우주의 팽창 가속도가 적정해야 하는데, 이것을 결정하는 우주 상수의 미세 조정 정밀도가 10^{-120} 정도이다. 우리 우주가 이토록 미세 조율된 이유를 설명하기 위해 다중 우주 가설이 제시되었는데, 무수히 많은 우주들 가운데 인간이 존재할 수 있는 우주에 우리 인간이 존재하고 있을 뿐이라는 것이다. 이러한 설명을 인류 원리(anthropic principle)라 하며, 노벨 물리학상 수상자인 스티븐 와인버그(Steven Weinberg)는 미세 조정을 설명할 방법은 자비로운 창조주(benevolent designer) 또는 다중 우주(10^{120}개 이상의 우주)밖에 없다고 인정하였다.

하지만 다중 우주 가설은 반증 불가능하므로[71] 과학적 가설로 보기 어렵다는 반론이 있고, 우리 우주를 설명하기 위해서 무한히 많은 우주들을 도입하는 것은 오컴의 면도날 원리에 반한다는 반론도 있다. 미시 세계의 불확정성과 마찬가지로 우주의 무한성에 대한 불확정성도 인간에게 주어진 숙명적 한계가 아닐까?

71) 다중 우주론에도 여러 가지 모델들이 있고 어떤 모델에서는 다중 우주의 존재에 대한 간접적인 증거를 관측 가능할 수도 있다.

미세 조정에 의해 생명체가 존재 가능한 우주가 존재하였더라도 실제로 생명체가 만들어질 확률은 더 터무니없이 작다. 20가지 종류의 아미노산 수백 개 이상이 결합하여 단백질 분자를 이루는데, 가령 아미노산 130개가 임의로 결합하여 생명체를 이루는 단백질 분자 하나가 생성되려면 그 확률이 10^{-170}정도이다.[22] 10조 년(우리 우주의 나이는 약 138억 년)의 시간 동안 그런 단백질 분자 하나가 만들어지려면 1초에 10^{149}번 이상의 결합 시도가 있어야 하는데, 관측 가능한 우주에 존재하는 원자들의 총 개수는 겨우(?) 10^{82}개 정도밖에 안 된다. 단백질 분자들이 결합하여 실제로 생명체가 만들어질 확률은 더 희박해진다. 생물학자 쿠닌(Eugene Koonin)의 연구에 의하면[23], 500개의 nucleotide 분자로 구성된 RNA 복제 효소 하나가 만들어질 확률이 10^{-1018}로 계산된다. 정상우주론[72]을 처음으로 제안한 영국의 물리학자 프레드 호일(Fred Hoyle)은 비록 무신론자이었지만, "초지성적 존재가 물리학, 화학, 생물학을 모두 고려해 생명체에 알맞은 우주를 의도적으로 만든 것 같다."고 말했다.

우주의 공간적 무한함만이 아니라 시간의 영원성도 인간의 인식이 미칠 수 없는 영역이다. 현대 물리학에서도 우리 우주의 미래가 어떻게 전개될지, 영원할지 알 수 없으며, 다만 호킹-펜로즈 특이점 정리는 우리 우주가 유한한 시간 전에 한 점에서 시작되었음을 요구한다. 우주의 팽창을 거슬러 올라가 태초에 이르면 시공간 자체가 붕괴되고 온 우주가 한 점에 수축된 온도와 밀도가 무한대인 특이점이 되고 만다. 이 태초의 무한에 대해 두 가지 관점이 가능하다. 많은 물리학자들은 $\frac{1}{0}$처럼 수학

72) 빅뱅 이론에서 태초의 우주가 특이점이 되는 것에 대한 대안으로 정상우주론에서는 우주가 팽창하지만 물질이 계속 창조되어 밀도가 항상 일정하게 유지되는 정상 상태라고 주장한다.

이 적용될 수 없는 태초의 특이점이 이론의 불완전함 때문에 나타나는 수학적 허상으로 미시 세계를 기술하는 양자 이론을 잘 적용하면 이 태초의 무한이 유한한 에너지와 밀도를 가진 양자적 상태로 대체될 것으로 기대한다.[73] 반면에 어떤 학자들은 태초의 물리적 무한이 우주론의 필수 요소라고 생각한다. 태초의 특이점은 물리적 실체가 있는 지점이나 시점이 아니라 우리가 아는 모든 것의 시작을 정의하는 절대적인 경계선 역할을 한다. 지구에서 유일한 북극점에서 '더 북쪽'을 물을 수 없듯이, 빅뱅 특이점 이전의 시간을 묻는 것은 무의미하며 물리 법칙으로 그 지점을 설명하려는 시도 자체가 개념적인 오류이다. 태초의 무한을 'God's hand'로 간주한다면 그 시점에서 물리학의 모든 법칙이 붕괴되는 것을 염려하지 않아도 된다.[24]

이 태초의 특이점에 또 다른 미세 조정의 극치가 있다. 열역학 제2 법칙에 의하면 우주의 엔트로피(무질서도)는 시간이 갈수록 증가하고 있는데 거슬러 올라가면 태초에는 엔트로피가 매우 낮아야 함을 얻는다. 태초의 우주가 그렇게 질서 정연한 상태에 있을 확률이 펜로즈의 계산에 의하면 무려 $10^{-10^{123}}$이다. 관측 가능한 우주에 존재하는 원자들의 총 개수는 약 10^{82}개이므로, 십진법으로는 가히 기록조차 할 수 없는 수이다. 이것을 미세 조정에 의지하지 않고 급팽창(inflation) 이론으로 설명할 수도 있다. 급팽창 이론은 빅뱅 이론이 갖는 여러 가지 문제점들을 해결하기 위해 도입된 가설로, 태초 이후 10^{-34}초에서 10^{-32}초 사이에 우주가 갑자기 10^{78}배 팽창했다고 주장한다. 그래서 태초에 우주의 엔

73) 호킹은 태초의 미세한 우주가 시간이 분리되지 않은 닫힌 4차원 공간이어서 그 이전을 묻는 것이 무의미하다고 보았다. 1990년 호킹이 한국을 방문하여 우주의 태초에 대해 강연을 했었다. 청중 중 누군가가 호킹에게 만물이 무로부터 생겨났다는 동양 사상에 대해 어떻게 생각하는지 물었는데, 호킹은 자신의 무경계 우주론이 그렇게 해석될 수 있다고 대답했다.

트로피가 매우 높았어도 급팽창에 의해 엔트로피의 밀도는 극도로 떨어지게 된다. 급팽창 가설은 아직 직접적 증거가 없고, 급팽창이 일어나기 위해서는 초기 조건이 매우 특별해야 하므로 다시 미세 조정이 필요하다는 비판이 있지만, 빅뱅 이론과 함께 현재 우주론의 주류 패러다임을 형성하고 있다.

6.7 절대적 무한

칸토르는 모든 서수들 중 가장 큰 서수(Ω로 표기)를 절대적 무한이라 불렀는데, 사실 그런 서수의 존재는 모순을 야기하며, 신을 의미하는 것으로 해석된다. 데카르트, 라이프니츠, 괴델 등의 수학자들은 신의 존재를 존재론적으로 증명하기도 했다. 데카르트는 신을 모든 완전성을 지닌 존재로 정의하고, 완전성에는 존재함이라는 속성이 포함되므로, 신은 필연적으로 존재해야 한다고 주장했고, 라이프니츠는 데카르트의 증명에서 모든 완전성을 가진 존재라는 개념이 모순되지 않는다는 것을 증명해야만 성립한다고 보고 그것을 보완했다. 괴델은 신의 속성을 만족하는 대상이 존재하는 것이 가능하다면, 신의 속성을 만족하는 대상이 존재하는 것이 필연적임을 양상 논리[74)]를 이용하여 증명하였다. 하지만 절대적 무한을 유한한 언어로 개념화하는 순간 그것의 외연이 존재할 수밖에 없고 절대적 무한이 아니게 되는 것이 아닐까? 성 어거스틴은 다음과 같이 말했다. "하느님은 표현되는 것보다 더 참되게 상상되고, 상상되는 것보다 더 참되게 존재한다." 무한의 존재 여부에 대해 다음의 8가지 입장이 가능하다.[25]

74) 양상논리(樣相論理, modal logic)는 명제의 참/거짓만을 다루는 고전 명제 논리를 확장하여, 가능성, 필연성, 당위, 허용 등과 같은 다양한 양상을 표현하고 추론할 수 있도록 만든 논리체계이다.

무한의 존재 방식 / 8개의 입장	수학적 무한	물리적 무한	절대적 무한
아브라함 로빈슨	비존재	비존재	비존재
플라톤	비존재	존재	비존재
토마스 아퀴나스	비존재	비존재	존재
브라우어	비존재	존재	존재
힐버트	존재	비존재	비존재
러셀	존재	존재	비존재
괴델, 아인슈타인, 디랙	존재	비존재	존재
라이프니츠, 칸토르	존재	존재	존재

6.8 유한한 공간 내에 내재된 무한

점화식 $a_{n+1} = a_n^2 + c,\ a_0 = 0$로 주어진 복소 수열 a_n이 무한으로 발산하지 않는 복소수 c들을 다 모은 집합인 만델브로트(Benoît Mandelbrot) 집합이 오른쪽 그림의 복소 평면에 검은 색으로 표현되어 있으며, 무한으로 발산시키는 c 점들도 발산하는 속도에 따라 연속적으로 다른 색깔들로 칠해져 있다.

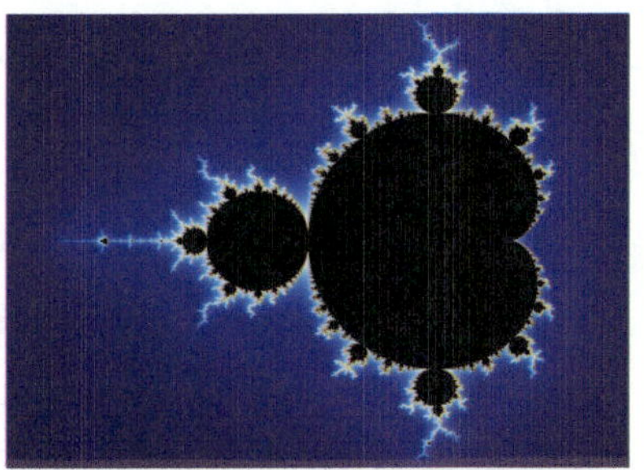

[아래 : 만델브로트 집합의 경계 근방을 확대한 것으로 전체와 유사한 부분이 다시 들어 있다.]

그 경계를 이루는 곡선을 보면 리아스식 해안선처럼 매우 꾸불꾸불하다. 사실 매끄러운 정칙 곡선이 아니며 아무리 확대를 해 봐도 계속 꾸불꾸불한 형태를 보여 주는데, 그 (프랙탈) 차원이 2가 된다! 그렇다면 면적도 양수가 될까? 경계 부분을 가까이 들여다(zoom in) 볼수록 유사하면서도 한없이 다양한 기하학적 무늬가 무한히 계속 나오는 경이로움을 볼 수 있는데,[75] 이런 형태의 구조를 프랙탈이라 부른다.

복소수가 처음 도입된 계기는 수학적 실재로서보다는 중간 계산 과정의 편리를 위해서였지만, 복소수들의 집합에 무한한 기하적 구조가 담겨져 있음을 만델브로트 집합을 통해 보게 된다. 이 '작품'은 누가 고안해 낸 것도 아니며(이를 발견한 만델브로트는 처음엔 컴퓨터가 고장난 것으로 생각했다!), 어느 누구도 그 무한한 구조를 완전히 이해할 수도 없고, 어느 컴퓨터로도 다 계산해 낼 수 없다.

어쩌면 우주도 이러한 프랙탈 구조를 가지고 있을지도 모른다. 신라의 의상 대사는 "작은 티끌 하나에 온 우주가 들어 있다.(一微塵中含十方)"고 말했다.

"To see a world in
a grain of sand
And heaven in a
wild flower,
Hold infinity in
the palm of your
hand
And eternity in an
hour."

- William Blake

[좌 : 소용돌이 은하 M51a 우 : 윌리엄 블레이크의 시, 순수의 전조 중에서]

75) https://www.youtube.com/watch?v=zXTpASSd9xE&t=333s (10^{198}배),
https://www.youtube.com/watch?v=3rfHGorRmPM (10^{1116}배)

6.9 미술로 표현된 무한

1장에서 언급한 대로 예술은 단지 사물의 겉모습만 표현하는 것이 아니라 사물의 이면에 있는 감추어진 본질과 진리를 드러내고자 하는데, 특히 미술의 표현 방식은 무한의 다양한 측면을 표현하기에 적합하다. 미술가들은 수학적 무한과 물리적 무한뿐 아니라 절대적 무한과 인간 존재와 삶에 스며있는 무한의 요소를 그려내려고 한다.

빈센트 반 고흐(Vincent van Gogh) : 나는 무한을 그리는 중이다.

19세기 네덜란드의 화가로 서양 미술사상 가장 위대한 화가 중 한 사람인 그는 자연뿐 아니라 인간의 삶에서 무한성을 발견하고 그것을 미술로 드러내고자 했다. 동생 테오에게 보낸 편지에 다음과 같이 적었다. "별들과 높은 곳의 무한을 분명히 인식하라. 그러면 삶은 거의 마법처럼 느껴진다."

[고흐의 별이 빛나는 밤, 위의 소용돌이 은하를 그린 것일까?]

고흐는 초상화를 많이 남겼는데, 초상화를 그린다는 것이 일종의 거짓말처럼 느껴진다고 말했다. 인간의 내면과 존재의 깊이가 너무나도 무한적이어서 그것을 완전히 담아내는 것이 불가능하게 느껴졌기 때문이 아닐까?

이우환 : Marking Infinity

이우환 화백은 우리나라를 대표하는 미술가로서 2011년 뉴욕의 구겐하임 미술관에서 'Marking Infinity'라는 제목으로 개인전을 열었다. 한국 작가로는 백남준에 이어 두 번째, 아시아 작가로서는 세 번째라고 한다. 그의 대표적 연작 『점으로부터』를 감상해 보자.

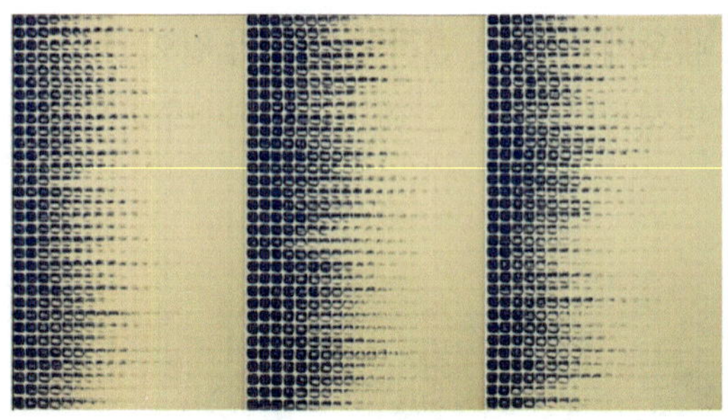

이 그림들에서 점은 특정한 대상을 묘사하는 것이 아니라 그것들 간의 관계가 어떤 수학적 구조를 나타낸다. 그에 의하면 "내 작품의 점과 선은 어떤 대상도 설명하지 않는다. 그것은 하나의 사건이고 관계이고 과정이다. 그 관계가 무한을 암시한다."

오팔카(Roman Opalka)의 연작 『1965/1 – ∞』

오팔카는 1965년에 1부터 숫자를 적기 시작하여 작고하기까지 수백만에 이르는 수를 흰색으로 적어나갔다. 캔버스가 바뀔 때마다 바탕색의 흰색 물감을 점점 증가시켜 나중에는 거의 흰색 바탕이 되었다. 이러한 과정은 존재의 소멸과 무한의 개념을 시각적으로 표현하려는 시도로 해석될 수 있다. 그는 목표로 삼았던 수인 7,777,777에 도달하지는 못했지만, 자신의 죽음을 작품의 완성으로 보았으며, 이는 무한을 향한 인간의 여정과 그 한계를 상징한다.

○ 쿠사마(Yayoi Kusama)의 『무한의 그물』, 『무한 거울 방』

쿠사마는 점의 무한 증식으로 자신과 주변뿐 아니라 모든 세상이 무한한 점으로 뒤덮이고 확장하는 환각 경험을 작품으로 표현한다. 그물망과 점의 관계는 쿠사마가 생각하는 무한한 우주와 그 안에 존재하는 인간의 위치를 상징한다. 설치 미술인 『무한 거울 방』은 거울과 빛을 이용하여 무한성을 표현하였다. 그녀가 경험한 것처럼 어쩌면 인간 내면에 어떤 무한한 본성이 내재되어 있는 것은 아닐까?

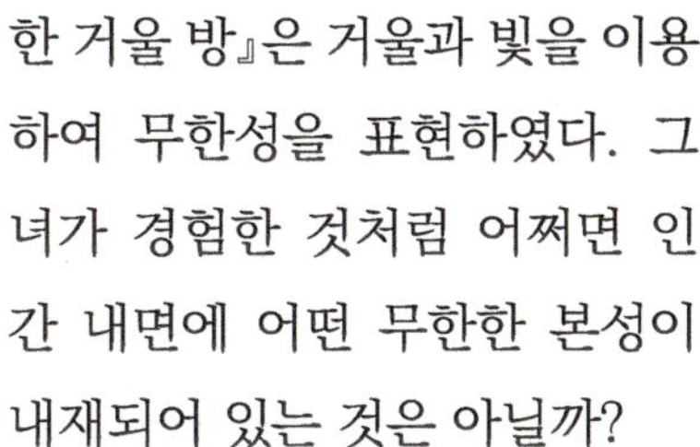

칸토르, 고흐, 쿠사마 등 무한

을 인식하고 표현하고자 했던 이들이 다 정신 이상을 겪었다는 사실은 단순히 우연의 일치가 아니라 인식의 극단에 다다른 인간이 느끼는 자기 해체의 경험, 존재론적 불안을 암시한다. 무한은 우리가 일상적으로 경험하는 유한한 세계의 논리를 초월하는 개념으로 인간의 인식 지평 너머에 있을 뿐 아니라 인간이 감당할 수 없는 것이 아닐까? 인간은 수학과 예술을 통해 단지 '무한의 그림자'를 볼 수 있을 뿐이다.

에셔(Maurits Escher)의 수학적 미술

수학과 미술을 가장 깊이 접목한 미술가는 에셔이다. 그는 수학 논문을 읽고, 수학적 사실과 계산에 근거하여 작품을 만들었다. 무한을 시각화한 여러 작품을 남겼는데, 『Circle Limit』 시리즈에서 비유클리드적 무한 평면인 쌍곡 평면의 타일링(tiling)을 예술적으로 표현하였다. 그는 "무한히 작은 극한에 도달하는 것은 논리적으로 가능한 일로 수의 무한성과 총체성을 상징하는 작업"이라고 말했다.

[좌 : 쌍곡 평면의 타일링 우 : 에셔의 Circle Limit III, IV(Heaven and Hell)]

6.10 생각해 볼 문제들

❶ 인도에서는 실무한에 대한 사유가 기원전부터 있었고, 12세기에 무한대를 수학적으로 정의하고 대수적 연산도 시도하는 등 시대를 앞서나간 것으로 평가된다. 하지만 그 이후 실무한에 대한 연구가 기초적인 단계

에서 더 도약하지 못한 것은 어떤 이유 때문이라고 생각하는가?

❷ 무한은 인간 상상의 산물인가 실재인가? 당신은 들꽃 한 송이와 작은 티끌 속에서 온 우주를 볼 수 있음을 믿는가? 실무한의 존재 여부에 대한 8가지 견해 중 당신은 어떤 입장을 가지는가?

❸ 다중 우주가 실재하든 안 하든 생명체가 존재할 수 있는 우주가 형성되기 매우 어려운 것만큼은 사실이며, 그런 우주가 존재하더라도 생명체가 만들어질 확률 역시 터무니없이 작다. 한없는 것처럼 보이는 우주에 이토록 매우 희박한 존재 확률을 가지는 인간이 존재하는 이유와 의미는 무엇이라고 생각하는가?

❹ 칸토르의 초한수는 물리적으로 구현되는 수라기보다는 기존의 자연수를 형식적으로 확장한 것이라 볼 수 있다. 그렇다면 칸토르의 초한수들을 넘어 '더 높은' 무한으로 확장하는 것도 가능하지 않을까? 가능하다고 생각한다면 새 규칙(공리/정의)을 제안하고, 불가능하다고 생각한다면 왜 불가능한지를 논증하시오.(당신이 만든 새 체계에서 가장 큰 무한이 존재할 수 있는지 없는지도 보이시오.)

❺ 교과서나 대중서에서 무한에 관해 서술하는 문장들을 흔하게 볼 수 있다. 가령, '무한은 (아주 큰) 수가 아니다'. 이런 말이 가무한을 다루는 상황에서는 유용하겠지만, 명확한 논리로 정의되고 크기를 비교할 수 있는 수학적 실체인 실무한에 대한 오개념을 유발한다. 적절한 대체 문장을 제시해 보시오. 본 장에서 제시된 무한 기수와 무한 서수를 중고생에게 쉽게 설명할 수 있도록 적절한 교수학적 변환을 거쳐 (수학 영재) 교수학습 과정안을 작성해 보시오.

❻ 점, 선, 면으로 구성된 구조는 유클리드 기하만이 있는 것이 아니다.

미술에서는 점, 선, 면을 어떻게 이해하고 어떤 구조들을 만들어내는가?*

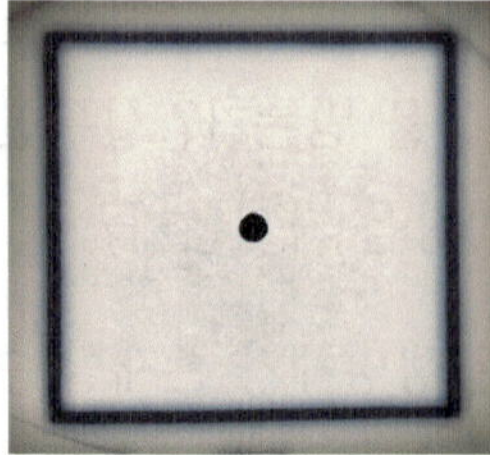

[점은 하나의 조그만 세계다. 이것은 어느 정도 사방으로부터 떨어져 있으며, 주변으로부터 거의 빠져나와 있다.]

[이우환 : 존재한다는 것은 점이요, 산다는 것은 선이다.]

CHAPTER

07

수학과 이성의 위기

Cretans are always liars.

- A prophet in Crete

칸토르가 구성한 집합론은 그 집을 완성하자마자 기초가 붕괴되기 시작했다.

7.1 논리적 역설들

의미나 개념이 아니라 형식적인 규칙만으로 생기는 모순을 말한다.

칸토르의 역설

V를 모든 집합들을 다 모은 집합이라고 하자. 그러면 $\wp(V) \subset V$로부터 $|\wp(V)| \le |V|$를 얻는데, 이는 칸토르의 정리 '임의의 집합 X에 대해 $|X| < |\wp(X)|$'에 모순이다. 모든 서수들의 집합에 대한 Burali-Forti 역설도 비슷한 유형의 역설이다.

러셀의 역설

집합 $S := \{x | x \notin x\}$는 자기 자신을 원소로 갖지 않는 모든 집합들을 다 모은 것으로 정의된다. 임의의 x에 대해 $x \in S$이기 위한 필요충분조건은 $x \notin x$이므로, 특별히 x가 S일 때, '$S \in S$이기 위한 필요충분조건은 $S \notin S$'를 얻게 되므로 모순이다.

커리(Haskell Curry)의 역설(형식적 버전)

미국의 수학자 커리가 발견한 역설로 집합 $C := \{x | (x \in x) \Rightarrow (1=0)\}$를 고려하자. 임의의 x에 대해 $x \in C$이기 위한 필요충분조건은 $(x \in x) \Rightarrow (1=0)$이므로, 특별히 x가 C일 때,

$$C \in C \text{ 이기 위한 필요충분조건은 } (C \in C) \Rightarrow (1=0)$$

를 얻는다. 이제 만약 $C \in C$가 참이라면, $(C \in C) \Rightarrow (1=0)$도 참 이므로, 이 두 명제를 종합하면, $1=0$을 얻게 되어 모순이다. 만약 $C \in C$가

거짓이라면, $(C \in C) \Rightarrow (1=0)$도 거짓이다. 조건문이 거짓이 되는 경우는 가정이 참이면서 결론이 거짓인 경우밖에 없으므로, 가정 $C \in C$가 참이 되어서 모순이다.

7.2 의미론적 역설들

의미, 지시, 참 등 메타 언어적, 의미론적 개념을 포함하여 생기는 모순을 말한다.

거짓말쟁이의 역설

'이 문장은 거짓이다'라는 명제는 참인가? 거짓인가? 만약 참이라면, 문장 내용에 의해 거짓이 되고, 만약 거짓이라면 참이어야 한다.

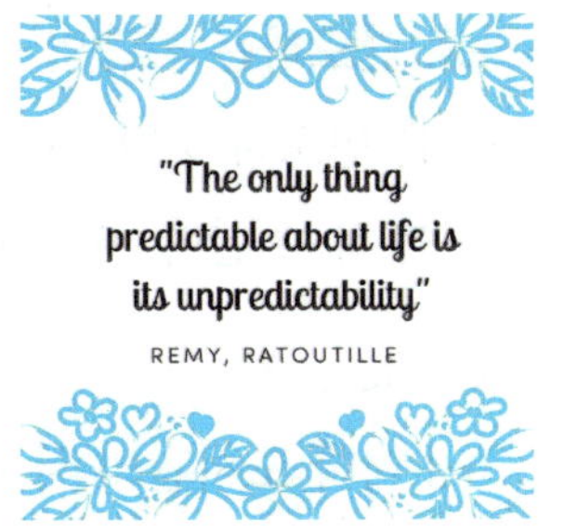

기원전 6세기경 크레타(Crete)섬에 살던 철학자이자 예언자 에피메니데스가 "크레타섬에 사는 사람들은 항상 거짓말쟁이다."라고 말한 것이 이 역설의 원조이다. 여담이지만 이 말은 성경에도 인용되어 있다. 사도 바울은 이 증언이 참되다고 말했는데, 에피메니데스의 말의 언어적 표현 자체는 모순일지라도 전달하고자 진의는 참됨을 말한 것이다. 아리스토텔레스 이후 수많은 논리학자들이 이 역설을 해결하고자 고민해 왔는데, 현대에 와서 다양한 해결책이 제시되고 있지만 완전한 해결에는 이르지 못하고 있다. 반면 '이 문장은 참이다'라는 명제는 참이라 가정해도 거짓이라 가정해도 모순이 발생하지 않는다.

커리의 역설(자연어 버전)

만약 이 문장이 참이라면, $1=0$이다. 이 문장은 참인가 거짓인가? 만약 참이라면, $1=0$을 얻게 되어 모순이다. 만약 거짓이라면, 조건문이 거짓인 경우는 가정이 참이고 결론이 거짓인 경우밖에 없으므로, 가정 '이 문장이 참이다'는 참이 되어야 하므로 역시 모순이다.

이발사의 역설

어느 마을에 이발사가 오직 한 명 있는데, 그는 스스로 면도를 하지 않는 마을 사람에게만 빠짐없이 면도를 해주겠다고 한다. 그 이발사는 자기 자신의 면도는 어떻게 해야 하는가? 만약 그가 자신을 면도하려 하면, 스스로 면도하는 사람의 면도를 해주지 않는다는 원칙을 깨게 되고, 만일 자신을 면도하지 않는다면 그런 사람에게 면도를 해주겠다고 했으므로 면도를 해야 한다. 따라서 모순이다.

베리(G. Berry)의 역설

Oxford 대학 도서관의 사서였던 베리가 발견한 역설로, 다음 집합을 고려하자.

$$B := \{n \in \mathbb{N} \mid n : \text{영어 알파벳 100자 이내로 표현될 수 있는 자연수}\}$$

알파벳은 모두 26자이므로, B는 유한 집합이다.($|B| \le 27^{100}2^{99}$) B에 포함되지 않는 자연수 중 최소인 수를 n이라 하면, n은 다음과 같이 표현될 수 있으므로, $n \in B$가 되어 모순이다.

> The smallest natural number not describable in a hundred letters or fewer

리샤르(Jules Richard)의 역설

프랑스의 수학자 리샤르가 발견한 역설로 실수 집합의 비가산성을 보이는 칸토르의 대각선 논법을 이용한 것이다. 실수들 중 영어로 정확히 정의 가능한 수들을 일렬로 나열하여 리스트를 만들 수 있다. 여기서 순서는 수를 정의하는 어구의 길이가 짧은 것이 먼저 오되, 만약 그 길이가 같다면, 영어 사전식 순서에 따라 순서를 부여하자. 그 리스트의 n번째 실수를 편의상 r_n이라 표기하고, 이제 실수 r을 다음과 같이 정의하자.

> The integer part of r is 0, the n-th decimal place of r is 1 if the n-th decimal place of r_n is not 1, and the n-th decimal place of r is 2 if the n-th decimal place of r_n is 1.

그러면 r도 그 리스트에 있어야 하는데, 어떤 r_n과도 같지 않으므로 모순이다.

7.3 미봉적인 해결책들

거짓말쟁이 역설, 자연어 버전의 커리의 역설, 이발사의 역설은 스스로를 지칭하는 명제이어서 모순을 일으키는 것처럼 보인다. 그러나 '모든 일반적 진술은 거짓이다'라는 명제는 일반적인 진술이므로 스스로를 지칭한다. 만약 이 명제가 참이라면 이 명제의 내용에 의해 거짓이 되므로 모순이다. 그래서 이 명제는 거짓이라는 결론을 얻을 수 있고, 모순을 일으키지 않는다. 반면에 '다음 문장은 거짓이다. 앞의 문장은 참이다'는 명제는 스스로를 직접 지칭하지 않아도 모순을 유발한다. 두 번째 문장은 참인가? 거짓인가? 만약 참이라면, 첫 번째 문장에 의해 두 번째 문장이 거짓임을 얻고, 만약 거짓이라면, 앞 문장은 거짓이 되어 두 번째 문장이 참임을 얻는다.

칸토르의 역설, 베리의 역설, 리샤르의 역설에 나오는 정의는 자기 참조적 정의, 즉 정의하려는 대상이 포함되어 있는 모임을 이용해 정의를 하고 있다. 푸앵카레는 이런 정의를 잘못된 것으로 보고 금지해야 한다고 주장했다. 수학적 실재론의 관점에서 정의는 수학적 대상을 새로 만들어내는 방법이 아니라 이미 존재하는 그 존재자를 기술하거나 가리키는 것이므로 자기 참조적 정의가 무해하지만, 구성주의적 수학의 관점에서 정의는 수학적 대상을 구성하여 창조하는 것이므로 자기 참조적 정의는 순환적이어서 허용될 수가 없다. 자기 참조적 정의는 비예기적(impredicative) 정의로도 불린다.

하지만 자기 참조적 정의는 수학에서 많이 사용되어 왔다. 어떤 함수의 최댓값은 그 함수가 취할 수 있는 값들 중 가장 큰 값으로 정의된다. 실수로 이뤄진 어떤 유계인 집합의 최소 상계는 상계들 중 가장 작은 수로 정의된다. 자기 참조적 정의를 사용하지 않고 정의하고자 노력해 보지만 불가능하다.

러셀은 위 역설들의 바탕에 순환적 논증의 오류가 있다고 보고, 어떤 모임의 전체는 그 모임에 속해서는 안 된다고 주장했다. 가령 원소 개수가 5개 이상인 집합들의 집합은 자기 자신을 포함해서는 안 된다는 것인데, 이 역시 수학에서 자주 사용되어 오던 표현이다.

7.4 공리적 집합론

칸토르가 구성한 소박한(naive) 집합론을 공리주의적으로 엄밀히 재구성함으로써 역설의 발생을 피하는 방법이 제안되었다. 우선 논리적 역설을 피하기 위해서 두 가지 방법이 제안되었다. '너무 큰' 모임은 집합으로 허용하지 않는 방법과 그런 것도 허용하되 다른 모임의 원소가 되지 못하게 하는 방법이다.

전자의 방법은 집합을 구성하기 위해 더 엄격한 제약을 두는 방법으로 독일 수학자 체르멜로(Ernst Zermelo)에 의해 제안되고 이스라엘 수학자 프렝켈(Abraham Fraenkel)에 의해 개선되어 현대 수학의 기초를 이루는 집합론으로 채택되었다. 가장 보수적인 이 방법으로도 기존 수학의 거의 모든 부분을 구성해 낼 수 있다. 이 방법에서 집합을 조건 제시법으로 구성하기 위해선 반드시 어떤 **한 집합의 원소들 중** 어떤 조건을 만족하는 것들을 추출해야 한다. 즉 아무 집합 A에 대해

$$\{x \in A \mid x\text{는 어떤 조건 } P(x)\text{를 만족}\}$$

는 집합으로 존재한다. 따라서 칸토르의 V와 러셀의 S, 커리의 C는 집합이 될 수 없다.

후자의 방법은 폰 노이만[76]에 의해 제안되어 베르나이스(Paul Bernays)와 괴델에 의해 다듬어졌는데, 집합(set)보다 더 일반적인 모임인 class를 허용한다. 모든 집합은 항상 어떤 다른 집합의 원소이지만,[77] 모든 class가 다 어떤 class의 원소인 것은 아니다. 조건 제시법에 의해 class를 구성하는 경우, 반드시 **어떤 class의 원소가 되는** 것들, 즉 집합인 것들만 모아 새로운 class를 구성할 수 있다. 즉 $\{x \mid x$는 어떤 class의 원소가 되며, 조건 $S(x)$를 만족$\}$ 꼴이어야 한다. 이 방법을 채택해도 논리적 역

76) 폰 노이만과 괴델은 오스트리아-헝가리 제국에서 태어나 미국으로 이주하여 프린스턴 고등연구소에 재직하였다. 폰 노이만은 상상을 초월하는 천재로 많은 일화가 있으며 다음과 같은 말을 남겼다. "사람들이 수학이 단순하다는 걸 믿지 못한다면, 그건 오로지 인생이 얼마나 복잡한지 깨닫지 못했기 때문이다." "수학에서는 무언가를 이해하는 것이 아니라 단지 익숙해지는 것이다."

77) 곧 다루게 되겠지만, 임의의 집합 A는 집합 $\{A\}$의 원소이다.

설들이 다 회피될 수 있다.

우선 칸토르의 V는 $\{x | x$는 어떤 class의 원소가 됨$\}$이므로, 정당한 class로 존재한다. 만약 V가 집합이라면, 칸토르의 역설에 의해 모순이 되므로, V는 집합이 아니어야 한다. 멱집합은 집합에 대해서만 구성할 수 있으므로, 멱집합 $\wp(V)$도 존재하지 않고 칸토르의 역설도 일어나지 않는다.

러셀의 S는 $\{x | x$는 어떤 class의 원소가 되고 $x \notin x\}$로 정의되면 정당한 class로 존재하며, 만약 $S \in S$라면 주어진 조건에 의해 $S \notin S$를 만족하므로 모순이 되고, $S \notin S$이면서 S가 어떤 class의 원소이면, $S \in S$가 되어 또 모순이 되고, 마지막으로 S가 아무 class의 원소도 아니라면 모순을 일으키지 않는다.

커리의 C는 $\{x | x$는 어떤 class의 원소가 되며, $(x \in x) \Rightarrow (1=0)\}$로 정의되면, 정당한 class로 존재하며,

> $C \in C$이기 위한 필요충분조건은 C는 어떤 class의 원소가 되고 $(C \in C) \Rightarrow (1=0)$.

만약 $C \in C$가 참이라면, $(C \in C) \Rightarrow (1=0)$이므로, 이 두 명제를 종합하면, $1=0$을 얻게 되어 모순이다. 만약 $C \in C$가 거짓인 경우, C가 어떤 class의 원소가 아니거나 $(C \in C) \Rightarrow (1=0)$가 거짓이어야 한다. 후자의 경우, 가정 $C \in C$가 참이어야 하므로 모순이고, 전자의 경우 어떤 모순을 일으키지 않는다.

의미론적 역설을 피하기 위해서는 집합을 구성하는 조건은 자연어가 아닌 형식적 기호로 표현되도록 요구되었다. 가령 베리의 역설은 '표현되다'라는 말이 명확하게 규정되지 않아서 발생한다. 조건 제시법에서

사용 가능한 기호는 $x, y, z, \cdots, A, B, C, \cdots$ 등의 변수, 등호 $=$, 괄호, 원소로 포함됨을 나타내는 $\in$, 논리 연산자(부정 $\sim$, and $\wedge$, or $\vee$, 함의 $\Rightarrow$, 동치 $\Leftrightarrow$), 논리 양화사(for all을 뜻하는 $\forall$, there exists를 뜻하는 $\exists$) 뿐이다. 그리고 집합을 조건 제시법으로 표현할 때, $\{x \in A \mid P(x)\}$의 $P(x)$는 자유 변수 x에 대한 문장이어야 한다. 즉 x에 논리 양화사가 결부되어서는 안 된다.

수학에서 사용 가능한 언어를 위와 같은 몇 가지 형식적 기호로 제한하고 나면, 거짓말쟁이 역설도 피할 수 있을까? 다행히도 형식문이 참이라는 성질을 위와 같은 형식 기호들의 공식으로 표현할 수 없음이 증명되었다(타르스키의 정의 불가능성 정리). 따라서 '이 문장은 참이 아니다'와 같은 문장은 수학에서 적법하게 만들어질 수 없다. 참의 개념은 반드시 상위 언어(meta-language)에서만 정의될 수 있다.[78)]

7.5 ZFC 공리계

거의 모든 수학을 다 아우르는 공리계인 Zermelo-Fraenkel-Choice 공리계를 소개한다. ZFC에서 존재자는 오직 집합으로, 집합과 기호 $\in$는 명시적으로 정의하지 않고 공리들에 의해 암묵적으로 정의된다. 따라서 모든 수학적 대상은 집합이며, 집합들 간의 $\in$ 관계를 진술한 것이 수학이다. 독자의 이해를 위해 기호 $\in$의 의미를 '… 에 속한다', 즉 '… 의 원소이다'로 해석하여 공리계를 서술하지만, 엄밀히 하자면 위에서 언급한 대로 형식적 기호만으로 표현해야 한다.

[1] 존재 공리 : 공집합(아무 원소를 갖지 않는 집합, $\varnothing$로 표기)은 존

78) 참고로 '증명 가능'은 형식 체계 내의 언어로 정의 가능하다.

재한다.[79)]

[2] 외연 공리 : 두 집합이 같은 원소를 가지면 같은 집합이다.

[3] 내포 공리 형식(axiom schema) : $P(x)$가 x에 대한 명제 함수이면, 임의의 집합 A에 대해 집합 $\{x \in A | x$는 $P(x)$를 만족$\}$가 존재한다.

[4] 쌍 공리 : 임의의 집합 A, B에 대해 집합 $\{A, B\}$가 존재한다.[80)]

[5] 합 공리 : 임의의 집합 S에 대해 S의 원소들의 합집합 $\sqcup S$이 존재한다. 즉, '$x \in \sqcup S \Leftrightarrow x \in A$ for some $A \in S$'를 만족하는 집합 $\sqcup S$가 존재한다.

[6] 멱집합 공리 : 임의의 집합 S에 대해 S의 멱집합 $\wp(S)$가 존재한다.

[7] 무한 공리 : 다음 두 성질을 만족하는 집합 I가 존재한다.(그런 집합을 귀납 집합이라 함.)

$$\varnothing \in I, \qquad x \in I \Rightarrow x \cup \{x\} \in I$$

[8] 치환 공리 형식 : $P(x,y)$가 x, y에 대한 명제 함수이면, 임의의 집합 A와 모든 $x \in A$에 대해 $P(x,y)$를 만족시키는 y가 유일하게 존재한다면, $P(x,y)$에 의한 A의 상(image) 집합이 존재한다.

[9] 기초 공리 : 공집합이 아닌 모든 집합은 자신과 서로소인 원소를 가진다.

[10] 선택 공리 : 공집합이 아닌 집합들로 이뤄진 집합 $\mathscr{B}$에 대해 $\mathscr{B}$의

79) 외연 공리에 의해 공집합은 유일하다.

80) 특별히 $A = B$인 경우, $\{A, A\}$는 $\{A\}$로 쓴다.

각 원소에서 하나의 원소씩만 추출하여 구성한 집합이 존재한다.(구체적인 선택 방법이 안 주어져도 됨)

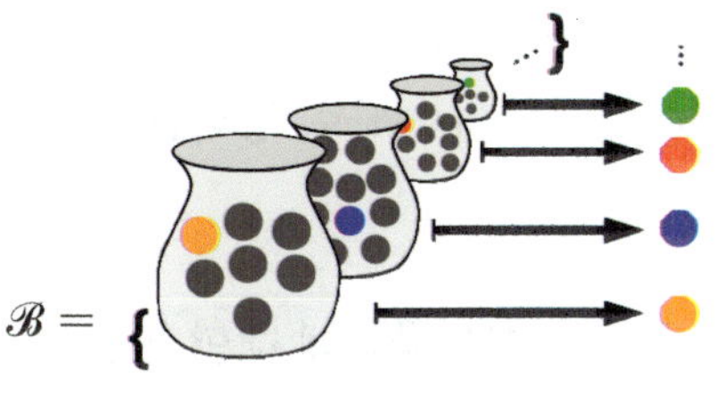

위 공리계에서 [3]과 [8]은 공리 형식으로서 구체적인 수식으로 표현된 각 P에 대해 공리 하나가 만들어지므로, 가산 무한개의 공리들을 통칭해서 표현한 것이다. 즉 ZFC는 1차 공리계로, 집합에 대해서만 논리 양화사 $\forall$, $\exists$를 가할 수 있다. 위 공리계에 의해 주어지는 집합 구성법을 이용하면, 지금까지 배운 모든 수학적 대상과 개념을 다 구성할 수 있다. 몇 가지 기초적인 예를 들어보자. 임의의 집합 A, B에 대해

$A \cap B = \{x \in A \mid x \in B\}$, $A \cup B = \sqcup \{A, B\}$

$A - B = \{x \in A \mid x \notin B\}$

순서쌍 $(A, B) = \{\{A\}, \{A, B\}\}$

곱집합 $A \times B = \{(x, y) \in \wp(\wp(A \cup B)) \mid x \in A \text{ and } y \in B\}$

정렬 순서와 동치 관계 등의 이항(二項)관계도 집합으로 나타낼 수 있다. A에 주어진 이항관계는 $A \times A$의 부분집합 R로 주어지며, $(x, y) \in R$는 $x \sim_R y$를 나타낸다. 함수도 집합이다. A에서 B로 가는 함수 f는 $A \times B$의 부분집합으로서 다음 두 성질을 만족하는 것이다.

(i) 임의의 $x \in A$에 대해 $(x, y) \in f$인 $y \in B$가 존재한다.

(ii) 만약 $(x, y_1) \in f$이고 $(x, y_2) \in f$이면, $y_1 = y_2$이다.

자연수(0을 포함)의 집합은 모든 귀납 집합들의 교집합으로 정의한

다. 이렇게 정의하면 페아노의 공리를 다 만족하며, 대소 관계도 '$m < n \Leftrightarrow m \in n$'로 정의할 수 있다.

7.6 선택 공리에 대한 논란

선택 공리는 수학에서 암묵적으로 늘 사용해 오던 공리인데 체르멜로가 최초로 주의를 환기시켰다. 명확한 선택 규칙도 없이 무한 번의 선택을 통해 새로운 집합이 구성될 수 있다는 주장에 대해 반대하는 목소리도 많았다. 과연 수학에서 말하는 존재의 의미가 무엇인지 묻게 된다. 기존 수학과 모순을 일으키지만 않는다면, 구성 방법을 보여주지 않아도 존재한다고 보는 것이 합당한 것인가? 아무튼 유클리드 기하의 평행선 공리 다음으로 가장 많이 논의된 공리였다. 괴델은 선택 공리가 나머지 공리들 즉 ZF 공리계를 써서 반증될 수 없음을 보였고, 코언(Paul Cohen)은 ZF를 써서 증명도 불가능함을 보였다. 즉 선택 공리는 ZF와 독립적이므로, 선택 공리를 채택한 수학도 가능하고, 채택하지 않은 수학도 가능하다. 그런데 기존 수학의 많은 정리들이 선택 공리를 사용해서 얻어진다. 몇 가지 예를 들면 다음과 같다.

(i) 함수 $f: A \to B$가 전사라면, $f \circ g = Id_B$를 만족하는 함수 $g: B \to A$가 존재한다.

(ii) $\mathbb{R}$에서 길이가 양수인 임의의 부분집합 안에 길이를 잴 수 없는 부분집합이 존재한다.[81)]

81) 여기서 길이라 함은 임의의 구간 $[a, b]$의 길이를 확장한 개념인 르베그(Henri Lebesgue) 측도를 말한다. 유리수들의 집합 $\mathbb{Q}$는 가산 개의 점들의 합이므로, 길이가 0이 된다. 마찬가지로 $\mathbb{R}^2$에서도 면적이 측도 불가능한 집합이 존재한다.

(iii) 임의의 무한 집합에 정렬 순서를 부여할 수 있다.($\mathbb{R}$의 정렬 순서는 어떤 형태일까?…)

(iv) 임의의 무한 집합 $\{A_i | i \in I\}$에 대해 곱집합 $\Pi_{i \in I} A_i$가 공집합이 아니다.

(v) 임의의 무한 차원 벡터 공간에 기저가 존재한다.

(vi) 임의의 무한 환(ring)에서 극대 아이디얼이 존재한다.

(vii) 임의의 콤팩트 위상공간들의 무한 곱의 곱 위상은 콤팩트이다.

한편 선택 공리를 사용하면 다음의 바나흐-타르스키[82] 역설이 얻어진다. 3차원 연속체인 공을 유한개의 부분으로 적당히 쪼갠 후 **아무 변형 없이** 회전 및 평행 이동으로 재조합하면 같은 반지름을 가지는 공 2개를 만들 수 있다.

이것은 우리의 직관과 반대되는 역설일 뿐 ZFC 공리계의 모순은 아니다. 선택 공리로 인해 생기는 것이지만, 더 근원적으로는 무한 집합이 존재하기 때문이다. 실무한이 수학에 존재하는 한, 역설은 피할 수 없는 것일까? 바나흐-타르스키 역설을 피하고자 선택 공리를 약화시키면 다른 이상한 역설이 발생한다.

바나흐-타르스키 역설을 물리적으로 구현하기는 불가능하다. 모든 물질은 균질한 연속체가 아니기 때문이다. 모든 물질은 원자들이 힘에 의해 결합되어 있는 형태인데, 각 원자는 몇 개의 전자들이 핵 주위를 '공전'하고 있는 거의 텅 빈 공간이다.(원자핵 크기는 원자 크기의 10만

82) Stefan Banach, Alfred Tarski : 폴란드 수학자들로 각각 함수 해석학과 논리학에서 큰 업적을 남겼다.

분의 1 정도) 게다가 전자 등의 기본 입자는 특정한 하나의 상태가 아니라 모든 가능한 상태가 중첩되어 있는 상태로 존재한다.

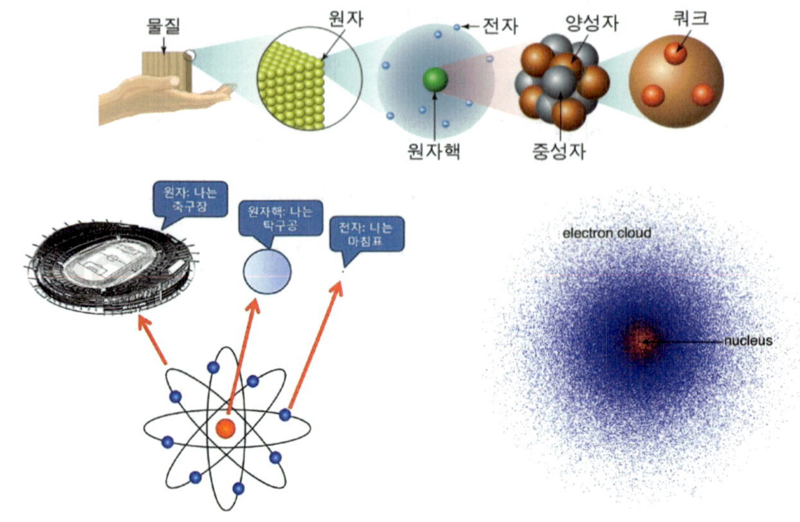

7.7 연속체 가설

칸토르가 제기한 연속체 가설 $\aleph_1 = |\mathbb{R}|$는 괴델과 코언에 의해 각각 ZFC에서 반증도 증명도 할 수 없음이 증명되었다. 즉 연속체 가설은 ZFC와 독립적인 명제로, ZFC에 $\aleph_1 = |\mathbb{R}|$를 공리로 추가한 수학도 가능하고, $\aleph_1 \neq |\mathbb{R}|$를 공리로 추가한 수학도 가능하다. 이것도 인간의 직관에 반하는 역설이나 다름없으며, $\aleph_1$ 또는 $\mathbb{R}$, 더 일반적으로 무한집합이 과연 실재하는가에 의문이 제기된다. 그럼에도 괴델과 같은 수학적 플라톤주의자는 연속체 가설보다 직관적으로 더 자명한 공리가 발견되어 새로운 공리 체계에서는 연속체 가설이 참이든지 거짓이든지 결정되길 기대하고 있다.

7.8 잠재적 모순과의 동거(?)

이제 ZFC 공리계에서 기존의 모순들은 일어나지 않게 되었지만, 또 새로운 모순이 일어날 수 없음을 증명할 수 있을까? 1차 공리계에서 무모순성은 두 가지로 나누어 생각해볼 수 있다. 우선 형식적 무모순성은 그 체계 내에서 아무 명제 p와 그 부정 ~p가 다 증명될 수 없음을 말한다. 또 의미론적 무모순성은 주어진 공리들을 다 만족하는, 즉 공리들이 다 참이 되도록 기호들이 해석되는 모델의 존재를 말한다. 모델이 존재한다면, p와 ~p가 다 참이 될 수 없으므로, 의미론적 무모순성은 형식적 무모순성을 함의한다. 괴델의 완전성 정리를 적용하면 1차 공리계에 대해 형식적 무모순성과 의미론적 무모순성은 동치이다. 9장에서 보이겠지만, 괴델의 불완전성 정리에 의해 1차 공리계인 ZFC의 무모순성을 ZFC 내에서 보일 수는 없다. 대부분의 수학자들은 ZFC의 무모순성을 믿고 있지만, 논리적 증명은 불가능하다. 인간은 늘 잠재적 죽음을 안고 살아야 하는 것처럼 잠재적 모순 가능성을 안고 수학을 해야 하는가? 그렇다면 우리는 모순이나 역설에 대해 어떤 관점을 가지고 수학을 공부해야 할까?

우선 수학사에서 역설과 모순은 늘 맞닥뜨려왔지만, 그것이 수학의 붕괴를 가져오는 것이 아니라 그것의 극복을 통해 수학은 더 엄밀하고 풍부한 체계로 발전하는 계기가 되었음을 주목할 필요가 있다. $(2-4)^2 > (1-2)^2$이나 $\sqrt{-1}$처럼 기존의 수학 체계에서 모순적으로 보이는 사실들은 종종 새로운 수학의 세계로 통하는 통로가 된다. 평면에 놓인 평행하지 않은 두 직선은 결코 교차를 피할 수 없지만, 한 차원만 더 높여 공간에서는 한 직선을 살짝 들어 올림으로써 쉽게 교차를 피할 수 있다. 기존의 사고의 지평을 넘어서 한 차원 더 도약하는 사고를 하는 것이 수학적 사고의 본질이다.

이에서 더 나아가 철학자 비트겐슈타인은 모순에 대해 수학자가 받아들이기 어려운 견해를 제시했다. "모순은 숨겨진 한 전혀 해로울 것이 없기에, 어떤 모순이 수학이나 논리학에서 발견되어도 그다지 심각한 문제가 아니며, 나아가 사람들은 모순으로 논리학이나 수학을 할 수도 있을 것이다. 따라서 소위 수학의 위기는 존재한 적이 없다. 대부분의 학자들은 그저 모순의 역할을 잘못 이해하고 있을 뿐이다. … 수학을 하는 것은 발견하거나 발명하는 것이 아니라 수학적인 상황에서 사용되는 언어를 이해하고, 보다 쓰임새 있는 언어로 발전시켜 가는 것이다."

비트겐슈타인이 Cambridge 대학에서 수학 철학 강의를 하였을 때, 청중 중에 튜링(Alan Turing)이 있었다.[83] 당시 튜링은 20대였지만 10장에서 다룰 튜링 기계에 대한 논문을 이미 발표한 유명한 수학자였다. 비트겐슈타인의 견해를 받아들일 수 없었던 튜링은 "수학이 모순적인 체계라면, 수학을 써서 건설한 다리가 무너질 수 있지 않겠는가?"라는 반론을 제기하며 긴 논쟁을 벌이게 되지만, 서로의 입장 차이는 좁혀지지 않았다.

수학은 결국 기호와 언어로 표현되는 것만 공식적으로 인정되지만, 모든 진리를 인간의 언어로 온전히 표현 가능한 것은 아니다. 인간은 무한의 존재를 탐구하고 이해해 나가야 하지만 무한의 존재를 유한한 언어와 논리 안에 다 담을 수 없다. 초월을 그 본질적 속성으로 갖는 종교에서는 진리를 설명하기 위해 종종 모순 화법을 사용한다. 인간의 일상

83) 그의 강의 내용과 튜링과의 논쟁 내용을 학생들이 받아 적어 『비트겐슈타인의 수학의 기초에 관한 강의』로 출판되었다.

적 경험을 넘어서는 무한을 다루는 한 수학에서 역설은 존재할 수밖에 없으며, 모든 수학적 진리를 인간이 다 증명할 수 있는 것도 아닐 것이다. 그것은 인간의 근본적 한계이다. 다음 장들에서 살펴보게 되겠지만, 괴델의 불완전성 정리는 수학의 무모순성 증명이 불가능함을 증명했고, 수학의 절대적 확실성을 확립하고자 했던 수학자들의 노력은 다 실패로 돌아가고 만다. 이러한 이성의 한계는 인간을 옥죄는 영원한 굴레인가? 오히려 인간의 한계를 수긍함으로써 참된 인간성을 찾을 수 있지 않을까? 밝은 대낮에 모든 것을 볼 수 있을 것 같지만, 어두운 밤에만 볼 수 있는 신비가 있다. 야스퍼스(Karl Jaspers)[84]가 말한 대로 좌절은 초월자가 우리에게 말을 전해 오는 암호인지도 모른다.

7.9 생각해 볼 문제들

❶ 당신은 현재의 수학 체계가 무모순적이라고 보는가?

❷ 소박한(naive) 집합론에서 엄격한 공리적 집합론으로 바뀌면서 집합의 개념이 인위적으로 변경되고, 선택 공리가 직관에 반하는 역설적 결과를 초래하고, 연속체 가설의 비결정성으로 인해 $\aleph_1$의 실재성이 의심되는 등의 여러 사례들은 ZFC 공리 체계로 건설된 수학적 구조가 과연 인간 정신과 독립하여 실재하는 것인지, 수학적 플라톤주의에 의문을 품게 한다.

만약 수학이 더 발전되어 새로운 공리 체계를 잘 구축하면 이런 역설적 상황이 해소되거나 이런 이례적인 형태들은 더 큰 자연스런 수학적 구조의 일부분임으로 드러나게 될 것인가? 아니면 선택 공리와 연속체

84) 독일의 실존주의 철학자로 현대 문명에 의해 잃어버린 인간 본래의 모습을 지향했다.

가설이 보여주는 역설적 상황은 논리적 모순이 아니고, 유한한 양적 경험에 익숙한 인간의 직관에 배치될 뿐이므로 폰 노이만이 지적한 대로 수학은 (의미 없는 기호들의 조합이므로) 그 개념을 이해하려 하기보다는 단지 익숙해지면 되는 것일까? 또는 직관주의자의 주장대로 수학을 대폭 축소하여 유한 집합만 다루어야 할까? 혹은 준경험주의나 사회적 구성주의의 주장대로 수학은 인간이 구성한 오류 가능한 지식일 뿐 절대적인 참·거짓을 논할 수 없는 성질의 것인가? 그렇다면 수학이 자연을 기술하고 예측하는데 보여준 놀라운 정확성과 효율성의 이유는 어떻게 설명할 수 있는가?

❸ 러셀의 역설과 커리의 역설은 소박한 집합론에 근거하여 가르치는 현재의 학교 수학에서 충분히 제기될 수 있다. 당신의 학생이 이와 같은 질문을 해온다면 어떻게 설명하겠는가?

❹ ZFC 공리계에 의하면, 어떤 집합도 자기 자신의 원소가 될 수 없음을 보이시오.

❺ ZFC 공리계를 형식적 기호로만 표현해 보시오. 가령 [1] 존재 공리는 $\exists X \forall a(\sim(a \in X))$로 표현할 수 있다. [3]과 [8]은 공리 형식이므로, 각 P에 대해 해당하는 공리를 서술하면 된다.

CHAPTER

08

논리, 직관, 형식

To be, or not to be, that is the question.

- Hamlet

공리에 입각한 집합론으로 소박한 집합론의 모순들이 해결되었지만, 다소 임시방편적(ad hoc)인 방법일 뿐 아니라 이제 집합은 매우 형식적이고 엄격한 구성물로 제한되었다. 즉, 이미 존재하는 집합에서 몇 가지 형식적 기호들로 표현되는 조건을 만족하는 원소들의 모임만 집합으로 허용되고, 직관적으로 타당해 보이는 구체적 사물들의 모임은 더 이상 집합을 이룰 수 없게 되었다. 가령 어떤 상자 안의 모든 사과들의 모임, 지구의 모든 원자들의 모임은 집합으로 허용되지 않는다. 직관적으로 타당해 보이는 이런 집합들을 다시 수학적 대상으로 복귀시키는 방법은 없을까? 또 무한 집합의 존재성을 직관적으로 수용될 수 있을 정도로 정당화할 수 있을까? 20세기 초 수학의 확실성을 근원적으로 확립하기 위해 수학의 본질에 대한 세 가지 다른 철학적 관점이 대두되었다.

8.1 논리주의(Logicism)

수학이 논리로부터 도출 가능하다는 생각은 17세기 라이프니츠로 거슬러 올라간다. 어떤 명제의 부정 명제를 가정하면 모순이 나올 때 그 명제를 필연적 진리(또는 이성 진리)라 하고, 진리이지만 필연적이 아닐 때 경험적 진리로 구분했다. 가령 사과나무에서 사과가 지구 중심 방향으로 떨어지는 것은 경험적 진리이며, 수학의 정리는 필연적 진리로서 논리학으로부터 도출될 수 있다. 더 나아가 그는 인간 사고의 상당 부분이 기호들의 계산으로 구현 가능하다고 보고 이를 이용해 논리적 추론 기계를 꿈꿨으며, 실제로 기계식 가감승제 계산기를 제작했다.

200년 후 데데킨트는 공간과 시간의 직관으로부터 수를 도출할 수 없으며 수는 사고의 순수 법칙으로부터 즉각적으로 발현되어 나오며, 오히려 수로부터 공간과 시간의 개념을 얻는다고 주장하였다.

논리주의의 주장대로 산술(arithmetic)을 논리로부터 도출하는 작업을 본격적으로 수행한 사람은 독일의 수리 논리학자 프레게이다. 그는 수를 논리적 대상, 즉 논리적으로 정의되며, 그 존재성도 논리 법칙에 의해 보장되는 대상으로 보았는데, 개념 F에 해당하는 수를 **'개념 F와 1:1 대응 관계에 있다'**라는 개념의 외연으로 정의하였다. 여기서 개념이란 대상들 또는 개념들에 작용하는 함수로서 함수값이 참 혹은 거짓만 가지는 것을 말하고, 어떤 개념의 외연이란 그 함수값이 참이 되는 것들의 모임을 말한다. 가령 '의자'의 외연은 모든 의자들의 모임이고, '철수의 부모라는 개념과 1:1 대응 관계에 있다'라는 개념의 외연은 수 2를 정의하며, '영희가 신고 있는 신발이다'라는 개념이 그 외연에 포함된다.

그러나 그의 연구 결과의 출판을 앞두고 러셀의 역설을 접하자 크게 좌절하였고, 산술에 관한 논리주의와 플라톤주의를 결국 포기하고 만다. 20세기 말 라이트(Crispin Wright), 헤일(Bob Hale) 같은 신프레게주의자들은 러셀의 역설을 피하기 위해 개념의 외연을 이용한 명시적 정의 대신, 소위 흄(Hume)의 원리

F의 수 = G의 수 ⇔ F와 G 사이에 1:1 대응이 존재한다.

을 공리로 채택하여 수를 암묵적으로 정의하는데, 위 공리가 논리학의 공리인지 의심스럽다. 논리학의 진리라면, 어떤 구체적 수학적 사실이나 존재론적 가정 없이 모든 해석에서 참이어야 하는데, 흄의 원리는 이미 추상적 존재인 수의 존재를 전제해야 하기에 단순한 형식 논리의 범주를 벗어난다. 그렇다면 그 공리 체계의 무모순성을 보여야 하는데 괴델의 불완전성 정리에 의해 이 체계 내에서 형식적 무모순성을 보이는 것은 불가능하며, ZFC의 무모순성을 가정하면 ZFC 안에서 모델을 구성하여 무모순성을 얻을 수 있다.

논리주의의 대부 러셀은 집합에 대한 유형론(type theory)으로 집합론의 역설을 피하면서 수를 논리적 대상으로 명시적인 정의를 할 수 있다고 생각하였다. 그는 땀 흘려 성실히 일해서 얻는 것이 아니라 원하는 것을 공리로 삼는 방식을 도둑질에 비견했는데, 과연 그의 시도는 성공할 수 있었을까?

8.2 Principia Mathematica(PM)

집합론의 역설들을 피하면서 논리로부터 수학을 다 도출하려는 원대한 계획이 러셀과 화이트헤드에 의해 시도되어 집합론과 산술을 완성하여 『수학 원리(Principia Mathematica)』로 출간되었다. 뉴턴의 『프린키피아』에 버금갈 만한 대작이지만, 3권 합계 약 2000 페이지로 매우 방대해서[85] 제대로 검증하기도 쉽지 않고, 원래 계획했던 기하학은 포기하였다. 하지만 데카르트의 해석 기하학을 이용하면 기하학의 개념을 대수화 할 수 있으므로, 기하학도 PM의 체계 안에 들어있다고 볼 수도 있다.

논리주의의 관점에서 자연수 n은 n개의 원소를 가지는 모든 집합들의 모임(class)으로 정의되고, 명제 '$1+1=2$'는 다음과 같이 표현되는데, 그 증명은 매우 어렵다.

$x \cap y = \varnothing$ 인 임의의 집합 x, y에 대해 $x \in 1$이고, $y \in 1$이면, $x \cup y \in 2$

'$1+1=2$'을 PM의 1권 362페이지에서 비로소 증명한다.

85) 저자들 외에 이 책을 다 읽어본 사람은 괴델이 유일하다는 전설이 있을 정도이다.

$*54\cdot43.\ \vdash :.\ \alpha, \beta \in 1 \,.\, \supset :\alpha \cap \beta = \Lambda \,.\, \equiv .\, \alpha \cup \beta \in 2$

Dem.

$\vdash .\, *54\cdot26 \,.\, \supset \vdash :.\ \alpha = \iota\text{‘}x \,.\, \beta = \iota\text{‘}y \,.\, \supset : \alpha \cup \beta \in 2 \,.\, \equiv .\, x \neq y \,.$

$[*51\cdot231] \qquad \equiv .\, \iota\text{‘}x \cap \iota\text{‘}y = \Lambda \,.$

$[*13\cdot12] \qquad \equiv .\, \alpha \cap \beta = \Lambda \qquad (1)$

$\vdash .\, (1) \,.\, *11\cdot11\cdot35 \,.\, \supset$

$\vdash :.\ (\exists x, y) \,.\, \alpha = \iota\text{‘}x \,.\, \beta = \iota\text{‘}y \,.\, \supset : \alpha \cup \beta \in 2 \,.\, \equiv .\, \alpha \cap \beta = \Lambda \qquad (2)$

$\vdash .\, (2) \,.\, *11\cdot54 \,.\, *52\cdot1 \,.\, \supset \vdash .$ Prop

From this proposition it will follow, when arithmetical addition has been defined, that $1+1=2$.

집합론의 역설들을 피하기 위한 그들의 조치는 각 집합(또는 class)에 대해 유형을 부여하자는 아이디어이다. 개별자(individual)의 유형은 제0형이고, 개별적 대상물로 집합을 구성하면 그 집합은 제1형, 그러한 집합들을 모아 다시 집합을 구성하면 그 집합은 제2형이 되는 등, 이런 식으로 유형은 계속 높아지며, 각 집합의 원소는 다 동일 유형이어야 한다. 따라서 {a, {a,b}}는 금지되며, A가 B에 속한다고 하면 B는 A보다 유형이 높게 되어 자기 자신을 포함하는 집합과 모든 집합의 집합은 존재할 수가 없어서 집합론의 역설은 원천적으로 차단된다. 유형 이론에 맞게 자연수 n을 정확히 정의하자면, n개의 원소를 갖는 유형 k인 모든 집합들로 이뤄진 유형 $k+1$인 집합이 된다.

각 명제에 대해서도 유형을 부여하였는데, 모든 명제는 그 내용에 등장하는 대상물의 유형보다 높은 유형을 가진다. 따라서 모든 명제에 대한 언명은 이 문법에 맞지 않게 되어서 '모든 규칙에는 예외가 있다'라는 역설을 피할 수 있다. 거짓말쟁이 역설 '나는 거짓말을 하고 있다'를 이 문법에 맞게 표현하면, '나는 명제 P를 주장하고 있는데 이 명제 P는 거짓이다'가 되는데, P에 관한 이 언명이 참이라면 P 자체는 거짓이 되고, P에 관한 언명이 거짓이라면 P 자체는 참이 되어 아무 모순을 일으키지 않는다.

그런데 유형 이론에 따라 수학을 재구성하려면 매우 복잡해진다. 가령, 무리수는 유리수를 이용해 정의되고, 유리수는 자연수를 이용해 정의되므로,

무리수의 유형 > 유리수의 유형 > 자연수의 유형

이 되는데, $\mathbb{R}$은 여러 유형의 수를 포함하므로 모든 실수에 대해선 어떤 주장도 할 수 없고, 각 유형 별로 따로따로 명제를 주장해야 한다. 단지 불편함의 문제가 아니라 2와 $\sqrt{3}$은 유형이 다르므로 이 둘을 더하는 연산을 생각할 수 없다. 또한 실수로 이뤄진 어떤 집합의 최소 상계는 실수보다 높은 유형을 가지므로 최소 상계는 실수가 아니라는 모순에 이른다.

이런 문제를 피하기 위해 '임의의 비서술적 명제 함수에 대해 같은 유형 안에서 동일한 외연을 갖는 적당한 서술적 명제 함수가 존재한다'라는 환원 공리(Axiom of Reducibility)를 도입해야 했다. 즉 속성들(동일 유형의 명제 함수들)에 대한 양화(모든, 존재한다)를 포함해 비서술적인(impredicative) 명제 함수라도, 같은 외연과 유형을 가지면서 그런 양화가 없는 서술적(predicative) 명제 함수가 존재한다고 가정하는 것이다. 가령 '장군 X는 위대한 장군의 모든 속성을 가진다'는 위대한 장군의 속성들에 대한 양화 '모든'을 포함해서 (유형 1의) 비서술적인 명제 함수인데, '장군 X는 리더십이 뛰어나고, 용감하고, 지혜롭고, 청렴하고, 나라에 충성하고, 백성과 부하들을 사랑한다'는 (유형 1의) 서술적 명제 함수이다. 후자가 과연 전자와 동일한 외연을 갖는지는 자연

어의 표현이 모호해서 판단하기 어렵지만, 수학의 명제 함수에 대해선 항상 가능하다는 것인데 구체적으로 해당하는 서술적 명제 함수를 어떻게 구성할 수 있는지는 주어지지 않는다.

논리주의가 원래의 목적을 달성했는지에 대해선 의문이 남지만, 그 정신과 방법론은 수학뿐 아니라 철학, 언어학, 컴퓨터 과학, 경제학[86] 등 현대 학문의 여러 분야에 지대한 영향을 미쳤음은 부인할 수 없다. 영국의 시인 T. S. 엘리엇은 다음과 같이 말했다. "논리학자의 작업이 영어를 명료하고 정확하게 어떤 주제에 대해 생각할 수 있는 언어로 만드는 데 얼마나 큰일을 했는가. PM은 수학보다 우리의 언어에 더 크게 기여했다."

8.3 논리주의에 대한 비판들

우선 러셀 자신도 인정했듯이 환원 공리가 지나치게 자의적이고, 모든 자연수를 다 구성하기 위해 도입한 무한 공리(:무한히 많은 개체들이 존재한다)와 선택 공리가 과연 논리학의 공리가 될 수 있는지 논란이 되었다. 유형 이론도 여러 모순들을 피하기 위해 ad hoc으로 도입한 인위적 방편이라는 비판을 받았다. 더구나 그런 인위적 공리들을 추가해 만든 형식 체계인 PM이 무모순적인지 그 체계 내에서는 증명할 수 없고, 무모순적이라 할지라도 그 체계 내에서 증명할 수 없는 참인 명제가 존재한다는 사실이 괴델의 불완전성 정리에 의해 밝혀지자 재차 타격을 받았다.

86) 일반 균형 이론에서 Arrow-Debreu 모델은 공리적 방법론에 입각하여 몇 가지 가정(공리)으로부터 모든 시장이 동시에 균형을 이루는 상태가 존재하고 효율적이라는 것을 수학적으로 증명한다.

더 근본적인 철학적 비판은 논리학의 공리가 과연 진리인가에 대한 의심이었다. 배중률에 대한 의심, 물질적 함의[87]에 대한 비판, 다치 논리의 등장 등이 그런 회의를 부추겼고, 비트겐슈타인도 "논리 명제는 세계의 사실을 말하지 않고 형식(문법)을 보여 준다."고 말했다. 러셀도 후기에 와서는 논리학의 원리가 선험적 지식이라는 확신을 버렸고, 수를 논리적 허구, 언어적 약칭으로 간주하며 수학적 실재론도 포기하게 된다. 그는 다음과 같이 토로했다. "수학을 견고하게 세울 코끼리를 만들어 냈지만, 그 코끼리가 비틀거리자 그것을 받쳐줄 거북을 만들어내기 시작했지만, 거북이 코끼리보다 더 견고하지 못했다. 20여 년간의 신고를 겪고 난 후에, 수학 지식을 의심할 여지가 없는 확실한 것으로 만드는 데에 나는 더 이상 아무 일도 할 수 없다는 결론을 내리게 되었다.… 내가 항상 수학에서 찾고자 했던 드높은 확실성은 당혹스러운 미로 속에서 행방불명되었다. 그것은 참으로 복잡하기만 한 개념의 미로이다."[26]

논리주의의 근본 모토에 대해서도 비판이 제기된다. 직관주의에 의하면 어떤 수학적 개념은 논리보다 더 근본적이며, 논리적인 언어로 다 기술될 수 없다. 수학자마다 생각하는 방식이 다 다르겠지만, 아다마르[88]는 다음과 같이 말했다. "내가 정말로 생각할 때에는 단어들은 나의 생각에서 완전히 사라진다고 단언할 수 있다. … 생각은 글로써 실체화되는 순간 죽어 버린다는 쇼펜하우어의 말에 전적으로 공감한다."

설사 논리가 제공하는 재료들로 수학의 모든 구조물을 지을 수 있다 하더라도 그 전에 반드시 선택의 과정이 필요하며, 이 과정에서 인간의

87) $P \to Q$가 $\sim P \vee Q$와 논리적 동치가 된다는 것으로 우리의 직관과는 괴리가 있다. 가령 '$1 > 0$이면, 얼음은 차갑다'와 '$1 = 0$이면, 얼음은 뜨겁다'가 참이 된다.

88) 19~20세기 프랑스의 수학자로, 소수 정리 즉 자연수 n에 대해 n이하 소수의 개수를 $\pi(n)$이라 할 때 $\lim_{n\to\infty}\frac{\pi(n)\ln n}{n} = 1$를 증명하였다.

직관이 핵심적인 역할을 한다. 그래서 수학이 논리적 사고에서 연역되어 나온다는 기본 가정으로선 수학이 자연 세계와 합치되는 이유를 잘 설명하지 못한다는 비판이 나온다. 가령 '사과 하나와 사과 하나를 더하면 두 개의 사과가 된다'를 논리적 진술이 아닌 물리적 진술로 볼 경우, 부정확한 감각 지각적 개념들에 대한 명제로, 정확한 수학적 개념들의 선험적 명제 '1+1=2'와 논리적으로 단절되어 있다.

8.4 직관주의(Intuitionism)

논리로부터 유도된 명제는 직관에 의해 얻어진 명제보다 덜 직관적이고 역설적인 결과가 얻어지므로, 수학의 확실성을 확립하기 위해 논리가 아닌 인간의 직관에 기대고자 하는 시도가 직관주의로, 수학적 대상이 인간과 무관하게 객관적으로 실재하는 것이 아니라 인간의 직관적 구성 활동의 산출물로 본다. 논리는 언어에 속하며 말은 단지 진리를 전달하기 위해 사용되며, 기호 언어를 포함한 어떤 수학적 언어로도 수학을 완벽하게 표현할 수 없다. 수학은 본질적으로 언어 없이 이뤄지는 마음의 활동이다. 논리학의 원리들이 선험적임을 불인정할 뿐 아니라 직관적 개념보다 훨씬 더 불확실해서 논리학의 결함에 의해 역설이 발생하는 것이지 수학의 결함이 아니라고 본다.

직관(直觀)이란 판단, 추론 등의 사유 작용을 거치지 않고 대상을 직접적으로 인식하는 것을 말한다. 데카르트에 의하면 인간이 진리의 인식에 이르는 확실한 수단으로 직관과 연역이 있으며, 직관이란 불확실한 감각이 가져다주는 정보가 아니라 너무나 명료해 어떤 의심도 들어설 수 없는 청정한 마음의 관념으로, 단번에 명증적(明證的)으로 참임을 인식하는 것이다. 직관은 이성 자체보다 더 단순하기에 연역보다 더 확실하며, 자기 자신이 생각을 하고 있고 존재한다는 사실, 삼각형이 세 개의 변으로 둘러싸여 있고 구는 한 면으로 둘러싸여 있다는 사실 등은 직관으로 파악할 수 있다고 말했다.

합리주의와 경험주의를 종합한 철학자 칸트는 수학이 선험적이면서도 단지 분석적이 아님을 설명하면서 직관의 역할을 강조하였다. 그는 선험적(a priori) 인식과 경험적(a posteriori) 인식으로 나누는 지식 분류를 더 세분하여 분석(analytic) 판단과 종합(synthetic) 판단으로 나누었는데, 분석 판단은 술어가 주어의 개념에 포함되어 있는 것으로 주어의 개념을 분석함으로써 얻어지는 데 반해, 종합 판단은 논리적으로 필연이 아닌 것으로 새로운 술어가 주어에 종합되어 새로운 지식을 산출한다. 수학적 지식은 시간과 공간의 구조에 관한 것으로 종합 판단이지만, 경험에 의존하지 않고 순수(선험적) 직관에 의존하므로 필연적, 보편적이다.

분석 판단	종합 판단	
삼각형은 세 각으로 이뤄진 도형 총각은 결혼하지 않은 남자 모든 물체는 공간을 차지함	7 + 5 = 12 직선은 두 점 사이를 잇는 최단 거리	겨울에는 눈이 온다 모든 물체는 무게를 지님
선험적		경험적

물론 논리주의의 관점에 의하면 수학적 지식은 선험적 분석 판단이다. 칸트도 '7 + 5 = 12'가 분석적 즉, 논리적으로 얻어질 수 있음을 부정하는 것은 아니지만, 그런 산수는 시간과 공간의 체계가 아니라고 주장하는 것이다. 7 + 5가 13이 되는 'non-Peano' 산수도 모순을 유발하지 않는다면 개념적으로는 가능하다.

칸트는 오직 직관을 통해서만 종합 명제가 얻어진다고 주장하며, 직관을 감각 기관이 받아들인 경험적 직관과 이를 정돈하고 배열하는 형식인 순수 직관으로 나누었다. 이 직관의 형식은 바로 시간과 공간으로, 외적 경험에서 추상된 개념이 아니라 인간 마음에 선천적으로 존재하며, 수와 기하학적 도형을 표상하고, 그것에 대한 추론을 전개하기 위해 반드시 필요하다.

가령 직선이라는 개념과 둘이라는 개념으로부터 두 직선으로 둘러싸인 도형이 성립할 수 없다는 종합 판단을 도출하는 것은 불가능하다. 두 직선으로 둘러싸인 도형이라는 개념 그 자체로서는 어떤 논리적 모순도 없다. 그것의 불가능성은 개념 그 자체에 기인하는 것이 아니라, 공간의 조건에 기인한다. 두 직선으로 둘러싸인 도형은 직관에 나타낼 수 없지만 세 직선으로 둘러싸인 도형은 직관에 나타난다. 구성 가능한 개념이란 순수 직관에 나타내어질 수 있는 개념으로 수학적 인식을 산출한다. '$7+5=12$'도 7과 5를 순수 직관에서 합을 (상상적으로) 구성해 봄으로써 얻을 수 있다.

칸트 사후에 새로운 무모순적 기하학인 비유클리드 기하학이 발견되고, 일반 상대성 이론에 의해 우리가 살고 있는 우주도 비유클리드 공간임이 드러남으로써 유클리드 기하학을 선험적 진리로 보는 칸트의 주장은 수정이 불가피해졌다. 현대 직관주의의 대부인 브라우어는 공간적 직관의 선험성을 포기하고 시간적 직관으로부터 수와 수학 전체가 구성된다고 주장하였다. 기하학을 위한 공간은 실수들로 이뤄진 데카르트 좌표를 이용해 구성할 수 있다.

어떻게 시간 직관으로부터 수를 얻게 되는가? 인간의 자아가 시간의 흐름을 인식하면서 시간적 분리에 따른 이원성(twoness)의 개념이 생겨나고 이를 추상화함으로써 1과 2를 얻고, 이런 과정의 반복을 통해 모든 자연수를 구성할 수 있다. 유리수는 두 자연수의 비로 구성하면 되고, 문제는 실수이다. 시간 직관으로부터 무리수의 정확한 값이 다 경험될 수 없다. 가령 $\sqrt{2}$의 값을 정확히 알 수 없고, $\sqrt{2}$에 수렴하는 유리수 수열 또는 $\sqrt{2}$를 포함하는 유리수 구간 $[a_n, b_n]$들의 열(sequence)로서 그 길이가 0으로 수렴하는 열을 얻을 수 있을 뿐이다. 그래서 실수 $\sqrt{2}$는 이 과정이 완료된 무엇이 아니라 이 점근 과정을 나타낸다.

시간적 직관에서 '사이(between) 직관' 즉 선형 연속체 직관이 산출되는데 바로 이것이 실직선이며, 이산적 개별자들의 총합이 아니다. 그런 총합은 구성적으로 주어지는 집합이 아니므로 직관주의 관점에선 존재하지 않는다. 각 실수는 이 실직선상에서 점점 축소하여 길이가 0으로 수렴하는 유리수 구간들 $[a_n, b_n]$의 열로 정의되는데, 이 무한 열은 꼭 규칙에 의해 제시될 필요는 없으며, (창조 주관 즉, 이상화된 수학자의) 자유 선택에 의해 구성되는 비법칙적(lawless) 열도 포함한다.(법칙적 열은 가산 개밖에 없다!) 비법칙적 열이라도 처음의 유한한 부분은 구성적으로 제시되고, 나머지 부분은 미결정 상태로 제시되어야 한다. 이것을 선택 열이라 하는데, 과연 구성적인 것으로 볼 수 있는지 구성주의 내에서도 이견이 있다. 이렇게 구성된 직관주의 수학은 내용적으로 고전수학과 매우 다른 특징들을 갖게 된다.

실무한은 없다!

칸트는 실무한이 구성될 순 없지만 논리적으로 불가능하다고 보진 않았는데, 브라우어, 크로네커, 푸앵카레 등 신직관주의자들의 대표적 신념은 수학에서 유한한 과정에 의해 구성되는 것만 존재하며, 무한히 많은 원소가 '동시에' 한자리에 존재하는 무한 집합을 받아들이지 않았다. 원주율 π처럼 원하는 소수점 이하 자리까지 유한 번의 단계에 의해 계산할 수 있는 방법이 제시되는 경우와 수학적 귀납법은 구성적인 것으로 인정되지만, 구성 방법 없이 속성만으로 집합을 정의하는 것이나 구체적 선택 규칙 없이 선택 공리에 의해 정의된 집합은 비구성적인 것으로 배격된다.

배중률(排中律) 사용 금지

현대 직관주의 수학이 전통적인 수학과 가장 이질적인 차이가 나는 지점은 고전 논리학의 법칙인 배중률의 부정이다. 인간과 독립하여 수학적 대상과 진리가 객관적으로 존재한다고 보는 수학적 실재론과 달리 직관주의에선 인간에 의해 경험 즉 증명되지 않은 참을 부정한다. 따라서 $P \vee \sim P$를 주장하기 위해선 P의 증명이 있거나 $\sim P$의 증명이 있어야 하며, 단지 배중률이라는 논리 규칙에 의해 공짜로 $P \vee \sim P$가 성립함을 말할 수 없다는 것이다. 예를 들면, 직관주의 논리에 의하면 '내일 비가 오거나 비가 오지 않는다'는 현재 시점에서 참이 아니다.

직관주의 관점에서 명제 P에 대해 배중률이 성립한다는 것은 P의 증명이 존재하거나 $\sim P$의 증명이 존재한다는 것인데, 연속체 가설은 ZFC 공리계 내에서 결정 불가능함이 증명되었으므로 $\aleph_1 = |\mathbb{R}|$의 증명과 $\aleph_1 \neq |\mathbb{R}|$의 증명이 존재할 수 없다. 그래서 직관주의에서 배중률을 받아들일 수 없음이 일견 이해가 된다. 직관주의가 배중률을 받아들일 수 없는 또 다른 이유는 무한한 과정이 수반되어야 얻어지는 결론

이기 때문이다. 다음 예를 보자.

정리 a^b가 유리수가 되는 무리수 a, b가 존재한다.

증명 만약 $(\sqrt{2})^{\sqrt{2}}$가 유리수라면, 그런 무리수 a,b로 $\sqrt{2}$를 택하면 된다. 만약 $(\sqrt{2})^{\sqrt{2}}$가 무리수라면, 그 수를 a라 놓으면 $a^{\sqrt{2}} = (\sqrt{2})^{\sqrt{2}\sqrt{2}} = 2$가 되므로, 무리수 $b = \sqrt{2}$에 대해 a^b가 유리수가 된다. (Q.E.D)

위 정리의 증명은 임의의 실수가 유리수이거나 무리수라는 배중률을 이용했는데, 알지 못하는 실수 x가 구간들 $[a_n, b_n]$의 열로 주어지기에 일반적으로 유한한 과정 안에 x가 유리수가 될지 무리수가 될지 판단할 수 없다.[89)]

다른 예로 자연수 $n > 1$에 대해 아래에 정의된 명제 $P(2n)$에 대해선 배중률이 성립한다.

$$P(2n) : 2n\text{은 두 소수의 합으로 표현된다.}$$

아무 $2n$이 주어지면 두 자연수의 합으로 표현되는 경우가 유한하므로 다 체크해 보는 알고리즘이 있기 때문이다. 하지만, 다음의 명제 G는 골드바흐 추측으로 아직 증명 또는 반증되지 않았기에, 참이거나 거짓 둘 중 하나라고 지금은 말할 수 없다.

$$G : \forall\, n > 1,\ P(2n)\text{이 성립한다.}$$

각각의 $P(2n)$이 참인지 거짓인지 체크하는 알고리즘은 있고, '100억 이하의 n에 대해 $P(2n)$이 성립한다'는 명제도 그 성립 여부를 체크하는

89) 위 정리는 다행히 구성적 증명도 존재한다. $a = \sqrt{2}$, $b = 2\log_2 3$으로 택하면 된다.

알고리즘이 있기에 배중률이 적용 가능하지만, 모든 n에 대해 $P(2n)$이 성립하는지 즉 G의 진위 여부를 체크하는 알고리즘은 아직 존재하지 않고, 따라서 배중률을 적용할 수 없다.

인간은 오직 유한한 것들만 경험할 수 있으며, 유한한 경험들로부터 유추된 배중률을 무한한 상황에까지 확대 적용해선 안 된다는 것이다. 헤르만 바일[90]은 "배중률은 무한한 자연수를 한 눈에 내려다볼 수 있는 신에게는 타당하게 여겨질지 몰라도 우리 인간의 논리로는 그렇게 보이지 않는다."고 말했다.

만약 '임의의 실수 x에 대해 $(x=0)\vee(x\neq 0)$'의 구성적 증명이 존재한다면, 많은 수학 난제들이 구성적 과정에 의해 해결될 수 있게 된다. 1보다 큰 자연수 n에 대해 $k(n)$을 다음과 같이 정의하자. 만약 1보다 크고 n이하의 어떤 자연수 m에 대해 $\sim P(2m)$이 성립한다면, 그런 m들 중 가장 작은 것을 $k(n)$으로 정의하고, 그런 m이 없다면 $k(n)$을 n으로 정의한다. 이때, 수열

$$x_n = \begin{cases} 2^{-1} & \text{if } n=1 \\ 2^{-k(n)} & \text{if } n>1 \end{cases}$$

은 구성적으로 잘 정의된다. 실제로 이 수열은

$$\frac{1}{2^1}, \frac{1}{2^2}, \frac{1}{2^3}, \frac{1}{2^4}, \cdots$$

처럼 진행되는 코시 수열이다. 이것의 극한값을 α라 하면,

$$\alpha = 0 \Leftrightarrow G$$

90) 형식주의의 대부 힐버트의 제자였지만 직관주의를 따라갔다가 환멸을 느끼고 나중에 다시 돌아온다.

가 성립한다. 만약 $(\alpha=0)\vee(\alpha\neq 0)$에 대한 구성적 증명이 존재한다면, 골드바흐 추측 G의 진위 여부를 가리는 구성적 과정이 있음을 의미하게 된다.

배중률이 허용되지 않으므로 귀류법에 의한 증명도 할 수 없다. 직관주의에서 명제의 참·거짓은 증명 가능성 여부를 뜻하므로, $\sim P$는 'P가 거짓이다'라기 보다는 'P가 모순을 유도한다'로 해석된다. 따라서 P를 가정해 모순이 유도되면, $\sim P$를 얻는 것은 직관주의 논리에 부합한다. 반면에 어떤 명제 Q를 증명하기 위해 $\sim Q$를 가정해 모순이 얻어진다고 해서 Q가 참이라고 주장할 수 있는 것이 아니라 단지 $\sim(\sim Q)$를 얻게 된다. 고전 논리에서 $\sim(\sim Q)$는 Q와 동등하지만, 직관주의 논리에선 'Q의 증명이 불가능함을 보이는 것은 불가능하다'를 의미할 뿐이다. 따라서 어떤 대상이 존재함을 보이기 위해서는 직접 구성 가능성을 보여야 하며, 단지 비존재를 가정하여 모순이 유도됨을 보이는 것으론 불충분하다.

선택 공리도 거부

선택 공리가 비구성적 존재를 주장하기도 하지만, 배중률을 함의하므로 거부된다.

정리(Diaconescu) 선택 공리를 가정하면, 임의의 명제 P에 대해 $P\vee\sim P$가 성립한다.[27]

증명 다음 두 집합을 정의하자.

$$X=\{1\}\cup\{x\in\{2\}\mid P\text{가 성립}\},\quad Y=\{2\}\cup\{y\in\{1\}\mid P\text{가 성립}\}$$

선택 공리에 의해 $f(X)\in X$, $f(Y)\in Y$를 만족하는 선택 함수 $f:\{X,Y\}\rightarrow\{1,2\}$가 존재한다. 두 자연수가 같은지 다른지 유한한 단계 내에 검증할 수 있으므로[91] 배중률이 적용 가능하여 $f(X) \neq f(Y)$ 또는 $f(X) = f(Y)$가 성립한다. $f(X) \neq f(Y)$인 경우, 만약 P가 참이라면, $X = Y$가 되어 모순되므로 $\sim P$를 얻고, $f(X) = f(Y)$인 경우, $2 \in X$이거나 $1 \in Y$이어야 하므로, P가 참이어야 한다. (Q.E.D)

직관주의 수학의 유용성

브라우어의 제자 헤이팅(Arend Heyting)에 의해 직관주의는 직관 논리로 형식화되었다. 직관 논리에서 참인 모든 명제는 고전 논리로 참이지만, 그 역은 일반적으로 성립하지 않는다. 직관주의에 기반한 수학은 마르코프(Andrey Markov), 비숍(Errett Bishop), 마틴-뢰프(Per Martin-Löf) 등에 의해 다양한 구성주의 수학(Constructive Mathematics)으로 계승되었다. 구성주의 수학은 현대 수학의 주류는 아니지만, 해를 찾아가는 구성적 과정을 알고리즘으로 구현할 수 있기에 컴퓨터를 이용한 수치적 문제 해결에 이용될 수 있다.

직관주의 수학은 그 이질적 내용에도 불구하고 다양한 분야에 응용 가능한데, 특히 물리학에서 여러 접점을 찾을 수 있다. 유한한 인간은 유한한 경험과 관찰만을 할 수 있으므로, 그런 결과를 기술하기 위해서는 실수의 선험적 존재성을 가정하는 고전 수학보다는 계산 가능한[92] 수를 다루는 구성적 수학이 더 적합할 수 있다. 또 관찰자인 인간도 관찰 대상인 우주의 일부이므로, 고전적인 논리로 우주를 정확히 기술할 수 없고 직관 논리가 필요할지도 모르며, 물리학에 내재하는 비결정성을 기술하기에는 고전 수학보다는 직관주의 수학이 더 나은 언어를 제공할

91) 두 자연수 $n = S \cdots S(0)$, $m = S \cdots S(0)$에서 1씩 계속 빼면 언젠가는 다 0이 된다. 만약 동시에 0이 되면, 두 자연수가 같은 것이고, 동시에 0이 안되면 다른 수이다.

92) 임의의 $\epsilon > 0$이 주어지면 오차 ϵ 이하로 근사하는 유리수를 구하는 알고리즘이 있는 수를 말한다. 10.7절 참조

수 있다. 비결정성이 가장 극명하게 드러나는 양자 역학에서 직관 논리와의 밀접한 유사성이 있다. 입자가 관측되기 전에는 특정한 한 상태로 존재하지 않고 여러 상태의 중첩으로 존재한다는 양자 역학의 기본 가정은 명제 p가 증명 또는 반증이 주어지기 전에는 $p \vee \sim p$가 성립하는 것이 아니라 진리값이 미결정인 것으로 간주하는 직관 논리와 매우 닮아 있다.

8.5 직관주의에 대한 비판들

직관주의 수학의 모토가 많은 사람들에게 공감을 불러일으키지만, 그로부터 나오는 수학 내용은 또 많은 사람들에게 이질감과 거부감을 불러오리라 예상할 수 있다. 직관주의에 제기되는 비판을 고려해 보자.

우선 언어는 의사소통의 수단만이 아니라 사고를 진행하는 도구인데, 과연 존재와 분리될 수 있을까? 분석 철학자인 비트겐슈타인에 의하면 생각도 일종의 언어이며, 내 언어의 한계가 내 세계의 한계이다. 마지막 장에서 살펴보게 되겠지만 ChatGPT처럼 인간의 언어 데이터만 기계적으로 학습한 인공지능이 인간과 유사한 지능을 보여주고 있다는 사실은 언어가 단지 사유의 수단이 아니라 사유와 분리될 수 없는 실체가 아닌가 하는 생각이 들게끔 한다. 수학도 언어 즉 기호와 논리 없이 존재할 수 있을까? 철학자 하이데거는 언어를 존재의 집이라 했고, 상징주의 시인 슈테판 게오르게(Stefan George)도 "말이 부서진 곳에서는 어떤 사물도 존재하지 않으리라."고 말했다.

명확한 언어 표현과 논리적 증명 없이 직관이 얻어낸 확신이 과연 확실한 것인지 어떻게 알 수 있는가? 수학의 확실성의 근거를 불완전한 인간 마음에서 찾았다는 비판을 면키 어렵다. 브라우어도 인정하였듯이, '동일하다'나 '삼각형' 같은 단어의 의미는 크게 혼동할 여지가 없더라도 그런 단어마저 두 사람이 완전히 같은 방식으로 생각하는 것은 아니다. 수학이 개인의 주관적 사고의 산물로 전락된다는 점에서 수학의 객관성을 부인하지 않는 다른 구성주의 수학관과 구별된다. 이러한 공통주관성(intersubjectivity)의 문제를 해결하기 위해 브라우어는 이상화된 유일한 정신인 창조 주관(The Creating Subject)을 도입했는데 이렇게 추상화된 직관이 실제로 존재하는지 또 순전히 직관이라고 할 수 있는지 의문이다.

배중률 및 귀류법을 사용하지 못하게 되어 기존 수학의 상당한 부분이 포기된다. 가령 중간값 정리,[93] 최대 최소 정리,[94] $\mathbb{R}$에서 위로 유계인 부분집합은 최소 상한을 가진다는 정리, Bolzano-Weierstrass 정리,[95] 브라우어 고정점 정리[96] 등 많은 존재 정리를 잃게 되었다. 귀류법을 쓰지 않고 구성적인 증명에 의해 기존 수학을 재건하고자 했지만, 그 증명이 아름답지 못할 뿐 아니라 매우 힘들고, 또는 아예 불가능하여 근사적 존재 정리로 만족해야 했고, 결정 불가능한 명제가 존재할 수도 있다. 가령 n차 복소 계수 방정식은 (중복 포함) n개의 복소수 근을 가진다는 대수학의 기본 정리는 반 페이지만으로 증명 가능하지만, 직관주의의 구성적 증명은 무려 10페이지나 된다. 중간값 정리는 성립하지 않고(부록 참조), 다음으로 약화된다. 연속 함수 $f:[a,b]\to\mathbb{R}$가

93) $f:[a,b]\to\mathbb{R}$가 연속, $f(a)<0, f(b)>0$이면 $f(c)=0$인 $c\in(a,b)$가 존재한다는 정리

94) 임의의 연속 함수 $f:[a,b]\to\mathbb{R}$는 최댓값과 최솟값을 가진다는 정리

95) $\mathbb{R}^n$에서 유계인 무한 집합은 극한점을 갖는다는 정리

96) 브라우어 자신이 발견한 유명한 정리이다. D가 닫힌 원판과 위상 동형일 때, $\Phi:D\to D$가 연속 함수라면, $\Phi(p)=p$인 점 $p\in D$가 적어도 하나 존재한다는 정리

$f(a) < 0$, $f(b) > 0$이면, 임의의 자연수 n에 대해 $|f(x)| < \frac{1}{n}$을 만족하는 $x \in [a,b]$가 존재한다.

또 배중률의 부정으로 인해 수학적 명제의 진리 여부가 인간과 독립하여 존재하는 것이 아니라 인간 역사의 진행에 따라 결정된다. 가령, 골드바흐 추측 G에 대해 현재로선 $G \vee \sim G$가 참이 아니지만, 만약 어느 날 추측이 참 또는 거짓으로 증명된다면 그때부터 $G \vee \sim G$가 참이 된다.

수학에서 실무한 등을 제거함으로써 기존의 역설들로부터 자유롭게 되었지만, 직관주의로부터 비직관적이고 역설적인 명제들이 얻어진다. 가령 직관주의의 관점에 부합하게 정의된 모든 함수 $f : \mathbb{R} \to \mathbb{R}$는 다 연속이다. 다음 H는 직관주의 관점에서 잘 정의된 함수가 아니다.

$$H(x) = \begin{cases} 1 & \text{if } x \geq 0 \\ 0 & \text{if } x < 0 \end{cases}$$

실수 x가 구간들 $[a_n, b_n]$의 열로 정의되기에 모든 n에 대해 $a_n \neq b_n$이라면 유한한 과정 안에 x가 0 이상이 될지 0 미만이 될지 판단할 수 없으며, 그래서 유한한 과정 안에 근사적으로라도 $f(x)$ 값을 결정할 수가 없기 때문이다. 위의 함수 H는 Heviside 함수로 수학뿐 아니라 과학, 공학, 인공지능에서 필수적으로 사용된다. 하지만 브라우어는 과학의 필요에 맞추어 수학을 재단할 수 없다고 생각했다.

구성의 개념도 명확하지 않다. 가령 다음 수 A는 구성적으로 정의되었는가? 원주율 π의 소수점 아래 전개에서 1234567890이 나온다면 p를 그 첫 번째 자릿수라 하고 A를 $1+(-0.1)^p$로 정의하고, 그런 숫자열이 나오지 않는 경우에는 A를 1로 정의하면, p의 정의가 비구성적임에도 불구하고 원하는 정도로 A의 근사값을 구할 수 있다.

마지막으로 직관주의와 이를 계승한 구성주의 내부에서 모든 의견이 일치되지 않았다. 다수가 실수를 인정했지만, 그 개념이 조금씩 달랐으며, 정수나 유리수, 계산 가능한 수만 인정하는 사람도 있었다. 계산 가능에 대한 관점도 사람마다 달랐다.

8.6 직관을 중시한 학자들

직관주의 수학 철학을 받아들이지 않더라도 직관은 수학에 꼭 필요하다. 수학을 탐구하는 두 가지 주요 도구는 논리와 직관이다. 논리가 그 탐험의 길을 직접 걸어가는 발이라면, 직관은 목표를 꿈꾸게 하고 나아갈 방향을 찾아주는 눈에 비유할 수 있을 것이다. 뛰어난 과학자들에 의하면, 고민하던 문제의 해결책이 (종종 다른 일을 하는 도중에) 갑자기 직관적으로 떠오르게 되는데, 너무나 필연적이고 자연스럽게 보이기 때문에 논리적 증명이 없어도 그것이 옳다는 강한 확신을 갖게 된다고 한다. 어떤 조사에 의하면 노벨 과학상 수상자의 86.7%가 자신은 직관을 통해 성공을 거둘 수 있었다고 확신했다.

많은 수학자와 과학자들이 마음에서 사고할 때 관념적인 언어, 대수적 또는 정확한 기호를 사용하지 않고, 대체로 시각적, 운동적인 심상을 이용한다고 하는데, 어떤 수학자들은 직관력을 시적 상상력에 비유하곤 한다. 해석학을 논리적으로 엄밀하게 확립한 바이어슈트라스는 "어떤 의미에서 시인이 아닌 수학자는 결코 온전한 수학자가 되지 못할 것이다."라고 말했으며, 필즈상을 수상한 허준이 교수도 한때 시인이 되고자 고교를 자퇴했었는데, 수학은 외부(자연)의 입력에 의존하는 과학보다는 인간 내부에서 창조되는 예술에 더 가까운 것 같다며, 무엇을 표현하고자 할지 아직 모르지만 표현하고 싶은 무언가가 있다는 것을 인지하는 그 상태가 예술의 그것과 수학의 그것이 굉장히 닮아 있다고 말했다.

수학 역사상 가장 놀라운 인물은 아마 인도의 라마누잔(Srinivasa Ramanujan, 1887~1920)일 것이다. 그는 정식적인 대학 수학 교육 없이 독학으로 수천 개의 놀라운 공식들을 단지 직관에 의해 얻었는데, 아무 증명이 없다. 가령 그가 얻은 다음 공식을 한 번 보라!

$$\frac{1}{\pi}=\frac{\sqrt{8}}{99^2}\sum_{k=0}^{\infty}\frac{(4k)!}{(4^k k!)^4}\frac{1103+26390k}{99^{4k}}$$

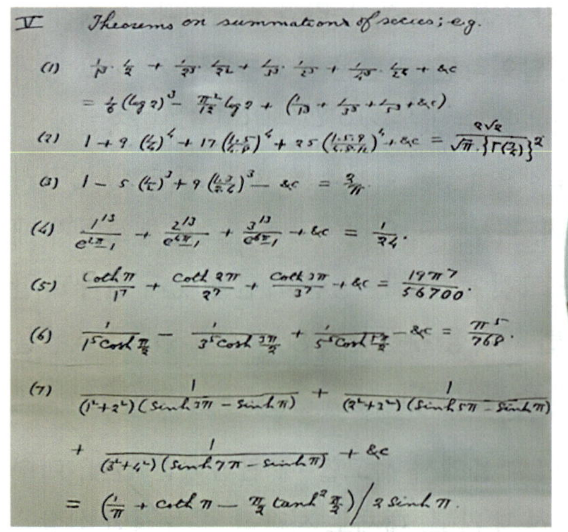

IV Theorems on summations of series; e.g.

(1) $\frac{1}{1^3}\cdot\frac{1}{2}+\frac{1}{2^3}\cdot\frac{1}{2^2}+\frac{1}{3^3}\cdot\frac{1}{2^3}+\frac{1}{4^3}\cdot\frac{1}{2^4}+\&c$
$=\frac{1}{6}(\log 2)^3-\frac{\pi^2}{12}\log 2+\left(\frac{1}{1^3}+\frac{1}{3^3}+\frac{1}{5^3}+\&c\right)$

(2) $1+9\left(\frac{1}{4}\right)^4+17\left(\frac{1\cdot5}{4\cdot8}\right)^4+25\left(\frac{1\cdot5\cdot9}{4\cdot8\cdot12}\right)^4+\&c=\frac{2\sqrt{2}}{\sqrt{\pi}\cdot\{\Gamma(\frac{3}{4})\}^2}$

(3) $1-5\left(\frac{1}{2}\right)^3+9\left(\frac{1\cdot3}{2\cdot4}\right)^3-\&c=\frac{2}{\pi}$

(4) $\frac{1^{13}}{e^{2\pi}-1}+\frac{2^{13}}{e^{4\pi}-1}+\frac{3^{13}}{e^{6\pi}-1}+\&c=\frac{1}{24}$.

(5) $\frac{\coth\pi}{1^7}+\frac{\coth 2\pi}{2^7}+\frac{\coth 3\pi}{3^7}+\&c=\frac{19\pi^7}{56700}$.

(6) $\frac{1}{1^5\cosh\frac{\pi}{2}}-\frac{1}{3^5\cosh\frac{3\pi}{2}}+\frac{1}{5^5\cosh\frac{5\pi}{2}}-\&c=\frac{\pi^5}{768}$.

(7) $\frac{1}{(1^2+2^2)(\sinh 3\pi-\sinh\pi)}+\frac{1}{(2^2+3^2)(\sinh 5\pi-\sinh\pi)}$
$+\frac{1}{(3^2+4^2)(\sinh 7\pi-\sinh\pi)}+\&c$
$=\left(\frac{1}{\pi}+\coth\pi-\frac{\pi}{4}\tanh^2\frac{\pi}{4}\right)/2\sinh\pi$.

[좌 : 라마누잔의 노트 우 : 라마누잔]

후대의 수학자들이 그의 노트에 실린 공식을 다 증명하는데 근 1세기가 걸렸는데, 몇 개의 오류를 제외하면 다 맞는 공식임이 밝혀지고 있다. 인도 베다 수학의 신기한 계산법을 익혀 더 발전시킨 것일까? 아니면 그가 가진 수학 책이 아무 증명 없이 단지 수학 공식과 정리 결과만을 적어 놓은 공식집이어서 그 책으로 혼자 공부하다 보니 직관력이 길러지게 되었을까? 아전인수식의 상상을 해 보자면, 수많은 공식들을 계속 읽으면서 우리가 알지 못하는 어떤 패턴이 공식들의 모임에 있음을 보게 되고 그 패턴만을 이용하여 새로운 공식들을 증명 없이 생성해 낼 수 있지는 않았을까? 마치 생성형 인공지능인 ChatGPT가 수많은 학습 문서들의 내용을 이해하지 못해도 단지 데이터의 패턴만 찾아내고 그 패턴으로부터 새로운 문서를 매우 논리적으로 생성해 내는 것처럼 말이다. 영국의 수학자 하디(Godfrey Hardy)는 무명이었던 그를 케임브리지 대학으로 초청해 함께 연구하였는데, 증명을 불필요하게 여기는 그와 불화를 겪기도 했다.

아인슈타인만큼 직관을 중시한 과학자도 없을 것이다. 그의 견해에 의하면, 자연의 법칙에 이르게 하는 논리적인 길은 없고, 오로지 직관에 의해서만 거기에 다다를 수 있으며, 우리의 사고 과정의 대부분은 부호, 언어를 사용하지 않고 진행되며 또한 어느 정도까지는 무의식적으로 진행된다고 하는 사실에 조금도 의심의 여지가 없으며, 또 직관은 이전의 지적 경험의 결과이다.

아인슈타인이 말한 대로 직관적 사고력을 키우기 위해선 다양한 많은 지적 경험을 쌓는 것이 중요하지만, 이전의 경험에서 형성된 직관만 너무 신뢰하면, 새로운 개념을 받아들이는 데 장애가 되는 선입견이 될 수도 있음을 주의해야 한다. 아인슈타인은 양자 역학을 수립하는 데 누구보다 큰 공을 세웠지만(그것으로 노벨상을 받음), 실재가 모호해지고 확률적 정보만 존재한다는 양자 역학을 결코 받아들이지 못했다. 우리가 갖고 있는 직관이 주로 거시 세계에서의 경험에서 형성된 것이기에, 초미시 세계를 기술하는 양자 역학이 비직관적으로 보이는 것이 당연하지 않을까? 양자 역학의 대부 닐스 보어는 "양자 역학을 처음 접하고 충격을 받지 않았다면 양자 역학을 이해하지 못한 것이다."라고 말했고, 파인만은 "양자 역학을 이해한 사람은 아무도 없다."고 단언했다.

8.7 직관적 사고의 특성

수학은 결국 논리적으로 증명을 해야 하지만, 직관은 수많은 논리적 단계를 뛰어넘어 본질을 바로 통찰할 수 있게 해준다. 단편적으로 말할 순 없겠지만 대체로 직관적 사고는 분석적 사고와 대조되는 개념으로 전체적, 통합적, 비언어적 사고이며, 시각적 상상, 물리적 모형, 구체적 예를 통한 사고이다. 감각 정보의 대부분을 차지하는 시각은 수동적으로 정보를 수집하는 경로가 아니라 요소 간의 관계와 구조를 파악하고 능동적으로 세상을 구성하는 것으로 잘 알려져 있다.[97] 시각적 사고는 언어를 매개로 한 간접적인 논리적 사고와 달리 시공간에 직접 형태, 관계, 전체 구조, 패턴, 동적 변화 등을 상상케 해주는 강력한 인지 수단으로 일상생활뿐 아니라 수학과 과학의 탐구에 필수적이다. 물리적 모형은 시공간에서 일어나는 어떤 자연 현상이 추상적 수학에 대한 구체적 모델을 주는 것으로, 다소 과감하게 말하자면 모든 수학 이론에 대해 구조적으로 상응하는 물리적 모형이 하나 이상 있다고 봐도 무방하다. 물리적 모형은 추상적 수학의 본질을 다 구현하면서도 직관적이고 쉬운 이해를 준다. 예를 들어 함수의 미분을 그 함수의 그래프의 접선의 기울기로 시각화하거나 운동하는 물체의 속도 벡터라는 물리적 모형으로 구체화하면 직관적으로 이해하기 쉽다.

97) 눈 특히 망막과 시신경은 발생학적으로나 기능적으로 뇌의 일부로 간주된다.

또 직관적 사고는 많이 축적된 경험에서 우러나오는, 논리적으로 설명할 수 없는 영감과 같은 것이다. 미국에서의 한 조사에 의하면[28] 회사의 관리자들이 의사 결정을 할 때 그들 중 89%가 직관을 사용하며, 59%는 직관을 자주 사용한다고 응답하였다. 한 가지 사례를 들자면, 2012년 SK그룹의 하이닉스 반도체 인수 당시에 그룹 내부에서는 '논리적 판단'에 의해 적자 상태인 기업을 인수하는 것에 반대하는 목소리가 높았지만, 최태원 회장은 자신의 '동물적 감각'을 믿어달라며 인수를 강행했고, 지금은 세계 최고의 메모리 반도체 기업이 되어 있다. 다른 대기업과 달리 SK그룹은 M&A에 의해 크게 성장한 기업으로 많은 M&A를 성공시켜 오고 있다. 최태원 회장은 다수의 M&A 성공 사례를 통해 축적된 경험으로부터 논리적으로 설명할 수 없는 동물적 감각 즉 직관을 갖고 있는 것으로 보인다.

10장에서 자세히 다룰 딥러닝 기반 인공지능도 수많은 데이터로부터 어떤 패턴을 얻고 그로부터 결론을 도출하지만, 그 패턴이 무엇인지 인간의 수식과 언어로 기술할 수 없고 왜 그런 결론이 나오는지도 논리적으로 설명할 수가 없으므로, 인간의 직관적 사고와 표면적으로는 닮아 있다. 강인공지능의 관점에서 보면 인간의 사고도 알고리즘에 의한 계산 과정이지만, 인간의 뇌와 인공지능의 작동 원리에 유사점과 차이점이 공존하므로, 보다 심층적인 연구가 필요하다. 아래의 예들을 통해 직관적 사고의 특성을 살펴보자.

아인슈타인이 어릴 때 발견한 피타고라스 정리 증명

평면 기하학의 모든 정리는 유클리드 기하학의 공리로부터 논리적으로 연역되는 것이지만, 그림으로 시각화하면 직관적으로 이해하기 쉽다는 사실을 우리는 경험적으로 잘 알고 있다.

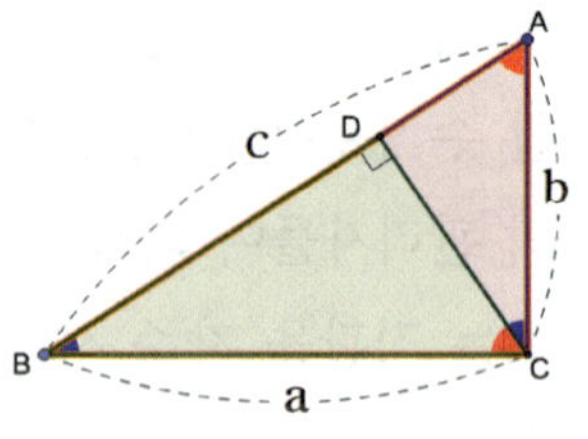

피타고라스 정리를 증명하기 위해 그림을 그려보면 꼭지점 C에서 빗변에 수선을 내려 생기는 기하적 구조를 이용하자는 아이디어가 떠오른다. 즉 세 직각삼각형 $\triangle CBD, \triangle ACD, \triangle ABC$는 닮은꼴로, 닮음비가 $a:b:c$이다. '$\triangle CBD$ 넓이+$\triangle ACD$ 넓이=$\triangle ABC$ 넓이'이므로, $a^2+b^2=c^2$을 얻는다.

공간적 대칭성을 이용한 덧셈

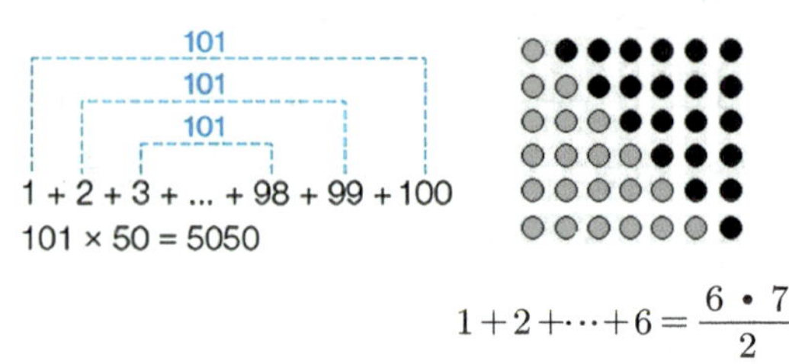

$1+2+\cdots+6=\frac{6 \cdot 7}{2}$

덧셈은 시간 직관으로부터 유래하는 산술이지만, 대칭 구조를 가지는 경우, 공간에 펼쳐 놓아 시각화해 보면 그 구조가 기하적으로 잘 나타나서 그것을 이용해 쉽게 계산할 수 있다.

인도의 베다 수학의 곱셈법

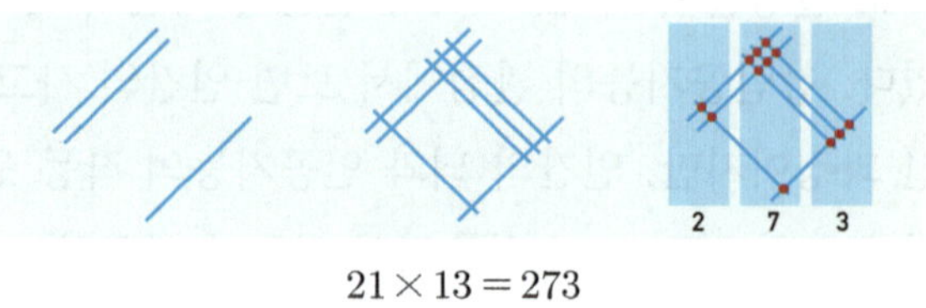

$21 \times 13 = 273$

인도인들은 복잡한 계산을 빠르게 하는 신기한 방법들을 많이 개발해 사용해 왔다. 평범한 곱셈도 공간에 잘 펼쳐 시각화하면 기하적 구조를 활용할 수 있다.

곡선에 대한 위상적·기하적 정리

평면 $\mathbb{R}^2$의 단순 폐곡선의 여집합은 두 개의 연결 영역으로 이뤄진다는 조르당(Camille Jordan) 곡선 정리는 직관적으로 매우 당연해 보인다.

이것을 함수적으로 표현하면, '연속 함수 $\alpha : [0,1] \to \mathbb{R}^2$가 $\alpha(0) = \alpha(1)$을 만족하고, $[0,1)$에서 단사일 때, α의 치역의 여집합이 두 개의 연결 영역으로 이뤄진다'가 되는데, 논리적으로 증명하기는 매우 어렵다.

[A 점과 B 점을 잇기 위해서는 반드시 경계선을 뚫고 지나가야 한다.]

이 정리의 엄밀한 증명은 대수적 위상 수학의 호몰로지(homology)라는 도구를 이용하면 되는데, 호몰로지라는 새로운 위상적 개념을 창안하는 것이 얼마나 중요한지 실감하게 된다. 형식주의에 입각한 형식적 증명은 수천 개의 문장을 요한다.

한편 Koch 눈송이 곡선의 길이는 무한대인데, 일상적 직관보다는 산술과 무한에 대한 논리에 의해 얻어짐을 주의하자. 이런 사례들을 경험함으로써 직관의 범위와 깊이를 확대시켜 나가야 함을 알 수 있다.

파인만 도식

입자들의 상호작용을 그림으로 나타냄으로써 엄청나게 복잡한 계산을 직관적이고 체계적으로 처리할 수 있다.

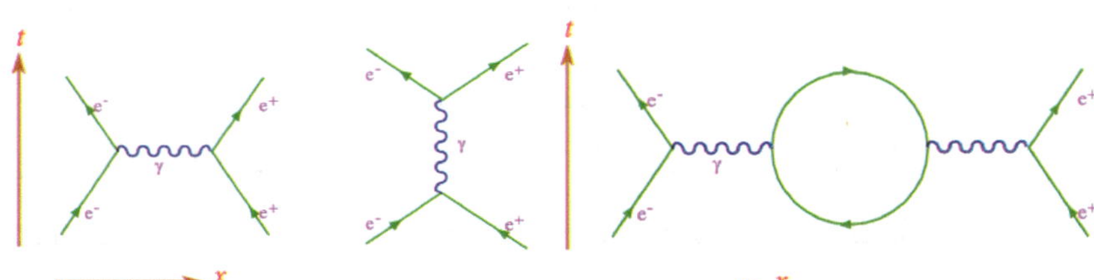

조화 함수의 존재성

'$\mathbb{R}^2$의 임의의 영역 D의 매끄러운 경계 ∂D에 정의된 연속 함수 $f:\partial D\to\mathbb{R}$가 주어져 있을 때, f를 조화 함수 $F: D\to\mathbb{R}$로 확장 가능한가?'라는 디리클레(Dirichlet) 문제에 대해 리만은 다음과 같이 물리적 직관을 활용해 그 답을 쉽게 알 수 있었다.

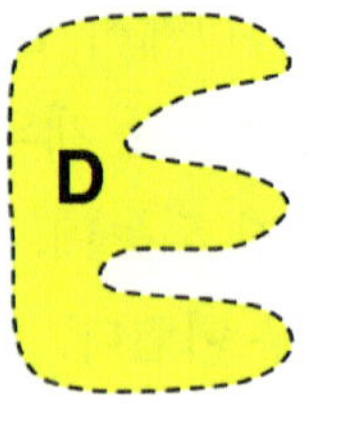

f를 ∂D에서의 온도 분포를 나타내는 함수로 생각하고, ∂D에서 이 온도 분포가 항상 그대로 유지되도록 설정되어있다고 가정하자. 시간이 지남에 따라 경계에서의 온도가 D의 내부로 퍼지면서 충분한 시간이 지나면 결국 평행 상태에 도달할 것이다. 시간 $t\in[0,\infty)$에서 $(x,y)\in D$의 온도를 나타내는 함수를 $F(t,x,y)$라 하고, D의 내부에서 초기 조건 $F(0,x,y)$가 아무렇게 주어진다면, $F(t,x,y)$는 다음의 열 방정식을 만족한다.

$$\frac{\partial F}{\partial t}=\frac{\partial^2 F}{\partial x^2}+\frac{\partial^2 F}{\partial y^2}$$

$\lim_{t\to\infty}\frac{\partial F}{\partial t}=0$이므로, $\overline{F}(x,y):=\lim_{t\to\infty}F(t,x,y)$는 조화 함수, 즉 $\frac{\partial^2\overline{F}}{\partial x^2}+\frac{\partial^2\overline{F}}{\partial y^2}=0$을 만족하고, $F|_{[0,\infty)\times\partial D}=f$를 만족하므로, F의 극한 $\overline{F}$ 역시 $\overline{F}|_{\partial D}=f$를 만족한다. 일반적으로 2보다 더 높은 차원에서도 성립한다.

아인슈타인의 사고 실험(Gedankenexperiment)

특허청 직원으로서 전기 신호 기계를 많이 다루던 그는 다음과 같은 간단한 사고 실험을 통해 동시성은 관측자에 의존하는 상대적 개념임을 발견하고, 특수 상대성 이론을 정립하였다. 빛이 모든 등속 운동 관측자에게 항상 같은 속력으로 관측된다는 가정하에 아래 왼쪽 그림에서 등속으로 운행하는 열차 안의 관측자에겐 열차 중앙에서 출발한 두 빛이 동시에 열차 벽에 도달하는 것으로 보이지만, 오른쪽 그림에서처럼 열차 밖의 관측자에게는 열차의 뒤쪽 벽에 빛이 먼저 도달하는 것으로 보이게 된다.

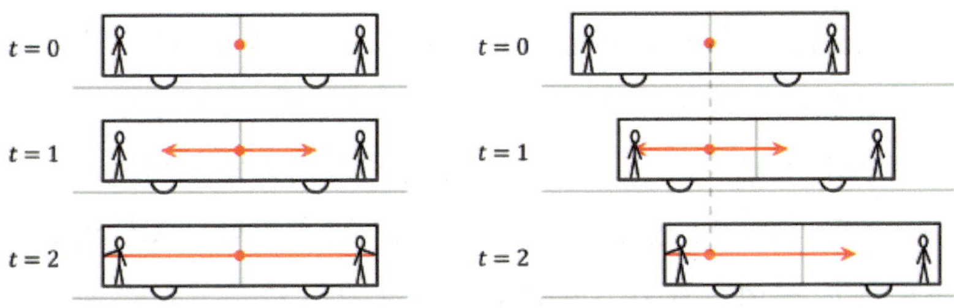

또한 중력이 빛을 끌어당긴다는 사실도 간단한 사고 실험에 의해 발견하였다. 우주의 무중력 공간을 가속도가 $g=9.8\,m/s^2$로 날아가는 로켓 안에서 느끼는 효과는 지구에서 중력에 의해 느끼는 효과와 같을 것이므로, 가속하는 로켓에서 빛의 경로가 휘어지듯이 지구상에서도 휘어진다.

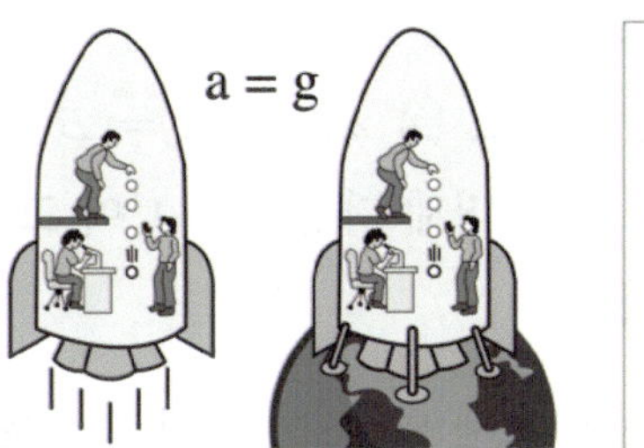

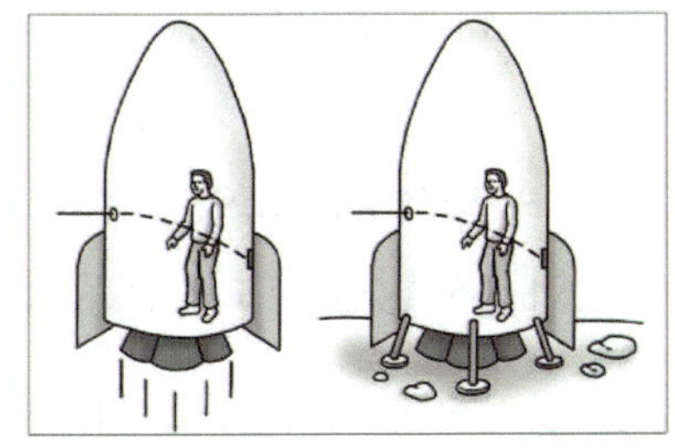

8.8 형식주의(Formalism)

힐버트는 직관주의에 의해 수학이 파괴되는 현실을 좌시할 수 없었다. 수학에서 배중률을 제외하는 것은 마치 천문학자에게 망원경 사용을 금하고 권투 선수에게 주먹을 사용하지 못하게 하는 것과 같다고 말했다.

"칸토르가 우리들을 위하여 만든 낙원에서 아무도 우리를 쫓아낼 수 없다."며 항변한 그는 그 낙원을 지켜 내고자 기존의 수학 전체를 형식 체계로 간주하여 그 체계의 완전성(모든 형식문에 대해 형식 체계 내에서 증명 또는 반증 가능함)과 무모순성을 증명하려는 힐버트 프로그램을 시도했다. 즉 수학 명제들을 의미가 제거된 형식적 기호들의 조합으로 표현하고, 주어진 수학 공리들로부터 몇 가지 추론 규칙에 의해 기호들을 조작해 참인 명제들을 다 유도해 낼 수 있고, 그 형식 체계가 무모순적임을 보이는 것이다.

형식 체계가 무모순적이라 함은 그 체계 내의 어떤 형식 문장 P에 대해서도 P와 $\sim P$가 다 공리로부터 유도되는 것은 아님을 말하는데, 이것이 꼭 필요한 이유는 만약 하나의 모순 $(A \text{ and } \sim A)$만 존재해도 임의의 명제 B가 함의되기 때문이다. 증명은 아주 간단하다. 배중률에 의해 $(\sim A \text{ or } A)$는 참이므로, $\sim B \Rightarrow (\sim A \text{ or } A)$는 참이다. 이것의 대우 명제 $\sim(\sim A \text{ or } A) \Rightarrow B$ 역시 참이므로, $(A \text{ and } \sim A) \Rightarrow B$를 얻는다. 따라서 무모순성을 보이기 위해 아무 명제 가령 '$0=1$'이 그 체계 내에서 얻어지지 않음을 보이면 된다.

수학을 완전히 형식화함으로써, 형식 체계의 무모순성과 형식문들의 증명 가능함 같은 메타[98] 수학적 진술들도 그 형식 체계의 언어로 표현할 수 있게 된다. 즉 그것도 수학적 명제이다. 이런 메타 수학적 명제들을 증명하기 위해 힐버트는 어떤 반대도 있을 수 없을 정도로 자명한 논리만 사용하고자 했으며 결국 직관주의에서 허용하는 원리와 흡사했다. 실무한, 귀류법, 선택 공리, 초한 귀납법,[99] 자기 참조적 정의를 사용하지 않고 유한적이고 구성적인 방법으로만 증명하고자 했다. 그러므로 힐버트에게도 수학의 확실성의 원천은 직관주의자와 마찬가지로 직관에 있는 셈이다. 직관주의자와의 핵심적 차이점은 지각적으로 구성 가능한 수학에 칸토르의 초한 산술을 덧붙여도 수학의 논리적 일관성을 보일 수 있다면 고전 수학의 외연을 그대로 유지할 수 있다는 주장에 있다. 그러기 위해 칸토르의 실무한을 포함한 수학 전체를 단지 기호들의 형식 체계로 보는 것이다.

힐버트 프로그램의 성공 여부와 상관없이 형식주의는 현대 수학과 컴퓨터 과학에 지대한 영향을 미쳤다. 수학을 단지 기호들의 체계로 보는 형식주의의 근본 모토는 부르바키 학파 등 현대 수학계에서 여전히 지지를 받고 있으며, 지금도 많은 수학자들이 기대는 전가(傳家)의 보도(寶刀)라 할 수 있다. 데이비스(Philip Davis)와 허쉬(Reuben Hersh)는 이를 "수학자들은 주중에는 플라톤주의자이고, 주말에는 형식주의자이다."라는 촌철살인의 경구로 잘 표현했다.[29] 수학을 기호 조작으로 간주하여 분석하는 형식주의의 방법론은 수학의 증명 이론(proof theory)뿐 아니라 컴퓨터 과학의 계산 가능성 이론, 프로그래밍 언어 이론, 자동 증명, 형식 검증 등을 구현하는 데에 핵심 기초를 이루고 있다.

98) 메타수학(metamathematics)이란 수학적 방법으로 수학이라는 학문 자체를 대상으로 연구하는 것을 말한다. 즉 증명, 공리, 형식 체계, 일관성, 완전성 등을 수학적 도구를 써서 연구하는 분야이다.

99) 자연수에 대한 수학적 귀납법을 임의의 서수 즉 정렬 집합으로 확장한 것이다.

모든 과학 중에서 오직 수학만이 수학 자신의 언어로 수학의 본질 즉 메타수학을 질문했음도 의미 깊다. 19세기 후반 추상 예술이 등장하면서 예술가들도 예술의 본질이 무엇인지 묻는 메타 예술을 예술 언어로 표현하기 시작했는데, 수학과 예술의 한 가지 공통점을 보여준다.

8.9 형식주의에 대한 비판

어느 하나의 수학 철학이 수학의 모든 면을 다 설명할 수 없음은 형식주의에 대해서도 마찬가지이다. 우선 수학의 형식화가 수학의 확실성을 증명하기 위한 조치이고, 비공식적으론 수학적 대상들이 갖는 의미를 인지한다손 치더라도, 수학적 진리를 의미 없는 기호 게임으로 전락시켰다는 비판을 면하기 어렵다. 논리주의자 러셀은 "무모순성만 담보되면 수학의 대상들이 과연 존재한다고 볼 수 있는가? 무모순인 공리 체계는 무수히 많다. 우리가 원하는 것은 물질세계에 응용될 수 있는 체계이다."라고 말했고, 직관주의자 브라우어는 "수학적 엄밀성을 어디에서 찾는가라는 물음에 직관주의자들은 인간 이성에서 찾을 수 있다고 답하지만, 형식주의자들은 종이 위에서 발견할 수 있다고 주장한다."라고 비판했다.

힐버트 프로그램에 대한 결정적인 치명타는 괴델의 불완전성 정리에 의해 주어졌다. 수학이라는 형식 체계의 무모순성을 유한주의적 방법으로 증명될 수 있다면, 유한주의적 증명은 수학 기호들의 기계적 조작이기에 자연수에 대한 산술 명제로 표현될 수 있어 형식 체계 내에서의 무모순성 증명이 얻어지게 된다. 그런데 자연수와 그 +, × 연산을 포함하는 형식 체계는 그 체계 내에서 자신의 무모순성을 증명할 수 없고, 만약 무모순이라 하더라도 참이면서도 그 체계 내에서 증명할 수 없는 명제가 반드시 존재함을 괴델이 증명함으로써 힐버트의 프로그램은 결국 수포로 돌아가고 말았다. 다음 장에서 자세히 살펴보겠지만 재앙의 불씨는 거짓말쟁이 역설의 변종 버전에 있었다. 비록 참이라는 개념은 형식 체계의 언어로 표현 불가능하지만, 증명 가능이라는 개념은 표현 가능하다. 괴델은 이를 이용해 '이 문장은 증명 불가능이다'라는 뜻의, 형식 체계 내에서 적법한 자기 참조적 명제를 만들었다. 이 명제가 증명 가능이라면 이 문장이 참이 아니게 되어 모순되고, 만일 증명 가능하지 않다면 참이다. 따라서 이 문장은 증명 불가능하지만 참인 명제이다. 또 무모순성이 형식 체계 내에서 증명된다면, 이 명제도 증명 가능하게 되므로, 무모순성의 증명 불가능성이 얻어진다.

그리하여 ZFC 공리계로 구성된 현재의 수학이 무모순인지 알 수가 없게 되었다. 푸앵카레의 비유대로, 늑대의 공격을 막기 위해 가축 주위에 울타리를 세웠으나 이미 울타리 안에 늑대가 들어와 있는지는 알지 못하고 있는 형국이다. 형식주의의 대부 힐버트는 결정 불가능한 수학 명제가 있다는 사실을 인정할 수 없었다. 저명한 수학 저널 Mathematische Annalen의 편집장이었던 힐버트는 수학 철학적 차이로 인해 편집 위원이었던 브라우어를 해임 시키는 등 심한 대립을 겪었다.[100] 힐버트의 묘비에는 그의 신념 "우리는 알아야만 한다. 우리는 알게 될 것이다."가 새겨져 있다.

8.10 대논쟁에 대한 철학적 해석 및 그 이후

이 장에서 고찰한 수학 철학의 세 가지 다른 관점은 세계와 인간을 바

100) 다른 편집 위원이었던 아인슈타인은 어느 편도 들지 않았고, 개구리와 생쥐의 전쟁이라고 비꼬았다.

라보는 철학적 관점의 상이함에 뿌리를 두고 있다고 볼 수 있다. 철학에서 보편자(universal)란 개별자(particular, individual)들이 공유하는 특성으로 가령 공자, 소크라테스, 신사임당은 개별자이고, 이들을 다 포괄하는 사람은 보편자이다. 점, 선, 면, 집합, 함수 등 모든 수학적 대상들은 보편자이다. 철학사에서 보편자의 존재 방식에 대한 철학적 견해는 크게 세 가지로 나뉜다.

실재론(realism)에서 보편자는 그것을 인식하는 인간과 독립하여 존재한다고 여겨지며, 개념론(conceptualism)에서 보편자는 마음의 추상 작용에 의해 구성되는 것으로 인간의 마음에 의존하는 심적 존재이고, 유명론(nominalism)에서 보편자란 편의상의 언어적 기호에 불과하며 이러한 언어적 기호가 가리키는 보편자의 존재를 부정한다. 이 세 관점에서 수학적 대상인 점(point)을 어떻게 이해하는지 비교해 보자. 실재론적 관점에서 점은 종이에 그려진 불완전한 표상 배후에 실재하는 이상적인 플라톤적 대상이며, 개념론적 관점에서 점은 종이에 그려진 점에 대한 경험에서 추상화한 정신적 이미지이며, 유명론적 관점에서 점은 어떤 추상적 개념이 아니라 하나의 구체적 기호이다.[30]

수학 철학의 논리주의, 직관주의, 형식주의는 각각 실재론, 개념론, 유명론에 뿌리를 두고 있는 관점으로 해석될 수 있다. 수학자이면서 훌륭한 교육자였던 스내퍼(Ernst Snapper)는 수학의 기초에 이르는 열쇠는 논리주의, 직관주의, 형식주의의 철학적 근원들 사이 어딘가에 숨겨져 있을 것으로 믿었다.

20세기 초에 벌어진 활발한 대논쟁에도 불구하고, 수학의 궁극적인 기초와 의미를 찾는 문제는 여전히 해결되지 않았다. 어느 방향으로 가야 최종적으로 해답을 얻을지, 또 객관적인 최종적 해답이 존재하기는 하는지 알지 못하고 있다. 헤르만 바일은 수학이 전개되어 온 과정을 역사적으로 고찰해 보면 완벽한 객관적 합리화는 불가능하다는 것을 알 수 있다고 말했다.

대논쟁이 지나가고 난 이후 20세기 중엽, 과학철학자 라카토스(Imre Lakatos)는 포퍼(Karl Popper)의 반증주의 과학 철학을 수학 철학에 받아들여 수학적 지식도 반증 가능하며, 반증될 때까지 잠정적으로 참이며, 증명과 반박에 의해 추측이 끊임없이 개선되는 변증법적 과정을 통해 성장해 감을 주장하였다. 준경험주의(quasi-empiricism)로 잘 알려진 이 사상은 수학교육학에 큰 영향을 미쳤다. 모든 사상은 다 사상가 자신의 배경 경험과 맥락의 영향에서 자유로울 수 없으므로, 라카토스의 사상도 역사적, 사회적인 맥락에서 이해할 필요가 있다. 라카토스는 유대계 헝가리인으로서 2차 대전 중에는 유대인 탄압으로 할머니와 어머니가 수용소에서 돌아가셔야 했고, 전후 열성적인 공산당 활동을 하면서 투옥 생활도 해야 했고, 헝가리 혁명 실패로 망명을 떠나 영국에 정착하였지만, 무국적자로 여생을 살았다. 그의 성씨도 정치적, 사회적 이유로 유대계 성씨인 Lipschitz에서 개명한 것이다. 존 배로[101)]가 지적한 대로, 전체주의 공포로부터 탈출하여 반구조적인 문화에 빠진 동유럽의 지식인들이 수리 철학에 대해서도 반독재적인 접근을 시도한 것은 필연적인 결과로 보인다.[31]

20세기 말에는 여기서 더 나아가 지식의 사회적 구성을 주장하는 사회적 구성주의가 수학 철학에서도 등장하게 된다. 구성주의 수학 교육

101) John D. Barrow. 영국의 수리 물리학자로 수학·물리·천문에서 통찰을 끌어와 우주와 생명, 인간 이해의 관계를 다룬 많은 저술 활동으로 과학과 종교가 다루는 궁극적인 물음에 새로운 관점을 제시한 공로로 템플턴상을 수상했다. 그의 책 『PI in the Sky : Counting, Thinking, and Being』은 수학에 대한 심오하고 독창적인 통찰을 보여주는 수작이다.

철학자인 어니스트(Paul Ernest)는 수학적 지식의 기초는 언어이며, 언어가 그런 것처럼 수학적 지식도 역사적, 사회적 과정의 산물이고, 수학의 객관성은 사회적 합의에 있다고 주장하였다.

이처럼 수학의 궁극적 확실성의 부재가 주는 불안감이 있지만, 오늘날 대부분의 현직 수학자들은 ZFC 공리계를 충분히 만족스러운 수학체계로 보고 있으며, 매일 수백편의 수학 논문들이 쏟아지고 있는 가운데서도 모순은 발견되지 않고 있다. 20세기 최고의 수학자들로 구성된 부르바키 학파는 공리주의에 입각해 순수 수학 전반에 대해 통일된 방법으로 엄밀한 체계화를 하였고, 그 결과물을 『수학 원론』, 『Bourbaki Seminar』 시리즈로 발간하여 20세기 수학계에 큰 영향력을 끼쳤다.[102)]그들은 수학이라는 거대한 구조물의 핵심적인 부분들은 결코 갑자기 툭 튀어나온 한 모순에 의해 무너지지 않는다고 굳게 믿었다. 그들의 전언을 들어보자. “예로부터 불확실성의 시대가 오면 거의 예외 없이 수학 전체나 특정 이론에 대한 비판적 검토가 뒤를 이었다. 모순이 생겨났지만, 비판적 검토를 통해 그 모순이 해결되곤 했다.… 이렇게 2500년 동안 수학자들은 스스로의 오류를 고쳐 나갔고, 그 결과로 수학이 빈약해지는 것이 아니라 더 풍성해지는 것을 목격해 왔다. 이로 인해 수학자들은 평정심을 가지고 미래를 바라볼 권리를 갖게 된다.”

어쩌면 수학 철학의 논쟁에 해답은 없을지도 모른다. 러셀이 말한 대로, 철학을 공부하는 목적은 질문에 대한 명확한 답을 구하기 위함이 아니라(사실 대체로 구할 수도 없음) 질문 그 자체를 위한 것이다. 이런 질문들을 탐구함으로써, 가능한 개념을 확대시키고 우리의 지적 상상력을 풍요롭게 하고 사색에 대해 마음을 닫아버리게 만드는 교조적 확신을

102) 공집합 기호 ∅, 단사(injective), 전사(surjective) 등의 용어를 최초로 도입함.

감소시킨다. 그리고 무엇보다도, 철학이 탐구하는 만물의 위대함을 통해 인간의 마음도 위대해지고, 최고선을 구성하는 만물과의 연합을 가능하게 한다. 러셀의 말에 한 가지를 더 첨언하자면, 수학을 잘 교육하기 위해선 수학 철학적 이해와 숙고가 필요하다. 수학이 무엇인가에 대한 개념 정립은 수학이 어떻게 표현될 것인지에 대한 관점에 영향을 주기 때문이다. 개인적인 수학 철학적 신념과 교사로서 가져야 할 포용적이고 균형 잡힌 관점 사이에서 고민이 필요한 것 같다. 학생들이 수학에 대해서 가지는 이미지나 철학은 교사의 교수 방식에 맞추어 생성되었다는 연구도 보고되고 있다.

8.11 생각해 볼 문제들

❶ '$1+2=3$'이라는 수학적 진술이 왜 참인 명제인지, 또 사과 1개와 사과 2개를 합하면 사과 3개가 된다는 물리적 진술을 어떻게 해석할지에 대해 논리주의, 직관주의, 형식주의의 입장에서 각각 답하시오.

❷ 논리주의, 직관주의, 형식주의의 주장들에 대한 당신의 입장은 어떠한지 논하고, 예상되는 비판에 대해 반박해 보시오. 또 제4의 관점이 있을 수는 없는지 논하시오. 가령 배중률의 정당성을 따질 필요 없이 배중률을 허용하는 고전 논리에 기초한 수학, 배중률을 거부하는 직관주의 논리에 기초한 수학, 심지어 다가(多價) 논리나 퍼지(fuzzy) 논리[103]에 기초한 수학 등 다양한 논리에 기반을 둔 수학이 다 가능하다는 주장은 어떠한가? 기하학에서도 평행선 공리가 성립하지 않는 비유클리드 기하학이 처음 등장했을 때는 거부감이 컸었지만, 지금은 유클리드 기하

103) 다가 논리에선 명제의 진리값이 1(참) 또는 0(거짓)의 값만 가질 수 있는 것이 아니라 다른 값들도 가질 수 있도록 허용한다. 퍼지 논리에선 0과 1 사이의 임의의 실수 값을 다 가질 수 있다.

학과 동등한 지위를 누리고 있지 않은가?

❸ 학교 수학은 수학적 대상의 의미를 중시하면서도 배중률과 선택 공리를 허용하는 등 내용적으로는 직관주의 수학과 거리가 멀지만, 수학 교육의 철학과 방법은 직관주의를 포함하는 구성주의와 많은 공통 분모를 가진다. 이런 불일치는 어떻게 설명될 수 있는가? 또 학교 수학의 상당한 부분은 엄밀한 논리적 증명보다는 직관에 의지하는 정당화에 그칠 수밖에 없다. 직관주의자인 브라우어의 말대로 '동일하다'나 '삼각형' 같은 단순한 단어도 모든 사람이 완전히 같은 방식으로 생각하는 것은 아니다. 이 사실은 어떤 교수학적 시사점을 주는가?

❹ 논리주의, 직관주의, 형식주의 각각의 수학 철학을 수업 설계 원리로 삼았을 때의 운영 방식, 평가의 주안점, 장단점, 완화책에 대해 논하시오.

❺ 페스탈로찌[104)]는 언어 중심, 암기 위주의 교육을 비판하고, 구체적 경험과 직관을 교육의 기초에 놓아야 한다고 주장하였다. 아인슈타인은 어려서 권위적인 학교에서 암기 위주 교육으로 인해 학습 정신과 창의적 사고가 사라졌었지만, 페스탈로치의 직관 중심 교수법과 자유로운 교육 환경을 제공하는 학교에 들어간 후 실력이 향상되고 창의적 사고를 하는 데 큰 도움이 되었다고 한다. 아인슈타인은 "상상력이 지식보다 중요하다."고 말했고, 필즈상 수상자인 허준이 교수는 직관도 반복적인 훈련으로 향상된다고 말했는데, 직관적 사고력과 상상력을 계발하기 위해 학교 교육은 어떠해야 할지 생각해 보자.[32] 구체적인 교육 방법들을 제시해 보시오.

104) Johann Heinrich Pestalozzi (1746년~1827년). 스위스의 교육자, 고아의 아버지

CHAPTER

09

괴델의 불완전성 정리

Anybody who is not shocked by this subject has failed to understand it.

- N. Bohr

괴델의 불완전성 정리는 20세기 수학의 기념비적 업적으로, 논리학, 철학, 컴퓨터 과학뿐 아니라 인류의 사상사에 지대한 영향을 미쳤다고 할 수 있다. 자연수(0 포함)와 +, × 연산을 포함하는 1차 공리계와 (늘 가정해 온) 표준적 추론 규칙으로 이뤄진 1차 형식 체계가 만약 무모순적이라면, 참이지만[105] 그 체계 내에서 증명과 반증이 다 불가능한 명제가 존재한다는 것이 제1 불완전성 정리이며, (형식적) 무모순성을 그 체계 내에서 증명할 수 없다는 것이 제2 불완전성 정리이다. 꼭 유한개의 공리가 아니더라도 모든 공리를 순차적으로 다 나열하는 알고리즘이 있거나 또는 체계 내에서 증명 가능한 모든 형식문을 순차적으로 다 나열하는 알고리즘이 존재한다는 조건이 성립하면 된다. PA, PM, ZFC 등이 그런 형식 체계의 예이다.[106]

한편 유클리드 기하의 공리계는 자연수를 포함하지 않으므로 이 정리가 적용되지 않고 완전성과 상대적 무모순성을 보일 수 있다. 즉 ZFC 또는 실수 체계가 무모순적이라는 가정하에 유클리드 기하의 구체적 모델(가령 $\mathbb{R}^2$)이 존재하므로 무모순적이다. 비유클리드 기하인 쌍곡 기하, 타원 기하도 $\mathbb{R}^n$ 안에 구체적 모델을 세울 수 있고, 완전성과 상대적 무모순성을 가진다.

괴델의 불완전성 정리와 다음 장에 소개될 같은 취지의 튜링의 정지 정리에 대한 엄밀한 증명은 어렵고, 펜로즈가 『황제의 새 마음』에서 핵심 아이디어를 쉽게 설명해 주어서 그것에 기초하여 소개하고자 한다. 완전한 증명을 알고자 한다면, 참고문헌[33]을 참조하길 바란다.

105) 자연수에 대한 보통의 해석이 주어지는 표준적 모델에서 그렇다는 뜻이다. 비표준적 모델에서는 참이 아닐 수 있다.

106) PA_2도 2차 변수에 대한 의미를 해석하지 않고 형식 체계로서만 보면 괴델의 불완전성 정리가 적용 가능하다.

9.1 형식문의 Gödel numbering

주어진 형식 체계의 모든 가능한 형식문에 괴델 수를 부여하기 위해 우선 형식 체계 내에서 사용되는 모든 기호에 괴델 수를 다음과 같이 부여하자.

기호 및 변수	괴델 수	의미
$\sim$	1	아니다
$\vee$	2	또는
$\Rightarrow$	3	만일 …라면 …이다
$\exists$	4	…이 존재한다
$=$	5	같다
0	6	영
s	7	바로 다음 자연수
(	8	왼쪽 괄호
)	9	오른쪽 괄호
,	10	쉼표
$+$	11	더하기
$\times$	12	곱하기
x	13	자연수 변수
y	17	자연수 변수
z	19	자연수 변수
⋮		

가령 'x는 짝수이다'라는 자연어 문장은 수학적 문장 '$\exists z \;\; s.t. \;\; x = 2z$'로 표현되는데, 이를 위 표에 등장하는 기호를 이용해 표현하면 형식문 '$\exists z \; (x = ss0 \times z)$'가 된다. 이것은 위 표에 의해 숫자 열 4 19 8 13 5 7 7 6 12 19 로 대치 가능하고, 이 수들을 소수들의 지수로 택해 얻는

다음 수가 그 문장의 괴델 수이다.(이 수를 a라 부르자.)

$$2^4 \times 3^{19} \times 5^8 \times 7^{13} \times 11^5 \times 13^7 \times 17^7 \times 19^6 \times 23^{12} \times 29^{19}$$

그런 형식문들 유한개로 이뤄진 형식문 열에도 괴델 수를 부여한다. 가령 각각 괴델 수 l, m, n을 가지는 세 형식문으로 구성된 문장 열의 괴델 수는 $2^l \times 3^m \times 5^n$로 부여된다.

9.2 메타수학의 산술식화

괴델 수를 이용하면, 형식문들에 대한 메타 수학적 진술도 산술적 명제 및 형식문(열)으로 표현될 수 있다. 가령 '괴델 수 x을 가지는 형식문 열은 총 4개의 형식문으로 구성되어 있고 괴델 수 a를 가지는 형식문으로 끝난다'를 산술적 명제로 표현하면 '11은 x을 나누지 못하고, 7^a은 x를 나눈다'가 되고, 이는 다시 형식문 열

$$\sim \exists z\,(x = sssssssssss0 \times z) \qquad \exists z\;(x = s \cdots s0 \times z)$$

로 표현된다.(단, $s \cdots s$는 s가 7^a개 있는 것을 축약 표현함.)

중요한 사실은 '괴델 수 x를 가지는 형식문 열은 괴델 수 z를 가지는 형식문을 증명한다'라는 메타 수학적 명제도 x와 z에 대한 산술적 형식문으로 표현 가능하다는 것이다. 이 사실의 증명이 가장 어려운 부분인데 생략한다.

이 방법에 의해 참인 메타 수학적 명제는 (자연수 표준 모형에서) 참인 산술 명제로 표현되되, 모든 메타 명제가 다 가능한 것은 아니다. 증명 가능성, $\sim$가 $\cdots$로부터 유도됨, 적법한 1차 논리적 명제 여부, 공리 여부, 추론 규칙에 맞는지 여부 등 기계적으로 검사 가능한 구문론적 메

타 명제들이 가능하며, 명제의 참과 같은 의미론적 개념을 표현하는 술어는 타르스키의 정의 불가능성 정리로 인해 형식 체계의 언어로 표현될 수 없다.

힐버트는 자기 참조에 의해 발생하는 역설들이 수학의 명제와 메타수학의 명제를 구분하지 않아 일어나는 것으로 보고, 이를 잘 구분하는 공리계를 세심하게 설계할 수만 있다면 무모순의 수학 체계를 만들 수 있다고 보았지만, 괴델의 기발한 방법에 의해 자연수를 포함하는 공리계에서는 그것이 불가능함이 밝혀진 것이다.

9.3 제1 불완전성 정리

증명 우선 괴델의 완전성 정리에 의해, 1차 형식 체계가 무모순적이라는 것과 그 체계의 기호들에 의미가 부여되는 모델이 존재한다는 것이 동치이고, 또 어떤 형식문이 1차 형식 체계 내에서 증명 가능하다는 것과 그 체계의 임의의 모델에서 그 명제가 참이라는 것이 동치이다. 우리는 무모순 가정보다 조금 더 강하게, 주어진 형식 체계의 자연수와 그 연산이 보통의 의미로 해석되는 **표준 모델이 존재**한다고 가정하고 증명하겠다.[107)]

괴델 수 n을 가지는 형식문 열을 Π_n이라 표기하고, 자연수 변수 x에 대한 산술 명제로서 괴델 수 n인 것을 $P_n(x)$라 표기하자. 이제 다음 메타 수학적 명제

$$\sim \exists x \, (\Pi_x \text{ proves } P_w(w))$$

107) PA나 ZFC의 표준 모델이 존재함을 그 공리 체계 내에서 증명하는 것은 불가능하지만, 대부분의 수학자들은 존재한다고 믿고 있다.

를 변수 w에 대한 산술 명제로 간주하자.($P_w(w)$는 $P_w(x)$에 $x=w$를 대입한 것임.) 그 명제의 괴델 수를 k라 하면,

$$\sim \exists x\,(\Pi_x \text{ proves } P_w(w)) = P_k(w)$$

우리는 변수 w에 대한 참인 명제를 하나 얻었는데, 변수 w에 숫자 k를 대입한 명제

$$\sim \exists x\,(\Pi_x \text{ proves } P_k(k)) = P_k(k) \qquad (*)$$

역시 참인 명제이다.

이제 $P_k(k)$가 우리가 찾던 명제임을 보이려고 하는데, (*)를 산술 명제가 아니라 그것이 의미하는 메타 수학적 명제로 간주하자. 우선 $P_k(k)$의 증명은 주어진 형식 체계 내에 존재할 수가 없다. 만약 존재한다면, $P_k(k)$가 주장하는 내용인 '$\sim \exists x\,(\Pi_x \text{ proves } P_k(k))$'가 표준 모델에서 거짓이 되는데, 거짓인 명제에 대해선 증명이 있을 수 없기 때문이다. 따라서 (*)의 좌변이 참이 되므로, (*)의 우변 $P_k(k)$도 참이다. $\sim P_k(k)$가 거짓이므로 $\sim P_k(k)$의 증명도 존재하지 않는다. (Q.E.D)

앞으로 $P_k(k)$를 괴델 명제라 부르자. 이것을 실제로 풀어서 쓰면, 자연수에 관한 명제로서 극히 복잡하고 부자연스러운 문장이어서 의미 있는 명제들을 다루는 실제 수학에서는 나타나지 않는다는 비판이 있다. 그러나 괴델 명제와 동치이면서도 쉽게 받아들일 수 있는 수학적 성질을 가지는 간단한 것들도 발견되었다. 연속체 가설인 $\aleph_1 = |\mathbb{R}|$도 ZFC 공리계에서 증명도 반증도 할 수 없는 명제이지만, 이 명제는 참도 거짓도 아니다.

형식주의자는 참인 $P_k(k)$를 도외시할 수 없으므로, 이것을 원래의 무

모순적 형식 체계에 새로운 공리 G_0로 추가하자고 할 것이다. 그러면 새로운 무모순적 형식 체계를 얻는데, 이 체계에도 참이면서 이 체계 내에서 증명 불가능한 새로운 괴델 명제 G_1이 존재한다. 또 G_1을 새로운 공리로 추가하여 얻는 무모순적 형식 체계로부터 괴델 명제 G_2를 얻고 $\cdots$. 그리하여 무한 열 $G_0, G_1, G_2, G_3, \cdots$ 이 다 포함된 공리 체계를 얻을 수 있는데 이 형식 체계는 무한개의 공리를 가지지만, 위의 공리 추가 알고리즘이 완전히 형식적이므로 유한한 논리로 바꿔 표현될 수 있다. 따라서 우리는 유한한 공리의 무모순적 형식 체계를 얻는데 이 체계도 역시 괴델 명제 G_ω를 갖는다. 이와 같은 작업들을 계속하면 끝없는 열

$$G_{\omega+1}, G_{\omega+2}, G_{\omega+3}, \cdots, G_{\omega+\omega}, G_{w2+1}, G_{\omega2+2}, \cdots, G_{\omega3},$$
$$\cdots G_{\omega4}, \cdots, G_{\omega^2}, \cdots\cdots$$

을 얻는다. 과연 이 무한히 많은 추가된 공리들 대신에 유한개의 공리를 추가하는 것으로 표현될 수 있을까? 아마 불가능하거나 혹은 그렇게 얻어진 공리 체계는 모순적일 것이다.

이 정리를 보고서 튜링은 다른 방법으로 같은 취지의 정리 '주어진 형식 체계의 모든 명제의 참·거짓을 판단하는 기계적 알고리즘이 존재할 수 없다'를 보였다. 사실 모든 참인 명제를 다 출력하는 알고리즘조차 존재할 수 없다.

9.4 제2 불완전성 정리의 증명

위의 괴델 명제 $\sim \exists x\,(\Pi_x \text{ proves } P_k(k))$를 G로 놓자. 물론 G는 $P_k(k)$와 같다. 본 증명에서 가장 어려운 부분은 임의의 형식 체계 T 내

에서 다음 메타 수학적 명제에 대응하는 산술 명제가 T 내에서 증명 가능하다는 것이다. 만약 T가 무모순적이면,[108] G가 성립한다.

이전 절에서 한 증명에선 명제의 참·거짓 여부를 언급하는 등 형식 체계 내의 증명이 아니다. 하지만 위 사실을 형식 체계 내에서 증명 가능함을 받아들이고, 나머지 증명을 귀류법으로 보이자. 만약 T의 무모순성 증명이 T 안에서 가능하다면 산술 명제 G에 대해서도 T 안에서 증명이 가능해진다. 이것은 G에 대한 증명이 T 안에 없다는 제1 불완전성 정리에 모순이다.

9.5 불완전성 정리의 함의들

철학적 함의

과거 많은 수학자들과 철학자들은 수학을 인간 이성이 도달할 수 있는 절대적이고 확실한 진리의 영역으로 생각했고, 수학적 지식의 확실성을 다른 모든 지식의 모델로 삼았다. 하지만 괴델의 불완전성 정리는 수학의 절대적 확실성이 수학적인 방법으로 증명될 수 없음을 보여 주었다. 수학에서 아니 어쩌면 어떤 방법으로든 인간이 증명 가능한 것은 어떤 것의 확실성을 가정한 가운데 다른 것을 증명하는 상대적 확실성뿐이다. 자연수 공리계의 무모순성은 더 큰 메타 이론인 ZFC 공리계의 무모순성 가정하에 보일 수 있고, ZFC 공리계의 무모순성은 'ZFC+대기수 공리[109]'의 무모순성 가정하에 보일 수 있다. 결국 이 과정은 무한히 반복되거나, 어느 한 지점에서 이것은 그냥 옳다고 믿고 시작하자는

108) '무모순적이다'에 해당하는 산술 명제로 '$\sim \exists x\ (\Pi_x \text{ proves } 0=1)$'를 택하면 된다.

109) Large Cardinal Axiom. 칸토르의 초한 산술로 도달되지 않는 큰 기수가 존재한다는 공리

가정을 하는 수밖에 없다. 이것이 수학과 이성의 근본적 한계이지만, 수학은 자신의 확실성이 어디까지이고, 그 한계가 무엇인지를 수학적으로 엄밀하게 증명해 낸 유일한 학문이라는 점에서 이것은 인간 이성의 정직하고 위대한 성취라고도 할 수 있다.

자신이 보인 불완전성 정리에도 불구하고 괴델 자신은 수학적 플라톤주의를 강하게 신뢰했으며, 수학의 추상적 개념이 모든 면에서 탁자와 의자만큼이나 실재라고 믿었다. 오히려 불완전성 정리가 수학적 참이 객관적이라는 근거가 된다고 말했다. 그는 인간의 수학적 직관의 정체에 대해서는 다소 모호하게 답했다. 인간의 마음(mind)은 모든 수학적 직관을 형식화 또는 기계적 절차화 할 수는 없고, 수학적 직관도 일종의 기계라는 점을 증명할 수 있는 정리가 존재할 수 있으며 경험적으로 발견될 수도 있겠지만, 그런 정리가 존재한다는 사실은 증명될 수 없다고 말했다.

영국의 철학자 루카스(John Lucas)는 인간의 마음이 기계론적으로 설명 가능하다는 심리 철학적 관점이 오류임이 괴델의 정리에 의해 증명된다고 주장하였다. 만약 나의 마음이 기계라고 하자. 그 기계에 해당하는 형식 체계를 T라고 하면, 나는 괴델의 방법에 의해 T의 괴델 명제 G를 구성할 수 있고 G가 T에서 증명 불가능함과 G가 참이라는 것을 안다. 하지만 T를 구현하는 기계는 G를 증명할 수 없으므로 모순이다. 그런데 이 논지는 인간의 인지 체계가 무모순적이라는 가정을 전제로 하는데, 그 가정은 근거가 없어 보이며 오히려 인간의 마음은 모순적인 것처럼 느껴진다는 반론이 제기된다.

수학적 플라톤주의를 지지하는 수리 물리학자 펜로즈도 불완전성 정리가 인간의 이해와 통찰이 어떤 기계적 규칙들의 집합으로도 환원될 수 없음을 보여준다고 주장한다. 괴델 명제 G의 형식적 증명은 불가능하지만, 우리는 형식 체계를 넘어서는 수학적 통찰을 통해 G가 참임을 알 수 있었는데, 이것이 인간의 사고에는 기계로는 도저히 이룰 수 없는 것들이 있다는 논변을 지지해 준다는 것이다. 수학적 플라톤주의에 의하면 수학적 진리의 개념은 형식주의의 개념을 초월하고 있으며 '신이 부여한' 그 무엇이 있다. 어떤 형식 체계이든 간에 거기에는 인간이 만든 특성이 존재하며, 진정한 수학적 진리는 인간이 만들어 놓은 단순한 구조들 너머에 존재하는 것이다.

물리적 함의

수리 물리학자 스티븐 호킹은 수학에서의 불완전성 정리가 물리학에 주는 함의가 있다고 말했다. 과학 철학의 실증주의(實證主義, positivism)에 의하면 물리학의 이론이란 수학적 모델을 말하는데, 물리 이론 체계를 만드는 인간이 우주의 일부이므로 그 이론 체계에 자기 참조가 발생한다. 따라서 물리 이론 체계에 괴델 명제와 같은 비결정 명제가 존재할 수 있으며 아예 이론 체계 자체가 모순적일 수 있다. 어쩌면 우주의 이론을 유한개의 수학적 명제들로 구성할 수 없을지도 모른다. 유한한 공리들로 구성된 무모순적 형식 체계는 참·거짓을 판단할 수 없는 명제를 가지므로 그러한 물리학 이론 체계에서는 예측 불가능한 물리적 문제가 존재할 수밖에 없다.

실제로 최근의 한 연구[34]에 의하면, 격자로 이루어진 물질의 바닥 상태 에너지와 첫째 들뜬 에너지의 차이가 격자 크기가 커짐에 따라 0으로 수렴하는지 안 하는지를 결정할 수 없음이 증명되었다. 양자 중력 이론에서도 그런 가능성을 보여주고 있다. 일반 상대성 이론이 거시적 시공간의 중력을 매우 성공적으로 설명하지만, 쿼크(약 $10^{-17}cm$)나 전자의 크기(약 $10^{-16}cm$)보다 훨씬 더 작은 플랑크 규모(약 $10^{-33}cm$) 이하에서는 양자 역학의 불확정성 원리에 의해 시공간이 한없이 요동치고 있어 매끄러운 4차원 다양체가 아니므로 시공간과 그것의 곡률인 중력을 잘 기술할 수가 없다. 현대 물리학의 최대 난제로, 혹자는 배중률이 성립하지 않는 직관 논리나 다가(多價) 논리를 사용하길 제안한다.

법학적 함의

법 형식주의(Legal Formalism)에 의하면, 법은 사회나 도덕적 고려로부터 분리된 자족적 체계로서 수학의 공리처럼 일관성 있는 소수의 원리에 기반하고 있고, 법적 추론은 기계적으로 명료하게 결정될 수 있다고 본다. 반면 비판 법학에서는 법 적용의 결과가 형식주의적으로만 결정되는 것이 아니고 법이 아닌 다른 요소에 좌우될 수 있으며, 따라서 법적 추론은 단 하나의 정답에 도달할 수 없고, 경우에 따라서는 상호 모순되는 두 개 이상의 결론에 도달할 수 있다고 본다. 이를 법적 불확정성(Legal Indeterminacy)이라 한다.

법 현실주의(Legal Realism)자들이 주로 실천적 측면에서 법의 불확정성을 논했던 반면, 비판 법학 진영에서는 보다 근원적으로 언어의 주관적이고 부정확한 속성으로 인해 언어에 의존하는 법 역시 그러한 모호성을 공유할 수밖에 없다고 주장하며, 설령 법으로부터 언어적 모호성이 완전히 제거될 수 있다 하여도 괴델의 불완전성 정리에 의해 법은 본래적으로 불확정적일 수밖에 없다고 주장한다. 괴델의 불완전성 정리가 법에 있어서 입증도 반증도 불가능한 명제가 무한히 많이 존재함을 증명해 준다고 주장한다.

불확정성 원리(Uncertainty Principle)와 포스트모더니즘

19세기 후반과 20세기 초반에 고전 역학으로 설명할 수 없는 실험 결

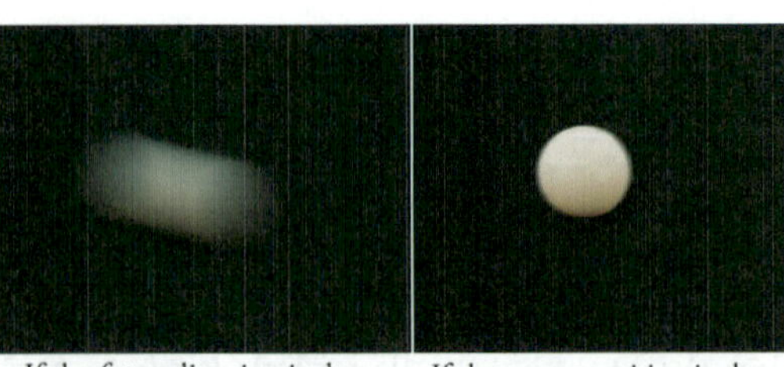

과들이 나오게 되면서 미시 세계를 설명하는 새로운 패러다임인 양자 역학이 제안되었다. 그것에 의하면, 관측되기 전의 입자는 특정한 위치와 운동량을 가지는 상태로 존재하는 것이 아니라 관측 가능한 모든 상태가 중첩되어 있는 상태로 존재하며, 만약 관측에 노출되면 특정한 상태가 되지만 입자의 위치 x와 운동량 p가 동시에 정확한 값을 가질 수 없으며 그 값들은 확률적 분포를 따르는 불확정성을 가진다. 정확히 말해서, x와 p의 표준 편차 곱에 양의 하한이 존재해서 $\Delta x\, \Delta p \geq h/4\pi$이 성립한다.

아래 그림에서처럼 전자의 위치 검출기가 없으면 전자는 중첩 상태에 있으므로 왼쪽 틈을 통과하는 경로와 오른쪽 틈을 통과하는 경로를 **동시에 거쳐** 스크린에 도달하고 두 경로에서 오는 위상(phase)[110] 차에 의해 간섭 현상이 발생하여 스크린에 무늬가 생기게 된다. 하지만 위치 검출기를 갖다 대는 순간 전자가 어느 틈을 통과했는지 그 위치가 분명해지고 운동량 정보는 희미해져서 간섭무늬가 사라진다.

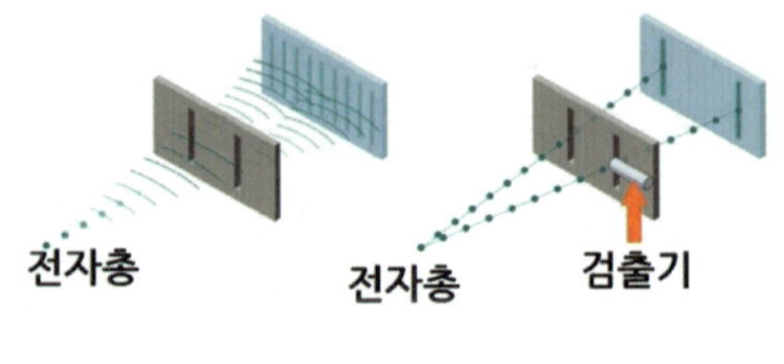

이러한 불확정성이 미시 세계에만 머무르지 않고 거시 세계로 확대될

110) 전자의 상태를 기술하는 각도이다. 여기서 전자의 상태를 기술하는데 크기와 각도를 함께 가지는 복소수가 반드시 필요함을 알 수 있다.

수 있기에 역설을 야기한다. 완전히 차폐된 상자 안에 고양이, 방사능 물질, 독가스가 든 병이 있는데, 방사능 물질이 붕괴하여 입자가 방출될 확률은 1/2이며 입자가 검출되면 병이 깨지도록 설정을 해놓았다. 상자 안은 상자 밖과 완전히 분리되어 있으므로, 입자는 방출과 미방출의 중첩 상태로 존재하고 따라서 고양이도 죽은 상태와 살아 있는 상태의 중첩으로 있게 된다. 인간이 상자를 열어 관측을 하는 순간 중첩 상태는 붕괴하고 고양이는 두 가지 상태 중 하나로 발견되되 살아 있을 확률은 1/2이다.

$$= \frac{1}{\sqrt{2}}(|\text{dead}> + |\text{alive}>)$$

[Schrödinger[111]의 사고 실험]

하이젠베르크가 1927년에 발표한 불확정성 원리는 3년 뒤 괴델이 발표한 불완전성 정리와 직접적 연관은 없다. 여담이지만, 물리학자 휠러(John Wheeler)가 프린스턴 고등연구소에 있을 때 괴델의 연구실에 찾아가 괴델의 불완전성 정리와 하이젠베르크의 불확정성 원리가 어떤 관련성이 있다고 보는지 물었는데, 괴델이 화를 내면서 연구실 밖으로 쫓아냈다고 한다. 하지만 두 원리는 객관적 진리의 존재에 회의를 갖게 하고 인간 이성의 한계를 보여준다는 점에서 일맥상통하며, 이 전후에 일어난 1,2차 세계대전과 함께 인간 이성에 대한 신뢰, 객관적 실재, 절

111) 오스트리아의 물리학자. 관측 전 중첩된 상태를 나타내는 파동 함수가 시간의 진행에 따라 슈뢰딩거 방정식을 따름을 보여 노벨상을 받았다.

대적 진리를 부정하는 포스트모더니즘(탈근대주의)을 촉발시키는 요인이 되었다. 지식은 객관적으로 주어져 있는 것을 그대로 받아들이는 것이 아니라, 개인이 자신의 맥락과 경험 속에서 능동적으로 구성해 나간다는 구성주의가 20세기 이후 수학과 과학의 철학과 교육에서 나타난 것도 인간 이성에 대한 신뢰가 무너지고 객관적 실재와 보편적 진리 및 가치 체계를 부정하는 포스트모더니즘이 시대의 사조가 된 것과 밀접한 관련이 있다.

다른 한편으로는 아이러니하게도 20세기 이후 인간의 지식은 급증하고 과학 기술은 엄청난 성공과 발전을 거듭하면서 과학과 과학자에 대한 신뢰는 과거 어느 때보다 높아져서 거의 종교적 믿음에 가깝게 되었다. 최근에는 인공지능이 급속도로 고도화되면서 인간의 거의 모든 지적 업무를 대신해 가고 있는데, 어쩌면 인간은 자신이 만든 기계에 정신적으로 종속되는 일이 일어나게 될지도 모른다는 우려를 낳고 있다.

양자 역학의 태동에 기여한 공로로 노벨상을 받은 아인슈타인은 정작 불확정성 원리를 결코 받아들이지 않았다. 그는 "신은 주사위 놀이를 하지 않는다."는 유명한 말을 남겼는데, 양자 역학의 확률론적 불확정성을 거부하고, 객관적으로 존재하는 세계의 완전한 법과 질서가 있으며 인간이 결국 그것을 이해할 수 있다고 믿었다.

9.6 생각해 볼 문제들

❶ 무모순적 공리계를 하나 구성하고, 그 무모순성을 보이시오.

❷ 괴델의 불완전성 정리가 물리학에서 만물 이론(Theory of Everything)을 찾으려는 시도에 어떤 함의를 주는지 논하시오.[35] 테그마크의 주장

대로 자연이 수학적 실재라면, 수학의 무모순성(1=0은 성립할 수 없음)을 자연에서 발견할 수는 없을까?[*]

[0 < 1,1 = 1,1 > 0의 증명?]

❸ 과거 아리스토텔레스가 가무한만 그 존재를 인정하고, 실무한은 인간의 인식 영역 안에 있지 않다고 못 박아버린 것을 기억하자. 그것이 상식적으로 타당해 보이기에 그 후 2천 년 동안 인류는 그 선을 넘어서지 못했다. 하지만 아리스토텔레스의 견해는 실무한을 단편적으로만 규정하고 실무한에 대한 다양하고 더 높은 차원의 해석으로 향하는 문을 닫아버려 인류의 상상력 발현을 막아버린 결과를 초래했다. 19세기 말에 가서야 비로소 칸토르가 실무한의 새로운 세계를 보여주었다. 수학의 근원적 확실성에 대해서도 괴델의 불완전성 정리를 초월하는 새로운 해석이 존재할 수도 있지 않을까?

아니면 아리스토텔레스가 **세운** 장벽과 괴델이 **찾은** 장벽은 근본적으로 다른 성격의 것인가? 어쩌면 괴델의 불완전성 정리는 장벽이 아니라 지평선인지도 모른다. 우리가 아무리 앞으로 나아가도 지평선은 언제나 그 자리에 있다. 비록 그것이 사실이더라도 하늘을 날거나 심지어 더 높은 차원으로 '지평선을 초월'하는 방법이 있을 수는 없을까? 이 질문들에 대한 당신의 견해를 논하시오.

❹ 수학의 불완전성 정리, 물리학의 불확정성 원리, 그리고 사상, 문화, 예술의 포스트모더니즘이 동시대에 발생한 이유가 무엇이라고 보는가? 앞으로도 이런 동조 현상이 가능할지와 미래의 수학, 과학, 철학, 교육,

예술, 문화는 어떤 경향성이 있을 것인지 논하시오.

❺ 당신은 보편타당한 절대적 진리가 존재한다고 보는가? 그런 진리가 없다고 본다면 인생과 교육의 의미는 어디에서 그 근거를 찾아야 하는가?

참고 진 베이스(Gene Veith Jr.) : 만약 절대적인 것이 없고 진리가 상대적인 것이라면, 인생에는 어떤 안전성이나 의미도 있을 수 없다. 만일 실재가 사회적으로 구성되는 것이라면 도덕적인 지침은 압제하는 힘을 감추기 위한 가면이며, 개인의 정체성은 환영일 뿐이다.[36]

❻ 형식 체계로서의 수학은 모든 수학적 진리를 포착할 수 없다는 괴델의 불완전성 정리를 감안해 볼 때, 어떤 평가 루브릭도 기계적 적용만으로 모든 학생의 무한한 가능성과 수행의 맥락을 완전히 담아내기에는 한계가 있을 것이다. 이를 극복하기 위한 대안을 제시해 보시오.

CHAPTER

10

알고리즘과 튜링 기계

나는 계산한다. 고로 존재한다.

- 윤 옥경 교수님

알고리즘(algorithm)이란 유한한 시간 안에 유한한 단계를 거쳐 주어진 문제의 답을 구하는 기계적 절차를 말하는데 각 절차를 수행하기 위해 아무런 통찰력이 필요하지 않아야 한다. 9세기 페르시아의 수학자 알-콰리즈미(Al-Khwarizmi)가 저술한 대수 책 『Al-Jabr』에 1,2차 방정식을 단계적으로 풀이하는 절차가 소개되어 있는데, 알고리즘이 그의 이름에서 유래하였다.

1, 2차 방정식처럼 간단한 수학 문제를 푸는 알고리즘이 존재한다면, 모든 수학 문제를 다 푸는 알고리즘 혹은 기계는 없을까? 이런 공상을 잠간 해본 사람은 많겠지만, 실제로 만들어 보려고 시도한 사람이 있었을까? 13세기 스페인의 신학자이자 철학자 류이(Ramon Llull)는 일반적(범용) 문제의 해결을 위해 Ars Magna(위대한 예술)라는 체계를 고안했는데, 개념과 기호가 적힌 여러 개의 종이 원판을 돌려서 개념들을 체계적으로 조합해 보는 기계적 과정을 통해 해답을 찾으려는 방법이었다.

너무 초보적이고 누구나 할 수 있는 별것 아닌 것 같지만, 모든 이들이 도전할 엄두도 못 내고 있을 때에 처음으로 구체적 시도를 하였다는 데 의미가 있다. 누군가 첫발을 내디뎠기에 그다음 사람이 한 발 더 전진할 수가 있다. 인류 역사에서 수천 년 동안 거의 발전이 정체되었던 것도 이 첫발을 내딛는 사람이 아무도 없었기 때문인지도 모른다.

17세기에 와서 류이의 아이디어에 영감을 받은 라이프니츠는 개념이나 생각을 기호화하고, 기호들의 기계적 연산으로 논리적 추론을 수행할 수 있는 기계를 구상하였다. 논쟁이나 의견 불일치 등을 기계적 계산에 의해 해결하고, 임의의 수학적 명제의 참·거짓도 판별할 수 있는 기계를 꿈꿨는데, 실제로 사칙 연산이 가능한 기계적 계산기를 제작하였다.

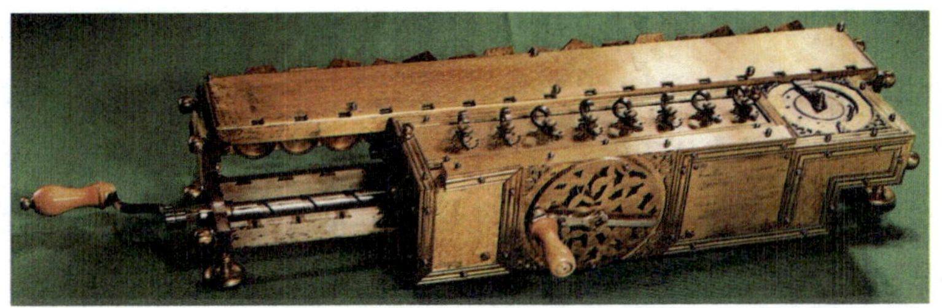

[Leibniz의 stepped reckoner]

10.1 결정 문제(Entscheidungsproblem)

1900년 세계 수학자 대회에서 힐버트가 수학의 연구 방향을 주도할 23 문제를 제시했는데, 그중 10번 문제는 임의의 디오판토스 방정식이 정수해를 가지는지를 판별하는 일반적인 알고리즘을 찾으라는 문제이다. 디오판토스 방정식이란, $x^3+2y^3=3z^3$처럼 변수가 2개 이상이고 정수 계수를 가지는 다항식으로 이뤄진 방정식을 말한다.

이 문제를 더 일반화하여 1928년 힐버트와 애커만(Wilhelm Ackermann)은 소위 결정 문제(Decision problem), 즉 "1차 공리 체계에서 임의의 형식문에 대해 그 체계 내에서 증명이 가능한지 아닌지, 즉 공리로부터 추론에 의해 유도될 수 있는지 없는지를 판별하는 알고리즘을 찾아라."를 제시하였다. 괴델의 불완전성 정리에 의해 임의의 명제의 참·거짓을 판별하는 알고리즘은 존재할 수 없게 되었지만, '공리 체계 내에서 증명 가능한지 아닌지를 판별하는 알고리즘이 존재하는가' 라는 물음은 여전히 유효하다. 많은 사람들이 그런 알고리즘도 존재하지 않으리라 예상했지만, 그 증명을 1936년 처치와 튜링이 독립적으로 거의 동시에 해내게 된다.

튜링은 Cambridge 대학 4학년 때 뉴먼(Max Newman)의 수업 시간에 그 문제를 소개받고 1년 만에 해결하였다. 뉴먼이 알고리즘을 기계적 과정(mechanical process)으로 표현했는데 그때 당시 'mechanical'은 그야말로 기계를 의미했고 튜링은 말을 곧이곧대로 받아들이는 성격이라 정말로 기계를 구상했다. 이렇게 해서 현대적인 컴퓨터의 개념이 탄생하게 되었다.

10.2 Turing machine

튜링이 정의한 알고리즘은 바로 튜링 기계로 구현 가능한 기계적 절차이다. 튜링 기계는 메모리 테이프, CPU, 헤더로 구성되는데, 데이터가 기록되는 메모리 테이프는 좌우로 무한한 길이이고, 헤더가 메모리의 각 칸에서 데이터를 읽고서 주어진 규칙에 따라 쓴 다음 오른쪽 또는 왼쪽으로 한 칸 이동하며, CPU의 내부 상태와 데이터 기호는 유한한 가짓수를 가진다.

0 1 0 메모리 tape
헤더
A B C
CPU

현상태	읽은기호	쓸기호	이동	다음상태
A	0	0	>	A
A	1	1	>	B
B		0	<	C
C	1		>	C
···				

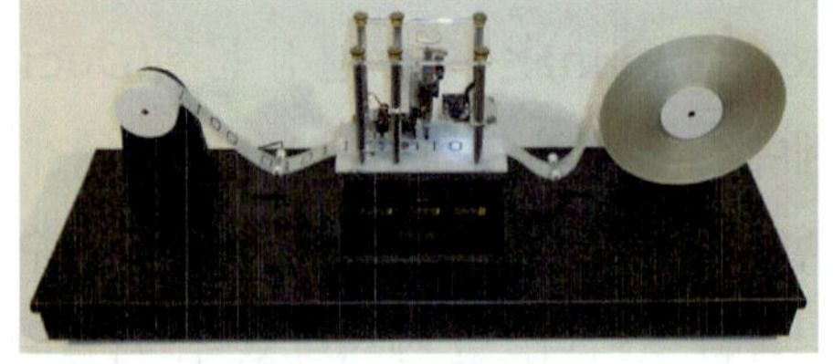

이렇게 단순한 형태이지만, 어떤 복잡한 알고리즘도 튜링 기계로 다 표현 가능하다. 처치-튜링 논제(論題, thesis)로 불리는 이 주장은 엄밀

히 증명하기 불가능하지만(알고리즘의 정의가 모호하기 때문), 양자 컴퓨터의 양자 알고리즘을 포함해서 모든 알고리즘은 다 튜링 기계로 구현 가능하다. 테이프가 여러 개이거나 다차원으로 주어지는 등 더 복잡한 하드웨어도 다 위와 같은 튜링 기계로 표현될 수 있다. 가령 메모리 테이프가 2개인 기계도 메모리 1개로 표현가능하다. 튜링 기계 메모리에서 홀수 번째 칸을 첫 번째 메모리에 대응시키고, 짝수 번째 메모리 칸을 두 번째 메모리에 대응시키면 된다. 또 테이프에 기록되는 데이터 기호를 스트로크 |만 사용해도 임의의 튜링 기계를 다 모사할 수 있다. 즉 공백과 스트로크 |의 조합만으로도 다양한 입출력 데이터를 다 표현할 수 있다.

우리는 데이터 기호를 0과 1을 사용하고, 0과 0 사이에 있는 1의 개수를 이용하여 숫자 열을 표현하는 방법을 채택하려고 한다. 그리고 숫자 열에서 나타나는 연속된 0과 1들은 2진수를 나타내고, 2 이상의 숫자는 +, −, 쉼표 등 우리가 원하는 기호나 명령어를 표시하기로 약속한다.

예를 들어 메모리 테이프에 01000101101010110100011101010111100110 가 쓰여 있다면,

0 1 0 0 0 1 0 1 1 0 1 0 1 0 1 1 0 1 0 0 0 1 1 1 0 1 0 1 0 1 1 1 1 0 0 1 1 0
1 0 0 1 2 1 1 2 1 0 0 3 1 1 4 0 2

와 같이 읽히므로, 숫자 열 1 0 0 1 2 1 1 2 1 0 0 3 1 1 4 0 2 를 나타낸다. 만약 기호 2, 기호 3, 기호 4가 각각 쉼표, 상태 A, Jump to 를 나타내기로 정해져 있다면 위 숫자 열은

$(1001)_2$ 쉼표 $(11)_2$ 쉼표 $(100)_2$ 상태 A $(11)_2$ Jump to $(0)_2$ 쉼표

즉 "9 쉼표 3 쉼표 4 상태 A 3 Jump to 0 쉼표"를 의미한다.

위 과정을 거꾸로 적용하면 입력하고자 하는 기호 및 명령어들의 열을 0과 1의 조합으로 이뤄진 열로 변환할 수 있는데, 그것을 이진수로 간주할 때 해당하는 십진수를 얻을 수 있다. 즉 메모리 테이프에 입력하고자 하는 원천 데이터의 내용을 십진수 하나로 표현 가능하다.

그래서 메모리 테이프에 기록되는 입출력 데이터를 하나의 십진수로 나타내자. 또 튜링 기계의 작동 규칙이 적혀진 표의 내용, 즉 알고리즘도 위 방법에 의해 '번역'하면 해당하는 십진수를 하나 얻을 수 있는데, 그것을 그 튜링 기계의 번호로 정의한다. 따라서 튜링 기계의 번호만 주어지면, 그 튜링 기계의 작동 알고리즘을 알아낼 수 있다. 구체적인 명령어 규칙이 펜로즈의 책[37]을 따른다고 할 경우, 입력되는 숫자에 1을 더하는 정말 단순한 튜링 기계의 번호가 무려 4.5×10^{35} 정도 된다!

이제부터 n번째 튜링 기계 T_n에 m을 입력하여 p가 최종 출력되고 멈춘다면, $T_n(m) = p$로 표시하고, 만약 기계가 멈추지 않고 영원히 계산을 진행하거나 기계가 작동을 안 한다면 $T_n(m) = \square$으로 표시하자. 사실 대부분의 자연수 n에 대해 T_n은 작동 불능이고, 서로 다른 n, m에 대해 T_n과 T_m이 같은 기능을 구현할 수도 있다.

보편 튜링 기계(Universal Turing Machine)는 임의의 두 자연수로 이뤄진 입력 데이터 n, m이 입력되면 $T_n(m)$을 출력하는 튜링 기계이다. 모든 튜링 기계의 기능을 다 수행할 수 있는 튜링 기계이므로 보편(범용, 만능) 튜링 기계라 불린다. 은행의 ATM이나 식당의 주문 키오스크가 특수한 한 가지 기능만 수행하는 튜링 기계라면, 컴퓨터나 스마트폰은 아무 프로그램이나 앱을 메모리에 다운로드 받아 설치하면 그 기능을 수행해 내므로, 메모리가 무한하다면 보편 튜링 기계라 할 수 있다.

튜링은 2차 세계대전 기간 동안 암호 해독가로 일했는데, 당시 독일군은 Enigma라는 거의 해독할 수 없는 암호를 가지고 있었지만, 튜링의 암호 해독 기계로 쉽게 해독되었다. 이 기계는 현대 컴퓨터의 개념을 적용한 최초의 기계 중 하나로 평가되며, 어떤 이는 튜링이 없었다면 연합군이 전쟁에서 패배했을 것이라고 말하기도 한다. 하지만 안타깝게도 튜링은 일찍 스스로 생을 마감했다. 그를 기념하여 제정된 튜링상은 컴퓨터 과학의 노벨상으로 간주되며, 영국의 50파운드 지폐 뒷면에는 튜링과 튜링 기계의 작동 규칙표가 그려져 있다. 튜링 기계가 소개된 그의 역사적인 논문 'On Computable Numbers, with an Application to the Entscheidungsproblem'의 인쇄본이 최근 경매에서 20만 8천 파운드(약 3억 8,500만 원)에 팔렸다고 한다.

10.3 튜링 기계의 정지 문제(Halting problem)

많은 수학 문제가 어떤 알고리즘이 결국 정지하는지 안 하는지의 문제로 변환될 수 있다. 가령 임의의 양의 정수 n에 대해 $x^{n+2}+y^{n+2}=z^{n+2}$를 만족하는 양의 정수 x, y, z가 존재하지 않는다는 페르마의 마지막 정리도(n,x,y,z)를 $(1,1,1,1)$부터 차례로 대입하여 위 등식이 성립하는지 확인해 보고 만약 성립하면 거기서 멈추는 알고리즘 즉 튜링 기계로 구현할 수 있다. 그래서 그 튜링 기계가 언젠가는 멈춘다면 페르마의 명제는 참이고, 영원히 멈추지 않는다면 거짓이 된다. 임의의 2보다 큰 짝수는 두 개의 소수의 합으로 나타낼 수 있다는 골드바흐 추측도 모든 2보다 큰 짝수들 4, 6, 8, …을 모든 가능한 방법으로 두 개의 홀수의 합으로 쪼갠 다음 각각에 대해 두 홀수가 모두 소수인가를 확인해 보면 된다. 4부터 시작해서 체크하되, 만약 두 소수의 합으로 표현되지 않는 짝수가 발견되면 멈추도록 설정하면 된다.

튜링의 정지 문제는 임의의 튜링 기계에 임의의 입력값을 입력했을 때 언젠가는 계산을 마치고 정지할지 아니면 영원히 멈추지 않고 계산을 진행할지를 판별하라는 문제이다. 튜링은 이 문제를 해결하는 튜링 기계가 존재할 수 없음을 보였는데, 귀류법을 이용해 다음과 같이 증명한다.

증명 만약 그런 튜링 기계 H가 존재한다고 가정하자. H는 T_n에 m을 입력했을 때 정지 여부를 판단하므로 H의 입력값이 n, m일 때 출력값이 다음처럼 표시되도록 세팅하자.

$$H(n,m) = 0 \quad \text{if } T_n(m) = \square\text{인 경우}$$

$$H(n,m) = 1 \quad \text{if } T_n(m)\text{이 정지하는 경우}$$

이제 $Q(n,m) := T_n(m) \times H(n,m)$로 정의하면(단, $\square \times 0 = 0$), Q도 하나의 알고리즘 즉 튜링 기계이다. 또, 임의의 자연수 n이 주어지면 $1 + Q(n,n)$을 계산하는 알고리즘 즉 튜링 기계의 번호를 k라 하면, $1 + T_n(n) \times H(n,n) = T_k(n)$을 얻는다. 이 식의 n에 k를 대입하면

$$1 + T_k(k) \times H(k,k) = T_k(k)$$

가 되는데, 이 등식은 모순이다. 왜냐하면, 만약 $T_k(k)$가 정지한다면, $H(k,k)=1$이 되므로 $1+T_k(k)=T_k(k)$를 얻어 모순이고, 만약 $T_k(k)$가 정지하지 않는다면, $H(k,k)=0$이 되어 $1+0=\square$를 얻게 되므로 또 모순이다. (Q.E.D)

튜링의 정지 정리에 의해 임의의 $(n,m)\in \mathbb{N}\times\mathbb{N}$이 다음 집합 S에 속하는지 아닌지를 판별하는 알고리즘은 존재하지 않는다.(이런 집합을 비재귀(non-recursive) 집합이라 한다.)

$$S:=\{(n,m)\in \mathbb{N}\times\mathbb{N} \mid T_n(m)\text{이 정지}\}$$

하지만 S는 재귀적 열거 가능(recursively enumerable)이다. 즉 S의 원소들을 순차적으로 다 출력해주는 알고리즘은 존재한다. $\mathbb{N}\times\mathbb{N}$에 정렬 순서를 아래 그림에서처럼 정의하자.

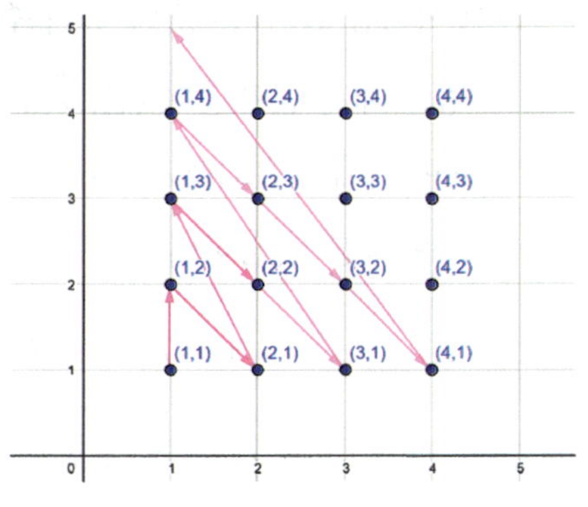

이 순서대로 $\mathbb{N}\times\mathbb{N}$의 각 원소 $(n.m)$가 S에 속할지 아닐지를 테스트해 보되 다음 절차를 따른다. $T_1(1)$의 첫 10단계를 수행하고 그 결과를 기억해 두고, $T_1(1)$의 두 번째 10단계와 $T_2(1)$의 첫 10단계를 수행하고 그 결과를 기억해 두고, $T_1(1)$의 세 번째 10단계와 $T_2(1)$의 두 번째 10단계와 $T_1(2)$의 첫 10단계를 수행하고 그 결과를 기억해 두고,$\cdots$. 이렇게 모든 원소를 테스트해 보다가 정지하는 $T_n(m)$이 나오면 그런 (n,m)은 S의 원소로 출력하고, 그 다음에 $T_n(m)$을 수행하는 차례가 오면 건너뛰면 된다. 이렇게 하면 S에 속하는 모든 원소는 언젠가는 다 출력이 된다.

10.4 알고리즘을 뛰어넘는 인간 사고

튜링의 결과에 의해 위의 H와 같은 튜링 기계는 존재할 수 없지만, 다음의 $\widetilde{H}$처럼 H를 근사하는 튜링 기계는 얼마든지 존재한다.

$$\widetilde{H}(n,m) := 0 \text{ 또는 } \square \quad \text{if } T_n(m) = \square\text{인 경우}$$
$$\widetilde{H}(n,m) := 1 \quad \text{if } T_n(m)\text{이 정지하는 경우}$$

가령, 범용 튜링 기계처럼 $T_n(m)$을 그대로 수행하게 하면 된다. 만약 정지하면 $T_n(m)$ 값 대신 1을 출력하게 한다. 하지만 이것은 별 쓸모가 없는 가장 나쁜 성능의 $\widetilde{H}$이다.

이전에서처럼 임의의 자연수 n이 주어지면 $1+T_n(n)\times\widetilde{H}(n,n)$을 계산하는 튜링 기계가 존재한다.(단, $\widetilde{H}(n,n)=\square$가 되는 경우, $1+\square\times\square=\square$이 됨.) 이 기계의 번호를 k라 하면 $1+T_n(n)\times\widetilde{H}(n,n)=T_k(n)$이 되고, 이 식의 n에 k를 대입하여

$$1+T_k(k)\times\widetilde{H}(k,k)=T_k(k)$$

를 얻자. 이제 만약 $T_k(k)$가 멈춘다고 한다면, $1+T_k(k)=T_k(k)$가 되어 모순이 발생한다. 따라서 $T_k(k)=\square$이어야 한다. 그런데 이것을 $\widetilde{H}$는 **'알아낼 수' 없다**. 왜냐하면 만약 $\widetilde{H}(k,k)=0$이라면 $1+\square\times 0=\square$이 되어 모순이기 때문이다.($\square\times 0=0$이다.)

결론적으로 임의의 근사적 판정 기계 $\widetilde{H}$에 대해 $\widetilde{H}$가 판별하지 못하는 사실 $T_k(k)=\square$을 우리는 알고 있다. 주어진 $\widetilde{H}$에 대해 그 k를 구하

는 것도 알고리즘으로 만들 수 있다. 그러면 k를 구체적으로 구해서 $T_k(k) = \square$라는 사실을 $\widetilde{H}$의 작동 규칙에 추가하여 더 개선된 근사적 판정 기계 $\widetilde{\widetilde{H}}$를 얻을 수 있다. 하지만 이 $\widetilde{\widetilde{H}}$가 판정하지 못하는 또 다른 사실 $T_{k'}(k') = \square$을 찾아낼 수 있다. 이 과정을 끝없이 계속할 수 있다.

무한히 많은 튜링 기계를 다 동원하면 어떨까? 그래도 여전히 인간은 그것을 능가한다. 튜링 기계들의 정지 여부를 판정하기 위해 인간이 현재 활용할 수 있는 모든 알고리즘들을 다 모은 하나의 알고리즘을 A라 하자. A가 알아내지 못하는 사실을 인간이 알아낼 수 있음을 보이겠다.

우선 그런 A는 구성 가능하다. 아무리 많은 알고리즘들이 존재한다 할지라도 가산 개에 지나지 않으므로 $A_1, A_2, A_3, \cdots$으로 번호를 붙이자.(튜링 기계 번호를 이용해 순서를 정하면 됨.) 그러면 알고리즘 A를 다음과 같은 절차로 진행하도록 하면 모든 A_i들을 다 수행할 수 있다. 우선 각 $i \in \mathbb{N}$에 대해 A_i를 생성해내는 알고리즘을 갖추고 있으며, A_1의 첫 10단계를 수행하고 그 결과를 기억해 두고, A_1의 두 번째 10단계와 A_2의 첫 10단계를 수행하고 그 결과를 기억해 두고, A_1의 세 번째 10단계와 A_2의 두 번째 10단계와 A_3의 첫 10단계를 수행하고 그 결과를 기억해 두고,$\cdots$. 물론 중간에 어떤 A_i가 종료해버리면, 그다음에는 A_i를 수행하지 않고 건너뛰면 된다.

이제 $A(n,m)$의 출력 설정을 다음과 같이 하자. $T_n(m)$이 멈추지 않을 것으로 판정이 되면 (1을 출력하며) 멈추고, 멈출 것으로 판정이 되거나 판정을 할 수 없는 경우 $A(n,m)$이 영원히 멈추지 않도록 설정한다. 따라서

$$A(n,m)\text{이 정지하는 경우, } T_n(m)\text{은 정지하지 않는다.}$$

특별히 $m=n$인 경우, $A(n,n)$이 정지하는 경우, $T_n(n)$은 정지하지 않는다.

그런데 $A(n,n)$도 어떤 튜링 기계(가령 T_k)에 n을 입력한 것으로 볼 수 있으므로, $T_k(n)$이라 하자. 이제 n에 k를 대입하면, $A(k,k)=T_k(k)$가 되므로, 다음을 얻는다.

$T_k(k)$이 정지하는 경우, $T_k(k)$은 정지하지 않는다.

따라서 $T_k(k)$는 정지하지 않는다고 추론할 수밖에 없다. 즉 $A(k,k)$가 멈추지 않으므로 A는 이 사실을 **알아내지 못한 것이다**. 하지만 우리는 이 사실을 알고 있다! 이로써 인간의 사고가 하나의 알고리즘으로 구현 가능하지 않음을 알 수 있다.

A로부터 $T_k(k)$를 알아내는 절차도 하나의 알고리즘으로 구현 가능하지만, 이 절차는 A에 포함되어 있지 않다. 이 절차까지 A에 더하여 더 개선된 알고리즘 $\widetilde{A}$를 만들 수 있으며, 이런 과정을 무한히 반복할 수 있다.

10.5 결정 문제와 제1 불완전성 정리

예전처럼 우리는 주어진 1차 형식 체계의 자연수가 보통의 의미로 해석되는 표준 모델이 존재한다고 가정하겠다. 그리고 메타 수학적 명제의 산술식화에 의해 명제 '$T_n(m)$이 정지한다'도 형식 체계 내의 형식문으로 표현할 수 있는데, 이 증명은 너무 기술적이므로 생략한다.

이제 결정 문제에 대해 답해보자. 우선 명제 '$T_n(m)$이 정지한다'가 형식 체계 내에서 증명 가능함과 실제로 $T_n(m)$이 정지함이 동치이다. ($\Leftarrow$)은 실제로 $T_n(m)$의 절차들을 순서대로 실행해 보면 정지하게 되므로 이 과정을 형식적 증명으로 번역하면 되고, ($\Rightarrow$)은 괴델의 완전성 정리에 의해 주어진다.

만약 모든 형식문에 대해 형식 체계 내에서 증명 가능인지 아닌지를 판별하는 알고리즘이 존재한다면, 형식문 '$T_n(m)$이 정지한다'도 그 체계 내에서 증명 가능한지 아닌지를 판별하는 알고리즘 즉 튜링 기계가 존재한다는 말이므로, 그 튜링 기계는 임의의 튜링 기계의 정지 여부를 판정하는 기계가 되어 위에서 증명한 정지 문제의 비결정성에 모순이다.(Q.E.D)

튜링 정지 문제의 비결정성으로부터 괴델의 제1 불완전성 정리도 증명할 수 있다. 즉 참이지만 형식적 증명이 존재하지 않는 형식문의 존재를 귀류법으로 증명하기 위해 모든 양의 정수 n,m에 대해 '$T_n(m)$이 정지 한다' 또는 '$T_n(m)$이 정지 안 한다' 중 하나에 대한 형식적 증명이 존재한다고 가정하자. 주어진 형식 체계에서 증명 가능한 형식문들을 다 출력하는 알고리즘을 가동시켜 보면, '$T_n(m)$이 정지한다'와 '$T_n(m)$이 정지 안한다' 중 하나를 발견하게 될 것이고, 이는 실제로 $T_n(m)$의 정지 혹은 비정지를 의미하므로, 정지 문제의 비결정성에 모순이다.(Q.E.D)

10.6 결정 불가 문제들의 예

힐버트의 10번째 문제에 대한 답은 러시아 수학자 마티야세비치(Yuri Matiyasevich)에 의해 얻어졌다. 즉 임의의 디오판토스 방정식의 정수해가 존재하는지 안 하는지 여부를 판단하는 알고리즘은 존재하지 않는다.

유한개의 원소들 $g_1, \cdots, g_n$로 생성되고, 생성원 g_i들의 관계식도 유한개로 주어지는 군(group)에서 임의의 원소 $g_{i_1}^{n_1} g_{i_2}^{n_2} \cdots g_{i_k}^{n_k}$ $(n_i \in \mathbb{Z})$가 항등원과 같은지 아닌지를 판정하는 문제를 단어 문제(Word problem)이라 하는데, 임의의 군에 대해 그 문제를 푸는 일반적 알고리즘은 존재하지 않는다. 하지만 유한군으로만 제한한다면 그런 알고리즘이 존재한다.

같은 크기의 정사각형 여러 개를 변끼리 이어 붙여 만든 타일을 폴리오미노라 하는데, 임의의 유한개의 폴리오미노가 주어졌을 때 주어진 유형의 폴리오미노만 이용해 평면 전체를 다 덮을 수 있는지를 판단하는 알고리즘도 존재하지 않는다. 어떤 폴리오미노 집합은 반드시 비주기적으로만 평면을 덮을 수 있다는 사실에 기인한다.

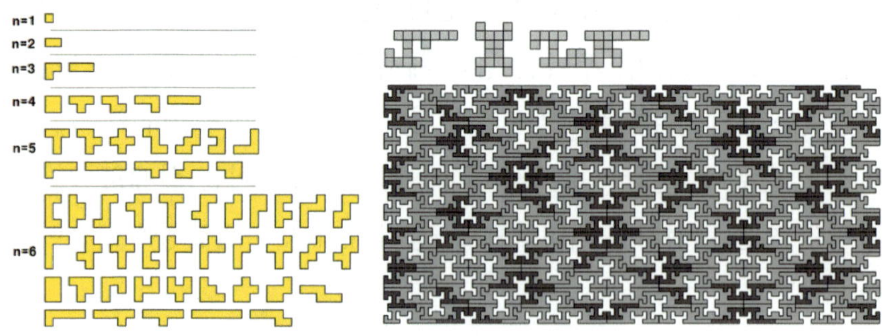

[좌 : polyomino 우 : 비주기적인 tiling]

10.7 계산 가능한 수 vs 측정 가능한 수

실수 a가 계산 가능(computable)하다는 것은 어떤 알고리즘, 즉 튜링 기계가 존재하여 임의의 양수 ϵ이 주어지면 $|a-a'|<\epsilon$를 만족하는 유리수 a'를 구해낼 수 있음을 말한다. 모든 유리수, π, $\pi^e \sin\sqrt{2}$, 유리수

들의 급수로 전개 가능한 수 등이 그 예로, 가령 π는 다음 테일러 급수 전개를 이용하면 계산 가능하다.

$$\frac{\pi}{4} = \arctan 1 = 1 - \frac{1}{3} + \frac{1}{5} - \frac{1}{7} + \frac{1}{9} - \cdots$$

그런데 대부분의 실수는 계산 가능하지 않다! 계산 가능한 수들의 집합의 기수는 $\aleph_0$이다. 일단 모든 유리수가 계산 가능하므로, $\aleph_0$이상임을 알 수 있다. 모든 튜링 기계들의 개수가 $|\mathbb{N}| = \aleph_0$이고 각 튜링 기계에 입력 가능한 데이터의 종류도 $|\mathbb{N}|$이므로, 모든 계산 가능한 수들의 개수는 $|\mathbb{N}| \times |\mathbb{N}| = \aleph_0$이하가 되어야 한다. 따라서 $\aleph_0$임이 증명된다.

계산 가능하지 않은 수의 예로 다음 예가 있다.

$$K := \sum_{n+m=0}^{\infty} H(n,m) 4^{-(n+m)}$$

여기서 $H(n,m)$은 앞에서 정의된 수로 튜링 기계로 계산되지 않더라도 H를 수학적인 함수로 간주한다. 이 급수는 각 항이 0 이상의 수로 이뤄지고

$$\sum_{n+m=0}^{\infty} H(n,m) 4^{-(n+m)} \leq \sum_{m=0}^{\infty} 4^{-n} \sum_{n=0}^{\infty} 4^{-n} = \left(\frac{1}{1-4^{-1}}\right)^2$$

이므로 수렴하고, 따라서 K는 잘 정의된 실수로 존재한다. 만약 이 K가 계산 가능하다면, 즉 K를 임의의 정밀도로 근사하는 튜링 기계가 있다면 그 튜링 기계로 $H(n,m)$ 값을 구해낼 수 있다. 이것은 $H(n,m)$ 값을 다 계산하는 튜링 기계가 없다는 정리에 모순이다.

주의: K에 수렴하는 단조 증가 유리수 수열을 순차적으로 출력하는

튜링 기계 T는 존재한다. 3변수 함수 $\hat{H}(n,m,l)$을 다음과 같이 정의하자. T_n에 m을 입력하여 l 단계까지 실행하였을 때 그때까지 T_n이 멈추면 1, 안 멈추면 0으로 정의하면, $\hat{H}$은 잘 정의된 튜링 기계이다. 이제 T를 다음으로 정의하면,

$$T(l) := \sum_{n+m=0}^{l} \hat{H}(n,m,l)4^{-(n+m)}$$

T도 튜링 기계로서 임의의 l에 대해 $T(l) \leq T(l+1)$이고, $\lim_{l \to \infty} T(l) = K$이다. 하지만, 임의의 양수 ϵ에 대해 $|K - T(l)| < \epsilon$이 되기 위해서 l을 얼마나 크게 택해야 하는지 알 수 없으므로, K는 여전히 계산 불가능이다.

실수 a가 측정 가능하다는 것은 어떤 유한한 실험 절차가 존재하여 임의의 양수 ϵ이 주어지면 $|a - a'| < \epsilon$를 만족하는 유리수 a'를 실험으로 얻어낼 수 있음을 말한다. 단, 이때 실험을 위한 재료는 재단되지 않은 원료이되 그 양은 원하는 만큼 얼마든지 제공된다고 가정한다. 가령 π, $e^{0.5}$, 미세 구조 상수[112]는 측정 가능하다.(Why?) 하지만 e^K는 측정 가능하지 않다.

좋은 과학 이론이 갖추어야 할 특성으로 예측력, 단순성, 일반성, 아름다움이 있지만, 물리학자 게로치(Robert Geroch)와 하틀(James Hartle)은 모든 측정 가능한 수들이 계산 가능할 것을 추가하였고, 양자 중력 이론에서 측정 가능한 수가 계산 불가능할 가능성이 있다고 주장하였다. 양자 중력 이론은 아주 미세한(플랑크 규모) 시공간에서 중력을

112) 전자기력의 세기를 나타내는 물리 상수로 대략 $1/137$ 정도이다.

설명하려는 시도이다. 그런 규모에서는 불확정성 원리에 의해 시공간의 위상과 기하가 한없이 요동하고 있어 이런 효과를 반영하여 물리량의 기댓값을 계산하기 위해서는 모든 가능한 시공간의 기하학에 대한 '합'이 필요한데, 4차원 시공간의 위상적 가능성이 극도로 복잡해 이들을 분류할 알고리즘이 존재하지 않아[113] 그 물리량을 계산할 알고리즘도 존재하지 않을 가능성이 높다. 그럴 경우 어떤 구체적 상황에서 이론으로부터 물리량을 예측해 내기 위해선 정밀도에 따라 각각 다른 계산법을 고안해 내야 한다.

10.8 P vs NP

컴퓨터 하드웨어의 성능이 날로 발전하고 있긴 하지만,[114] 현실적으로 적당한 시간 안에 답을 산출할 수 있도록 알고리즘을 잘 설계하는 일이 절대적으로 중요하다. 여기서 현실적으로 적당한 시간이란 바로 다항식 시간(polynomial time)을 말하는데, 어떤 자연수 k가 존재하여, 입력 데이터의 크기가 n일 때 알고리즘을 다 수행하는 데 걸리는 시간(또는 연산 횟수[115])이 $O(n^k)$, 즉 어떤 양의 상수 C에 대해 Cn^k보다 작음을 말한다. 그렇다면 모든 결정 가능 문제에 대해 다항식 시간 안에 답을 산출하는 알고리즘이 존재할까?

113) 임의의 두 4차원 다양체가 위상적으로 동형인지 아닌지 판별하는 알고리즘이 존재하지 않는다.

114) 인텔의 창업자 Moore의 법칙에 의하면 반도체는 1~2년마다 집적도가 2배로 늘어난다고 선언했는데, 반도체 회로를 미세하게 만드는 것도 물리적 한계가 있다.

115) 컴퓨터의 성능에 따라 차이가 있긴 하지만, 일반적으로 컴퓨터는 1초에 약 1억 번의 연산을 수행할 수 있는 것으로 간주한다.

P 문제

(결정론적) 튜링 기계로 다항식 시간 안에 풀 수 있는 문제를 말한다.

예 ❶ 임의의 자연수 m이 주어지면 소수인지 아닌지 판정하라.

고대 그리스 이후 잘 알려진 알고리즘은 $\sqrt{m}$ 이하의 모든 자연수로 다 나눠보는 방법이다. 하지만 이 알고리즘은 $O(\sqrt{m})$번의 단계를 수행해야 하므로, 다항식 시간이 아니라 지수적(exponential) 시간이 소요된다. m의 자릿수가 n이라면

$$10^{\frac{n-1}{2}} = \sqrt{10^{n-1}} \leq \sqrt{m} < \sqrt{10^n} = 10^{\frac{n}{2}}$$

이기 때문이다. 다항식 시간 안에 푸는 알고리즘은 어떻게 하면 될까?

❷ 오일러의 한 붓 그리기 문제 : 주어진 그래프에서 모든 변(edge)을 정확히 한 번씩만 지나 모든 꼭짓점을 방문하는 경로를 찾아라.

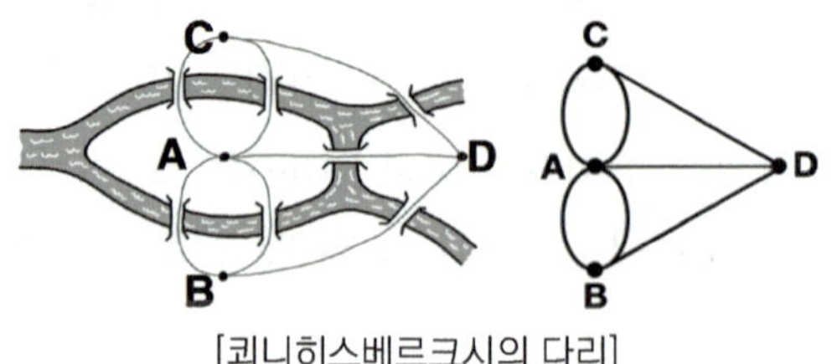

[쾨니히스베르크시의 다리]

점에 연결된 선의 개수가 홀수인 점이 0개 또는 2개일 때만 그런 경로가 존재하며, 꼭짓점 개수 V, 선의 개수 E에 대해 소요 시간이 $O(V+E)$인 알고리즘이 있다.

NP 문제

(결정론적) 튜링 기계로 임의의 후보 답을 다항식 시간 안에 검증 가능한 문제로 비결정론적 튜링 기계로 다항식 시간 안에 풀 수 있다는 것

과 동치이다. 비결정론적 튜링 기계는 특정 상태에서 기계의 동작 지침이 하나로 정해져 있지 않은 이론적 튜링 기계를 말하는데, 기계의 다음 상태가 확률적으로 정해지는 확률적 튜링 기계처럼 동작 지침이 여러 개이거나 아예 없을 수도 있다.

예 ❶ 소인수 분해 문제 : 임의의 자연수 m이 주어지면 소인수 분해하라. 아무 후보 답이 제시되면, 그냥 곱해보면 바로 검증되므로 다항식 시간 안에 가능하다.

❷ 부분집합 합 문제 : 유한개의 정수들로 이뤄진 아무 집합이 주어지면, 그 부분집합들(공집합 제외) 중 원소들의 합이 0이 되는 것이 존재하는지 판정하라.

가령 {-2, −3, 15, 14, 7, −10}이라는 집합이 주어졌다면, 부분집합 {-2, −3, −10, 15}의 원소들 합이 0이 된다. 이처럼 아무 후보 답을 검증해 보기 위해선 단순히 그 부분집합의 원소들을 다 더해보기만 하면 되므로, 주어진 집합의 크기가 n이라면 $O(n)$만큼 시간이면 충분하다. 하지만 그런 부분집합이 존재하는지 찾으려면, 다항식 시간 안에 가능할까? 주어진 집합의 크기가 n이라면, 가능한 모든 부분집합이 2^n개나 되어, 단순히 모든 부분집합을 일일이 다 체크해 보는 완전 탐색(brute force) 알고리즘은 지수적 시간이 소요된다.

지수적 시간은 얼마나 커지는지 가늠해 보자. 우리 우주의 나이가 약 138억 년으로 추정되고 있는데 초로 환산하면 4.36×10^{17}초 밖에(?) 안 된다. 위의 부분집합 합 문제를 완전 탐색 알고리즘으로 풀 경우 집합의 크기가 100이라면 초당 1,000억 회 연산을 해도 $2^{100}/1{,}000$억$> 2^{100}/2^{37} = 2^{63}$초 이상 걸려 우주의 나이를 넘어서게 된다. 따라서 현실적으로 사용할 수 없는 알고리즘이다. 그래서 다항식 시간이긴 하지만 $O(n^{2^{100}})$ 시간 안에 다 풀린다고 한다면, 인간이 범접할 수 없을 정도로 큰 시간이라 어차피 인간이 답을 얻을 수 없는 건 마찬가지다. $O(n^5)$도 별로 쓸모없고 $O(n^3)$이 되어야 현실적으로 유용한 알고리즘이다.

P = NP?

정의로부터 P ⇒ NP임은 당연한데, 과연 그 역도 성립할 것인지 아닌지는 아직 아무도 모르고, 미국의 Clay 수학 연구소에서 제정한 7대 수학 난제 중 하나이다.

만약 P=NP가 구성적으로 증명되고, 다항식 시간 $O(n^k)$에서 n^k항의 계수와 k가 그리 크지 않다면, 대부분의 최적화 문제가 자명하게 된다. 소인수 분해도 쉽게 되므로 소인수 분해에 기반한 현재의 보안 체계도 무용지물이 될 수밖에 없다. P=NP라면, 결국 인간의 창의성도 컴퓨터로 대치 가능함을 의미한다. 가령 문학 작품을 읽고 좋은지 안 좋은지 판단하는 것은 쉬운 일(NP 문제)인데 좋은 문학 작품을 만들어내는 다항식 시간 알고리즘이 존재한다는 말이 된다. 현재의 생성형 인공지능도 창작물을 만들어내고 있지만, 엄밀한 의미에서 창의적이라고 볼 수 없으며 인간이 만들어낸 수많은 데이터를 학습하고 요약해서 모방한 결과물이다.

대부분의 전문가들은 P≠NP일 것으로 보고 있지만, 자연은 종종 인간의 예상을 뛰어넘는 새로운 세계를 보여줘 왔다. 튜링상을 수상하고 알고리즘 분석의 아버지로 불리는 커누스(Donald Knuth)[116]도 P=NP일 것으로 믿었는데 그 증명이 구성적이진 아닐 것이라 예상하였다.

116) 참고로 그는 수학 문서 작성 프로그램인 TEX을 만든 사람이기도 하다.

NP-난해(hard) 문제

어떤 문제가 NP-난해라 함은 임의의 NP 문제를 다항식 시간 안에 그 문제로 환원할 수 있음을 말한다. 여기서 어떤 문제 L이 다른 문제 H로 다항식 시간 안에 환원된다는 말은, H를 푸는 데 걸리는 시간을 1로 놓았을 때 H를 (여러 번) 이용하여 L을 푸는데 걸리는 소요 시간이 $O(n^k)$ 임을 말한다.(n : L의 입력 데이터의 크기, k : 어떤 자연수)

예 ❶ 튜링의 정지 문제 : 임의의 튜링 기계에 아무 입력값을 넣었을 때 계산을 끝내고 멈출지 아니면 영원히 계산을 진행하여 멈추지 않을지를 판정하라.

❷ 외판원 문제(traveling salesman problem) : 주어진 모든 지점들을 단 한 번만 방문하고 원래 시작점으로 돌아오는 최단 경로를 구하라.

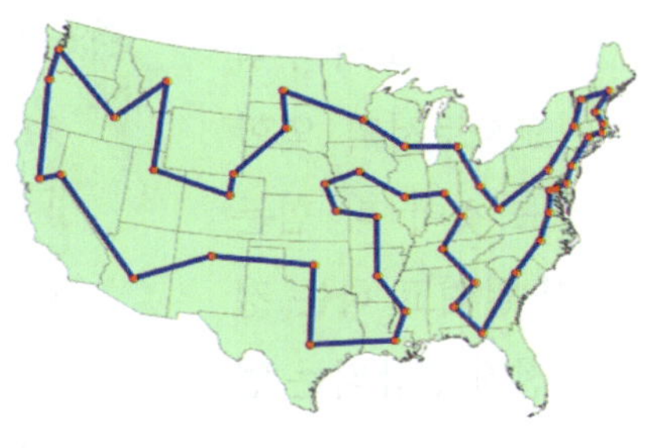

NP-완전(complete) 문제

NP-난해이면서 NP인 문제를 말한다. NP-완전인 문제의 예로 부분집합합 문제가 있다. P=NP를 증명하고자 한다면 NP-완전인 아무 한 문제에 대해 다항식 시간 안에 해결하는 알고리즘을 찾기만 하면 된다. 전문가들은 양자 컴퓨터를 사용하더라도 NP-완전 문제를 다항식 시간 안에 풀 수 없을 것으로 보고 있다.

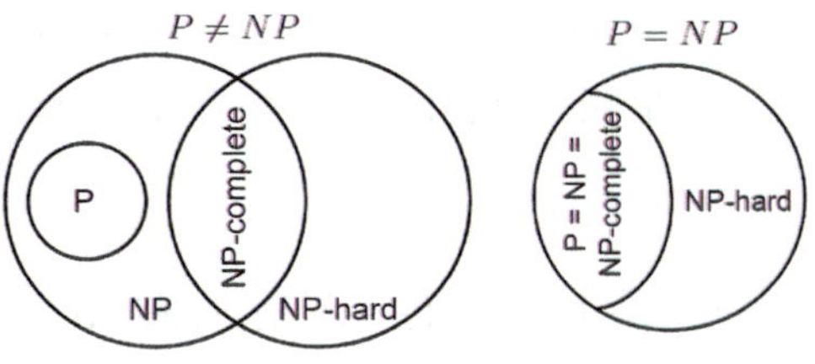

10.9 양자 컴퓨터

양자 컴퓨터는 꿈의 컴퓨터로 불린다. 2024년 구글은 자체 개발한 양자컴퓨터가 성능 실험에서 현존하는 가장 빠른 슈퍼컴퓨터인 프런티어를 능가했다고 발표했다. 프런티어가 10자 즉 10^{24}년($\gg 1.38 \times 10^{10} =$ 우주의 나이)이 걸려야 풀 수 있는 문제를 단 5분 안에 풀었다고 한다. 도대체 양자 컴퓨터는 어떤 원리로 작동하기에 이런 일이 일어날 수 있을까?

양자 컴퓨터의 계산 원리를 다음에 비유할 수 있다. 엄마로서의 역할과 교사로서의 역할 중 어느 것이 더 힘든 것인지 알려고 하는 경우, 고전적 컴퓨터는 엄마 100인과 교사 100인을 각각 조사한 뒤 얻어진 조사 결과들을 취합하고 비교하여 답을 도출하는 것과 같다. 반면, 양자 컴퓨터는 엄마이면서 교사인, 즉 **중첩 상태**에 있는 100인에게 상호 토론 즉 **간섭**을 통해 답만 도출케 하는 것과 같다. 후자가 더 빨리 답을 도출하는 방법임을 알 수 있다.

기존 컴퓨터의 기본 소자인 비트(bit)가 $|0>$과 $|1>$의 상태만 가지는데 반해 양자 컴퓨터의 기본 소자인 큐빗(qubit)은 0과 1이 중첩된 상태인 $\alpha|0> + \beta|1>$도 가질 수 있다.(단, $\alpha, \beta : |\alpha|^2 + |\beta|^2 = 1$인 복소수) 이들 중 비 $\alpha/\beta \in \mathbb{C} \cup \{\infty\}$가 같으면 같은 상태를 나타내므로, 극사영에

의해 큐빗의 각 상태는 구면의 한 점으로 표시할 수 있다. 북극에 가까운 점일수록 $|0>$일 확률이 더 높은 상태를 나타내고, 남극에 가까운 점일수록 $|1>$일 확률이 더 높은 상태를 나타낸다.

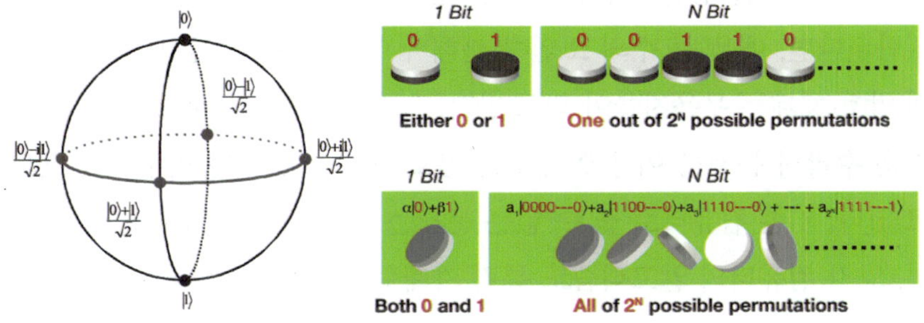

[좌 : 큐빗의 상태 공간 우 : 비트와 큐빗]

큐빗의 물리적 구현은 소립자를 이용한다. 관측되기 전의 입자는 관측 가능한 모든 상태가 중첩된 상태를 가지므로, 입자의 스핀 각운동량 S_x가 위인 상태와 아래인 상태의 중첩으로 존재하여 큐빗이 된다. N개의 입자로 이뤄진 다중 큐빗에 중첩 상태를 구현하면 2^N개의 상태들이 중첩되므로 그 수가 기하급수적으로 증가한다. 이 중첩 상태 $\sum_{i=1}^{2^N} a_i |i>$에 선형 연산 U를 수행하면 $\sum_{i=1}^{2^N} a_i U(|i>)$가 되어 모든 2^N개의 상태들에 연산이 다 수행된다. 하지만 이 계산된 중첩 상태를 그냥 관측하면 특정한 하나의 상태 $|i>$만 관측이 되므로, 입자들의 얽힘[117]과 간섭 현상을 이용하여 원하는 결과가 측정될 확률 진폭을 강화하고, 나머지 결과에 대한 확률 진폭이 약화되도록 알고리즘을 잘 구현해야 한다.

117) N개의 큐빗이 얽혀 있다면, 그중 하나의 큐빗 상태가 변하게 되면 다른 N-1개의 큐빗 상태도 동시에 변하게 된다. 부록 참조.

소인수 분해처럼 어떤 문제는 이러한 알고리즘이 개발되어 기존 컴퓨터보다 엄청나게 빨리 풀 수 있다. 이런 경우 300큐빗으로 된 양자 컴퓨터의 계산 능력은 300비트 CPU 2^{300}개(관측 가능한 우주 안의 원자 개수보다 많다!)를 병렬로 연결한 기존 컴퓨터와 같아서 양자 컴퓨터가 현실화된다면, 매우 큰 수의 소인수 분해가 어렵다는 사실을 이용한 기존의 암호 체계는 무용지물이 되고 만다. 그래서 양자 컴퓨터로도 깨기 어려운 수학적 문제를 이용해 새로운 암호 체계를 만드는 연구가 진행되고 있다. 기존 컴퓨터로 풀 수 없는 문제는 양자 컴퓨터 역시 풀 수 없으며, 양자 컴퓨터의 알고리즘도 튜링 기계로 표현할 수 있다.

양자 컴퓨터의 상용화를 위해서는 양자 알고리즘의 개발뿐 아니라 하드웨어적으로도 더 발전해야 한다. 고전적 메모리 소자와 달리 큐빗은 매우 불안정하여 오류가 잘 생기므로, 오류를 줄이고 오류를 정정하는 기술과 아울러 큐빗 수를 더 늘리기 위한 기술을 개발하고 있다.

10.10 생각해 볼 문제들

❶ 튜링이 만든 최초의 튜링 기계는 빈 메모리 테이프에 01010101⋯을 인쇄하는 튜링 기계이다. 헤더가 위치해 있는 자리부터 시작해서 01010101⋯을 인쇄하는 이 튜링 기계의 규칙표를 작성해 보시오.

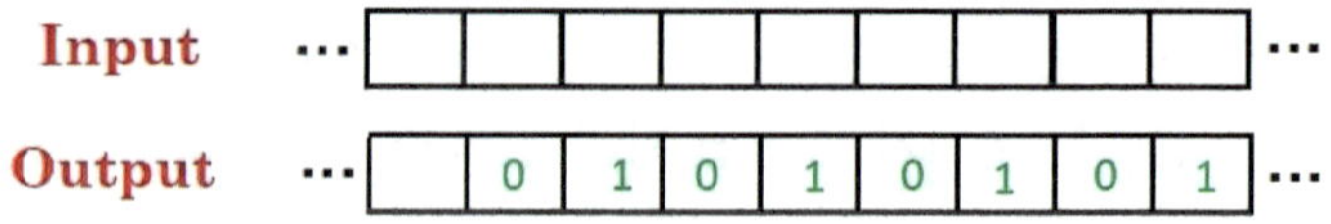

Input	⋯										⋯
Output	⋯		0	1	0	1	0	1	0	1	⋯

❷ 0을 포함한 자연수 n을 테이프에 저장할 때 $n+1$개의 1로 표시하자. 두 자연수 n, m이 0으로 분리되어 인쇄된 테이프를 읽어서 자연수

$n+m$을 출력하는 더하기 튜링 기계 T_{add}의 규칙표를 작성해 보시오. 아래 그림은 입력 데이터 3과 4가 인쇄되어 있는 테이프로 헤더의 최초 위치는 빨간 색 1의 자리이다.

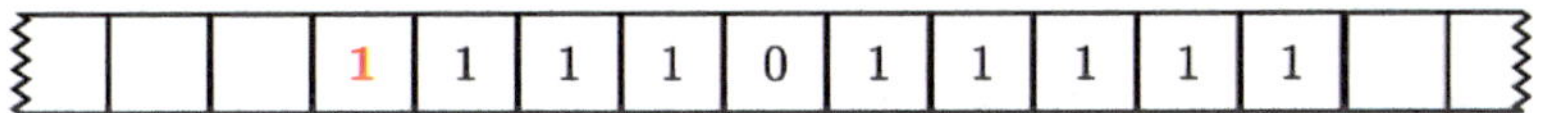

❸ 함수 $f:\mathbb{N}\rightarrow\mathbb{N}$가 계산 가능(computable)하다는 것은 어떤 알고리즘 즉 튜링 기계가 존재하여 임의의 $n\in\mathbb{N}$에 대해 $f(n)$을 계산할 수 있음을 말한다. 대부분의 함수 $f:\mathbb{N}\rightarrow\mathbb{N}$는 계산 가능하지 않음을 보이고, 계산 가능하지 않은 함수 $f:\mathbb{N}\rightarrow\mathbb{N}$를 구체적으로 제시하시오.*

❹ 영국의 수학자 콘웨이(John Conway)의 생명 게임은 무한한 크기의 바둑판에서 각 칸에 한 마리씩 있는 세포들의 삶과 죽음이 펼쳐지는 게임으로 이 역시 튜링 기계이다. 이 게임은 초기 상태에 의해 완전히 결정되며, 각 세대에서 다음 세대로 넘어갈 때 각 세포들의 생사는 인접한 8개의 칸의 세포의 상태와 다음 세 가지 규칙에 의해 결정된다.

(i) 인접한 8칸 중 3칸에 세포가 살아 있다면 해당 칸의 세포는 그다음 세대에 살아 있다. (계속 살아 있거나 죽은 상태에서 살아난다.)

(ii) 인접한 8칸 중 2칸에 세포가 살아 있다면 해당 칸의 세포는 현재 상태를 그대로 유지.

(iii) 그 이외의 경우, 해당 칸의 세포는 (외로워서) 죽거나 혹은 (숨 막혀서) 죽는다. (계속 죽어 있거나 살아 있는 상태에서 죽는다.)

이제 전체 바둑판 중 어떤 $n\times n$ 영역 D만 살펴보자. 어떤 세포가 살아있으면 1로 표시하고 죽어있으면 0으로 표시하면, $n\times n$ 행렬을 얻는

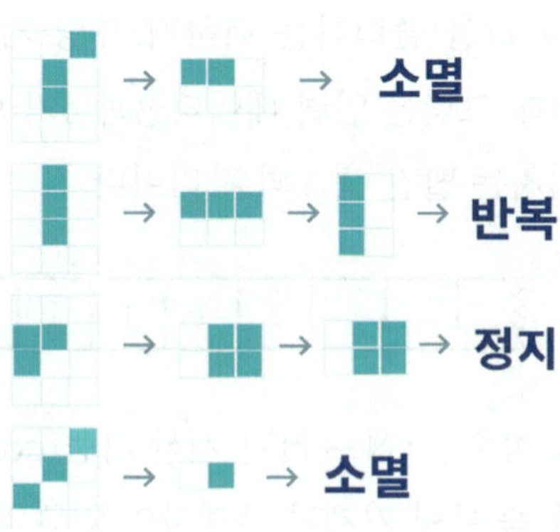

데 D 영역의 상태를 표시한다. 0 또는 1을 원소로 갖는 $n \times n$ 행렬 $A = \begin{pmatrix} a_{11} & \cdots & a_{1n} \\ \vdots & \vdots & \vdots \\ a_{n1} & \cdots & a_{nn} \end{pmatrix}$가 D 영역의 초기 상태를 나타내고, D 바깥 영역의 초기 상태는 다 0인 상태라고 하자. 이때 m번째 세대에 D의 상태를 $n \times n$ 행렬로 출력하는 알고리즘 또는 프로그램을 작성해 보시오.(튜링 기계는 지금의 컴퓨터로 치면 고급 프로그래밍 언어로 코딩한 것을 컴퓨터의 CPU가 해독할 수 있는 언어인 기계어로 번역(컴파일)한 것에 해당하므로, 실용적 문제의 알고리즘을 튜링 기계로 작성하는 것은 너무 번거로운 일이다. 파이썬, C, 자바 같은 고급 언어로 프로그램을 작성하되, 코딩의 편의를 위해 m이 100 이하인 경우만 다루자.)

❺ 0 또는 1을 원소로 갖는 임의의 $n \times n$ 행렬이 주어졌을 때, 그 행렬을 초기 상태로 갖는 콘웨이 생명 게임이 정지할지 영원히 계속할지를 판별할 수 있는 알고리즘이 존재하는가?

CHAPTER

11

생각하는 기계의 등장

To reason is to reckon.

- Thomas Hobbes

21세기에 접어들면서 인공지능(Artificial Intelligence, AI)의 광풍이 몰려오고 있다. 인간 고유의 영역으로 여겨왔던 사고를 컴퓨터로 구현하게 되면서 인간의 거의 모든 지적 업무를 대체하여 산업 구조를 재편시키고, 과학 기술의 패러다임을 바꾸는 데서 더 나아가 인간의 정체성마저 혼란스럽게 하려 한다. 인간이 수학을 이용해 만들어낸 인공지능이 수학을 자동으로 생성해 주는 기계가 될지도 모른다. 이를 논하기 위해서는 우선 인공지능이 어떻게 사고를 구현하는지 그 메커니즘을 충분히 이해할 필요가 있다.

11.1 기계가 사고할 수 있는가

튜링은 1950년 논문에서 이 질문을 던지면서 튜링 테스트를 제안했다. 즉 사람과 컴퓨터를 서로 가린 채 대화를 해봐서, 대화 상대편이 컴퓨터인지 진짜 인간인지 사람이 구분할 수 없다면 그 컴퓨터는 생각하는 능력이 있다고 봐야 한다는 것이다.

이에 대한 반론으로 철학자 존 설(John Searle)은 '중국어 방'이라는 사고 실험을 제시하였다. 그 방 안에 영어만 할 줄 아는 사람이 들어가고, 그 방에는 미리 만들어 놓은 중국어 질문과 그에 대한 답 목록이 준

비되어 있다. 이 방 안으로 중국인 심사관이 중국어로 질문을 써서 안으로 넣어주면 방 안의 사람은 그것을 준비된 대응표에 따라 답변을 중국어로 써서 밖의 심사관에게 준다. 밖에 있는 사람이 보면 방 안의 사람이 중국어를 잘하는 것처럼 보이지만, 사실 그는 내용을 전혀 이해하지 못한다.

현재의 인공지능도 사실상 이렇게 구현되고 있다. 인공지능 알파고가 이세돌 기사에게 완승을 거두었지만, 학습하지 못한 새로운 상황에선 가끔 어이없는 멍청한 수를 두면서, 바둑의 논리를 이해한 것이 아니라 단지 이전의 데이터의 학습 결과에 근거해서 각 경우의 수에 대해 이길 확률을 계산하는 알고리즘일 뿐임이 드러났다. 오히려 인간은 논리와 직관에 기반한 통찰력으로 슈퍼컴퓨터의 엄청난 학습과 대량 계산을 이길 수도 있음을 보여주었다.

이에 대한 재반론은, 방 안의 사람은 인간으로 치면 두뇌의 한 세포에 해당할 뿐이고 방 안의 사람을 포함한 '중국어 방' 총체 또는 프로그램은 중국어를 이해한다고 주장한다. 논쟁의 핵심은 언어적 기능 수행만으로 '진짜 이해'가 존재하느냐인데, 만약 휴머노이드 로봇이 기능적으로 인간과 완전히 같다면, '진짜 이해'의 존재 여부는 검증 불가능하지 않을까? 펜로즈를 따라 인공지능의 가능성을 네 가지로 분류해 볼 수 있다.[38]

(ⅰ) 강인공지능(strong AI)의 관점 : 사고란 모두 컴퓨팅이고 인간처럼 사고하고 의식을 가진 강인공지능(strong AI)을 (원리적으로) 만들 수 있다고 주장한다. 의식적 인식의 느낌들은 단지 컴퓨팅 활동의 엄청난 복잡성에 기인하며, 인간의 두뇌를 이루는 물질도 꾸준히 교체되고 있고 지속되는 것은 그 물질들이 형성하는 연결 패턴뿐이므로 자아도 바로 이 패턴에서 연유한다. 사고와 의식에

대한 고도의 조작주의적[118]관점으로, 강인공지능의 구현 방식에 따라 기호주의와 연결주의로 나뉜다. 기호주의는 인간의 고차원적 인지 능력이 규칙에 따라 기호를 조작하는 것으로 구현된다고 보고, 연결주의는 인간의 뇌처럼 수많은 단순한 단위(뉴런)가 상호 연결되어 작동하는 과정을 통해 지능이 창발하게 된다고 본다. 현재 연결주의가 기술적으로 큰 성과를 내면서 주류를 이루고 있다.

(ii) 약인공지능(weak AI)의 관점 : 의식이란 두뇌의 물리적 활동에서 발현되며 컴퓨터로 시뮬레이션(simulation, 모사)할 수 있지만 컴퓨터 시뮬레이션 그 자체만으로는 의식이 생겨나지 않는다. 태풍에 대한 컴퓨터 시뮬레이션은 분명 태풍은 아니다. 약인공지능은 특정 분야별로 지능을 갖춘 문제 해결을 목표로 한다.

(iii) 두뇌의 물리적 활동으로부터 의식이 생겨나지만, 컴퓨팅으로는 이 물리적 활동을 제대로 시뮬레이션하기 불가능하다. 인간의 의식은 알고리즘을 넘어서며, 미래 과학에서 규명될 것으로 기대한다. 펜로즈는 괴델의 제1 불완전성 정리에 근거하여 위 두 관점을 비판하고, 두뇌의 신경 세포 내에서의 양자 역학적 과정에 의해 의식이 발현된다는 가설을 제시했다.

(iv) 물리학, 컴퓨터, 어떤 과학으로도 인간의 의식을 설명할 수 없다. 정신(영혼)과 육체의 실체를 다 인정하는 데카르트의 심신 이원론과 종교 및 영적 관점이 이에 해당된다.

118) 과학적 개념은 그것을 측정하는 구체적 절차나 정신적 조작에 의해 규정되어야 한다는 견해이다. 가령 튜링 테스트는 기계 지능의 유무에 대한 조작적 기준을 제안한 것이다.

인공지능 연구는 20세기 중반 장밋빛 전망으로 시작되었다. 하지만 곧 인공지능의 높은 벽을 실감하면서 소위 '인공지능의 겨울'을 맞게 된다. 그 후 프로그램의 추론 전략 개발보다는 프로그램에 특정 분야의 많은 지식을 체계적으로 집적해 질의응답을 통해 특정 분야만의 문제를 해결하는 전문가 시스템의 개발로 후퇴하여 일정 부분 성공을 거두지만, 전문가 시스템은 복잡하고 예외적인 상황에 대처가 어렵다는 단점이 있었고, 전문 지식과 달리 오랜 경험을 통해 구축한 인간의 상식을 명시적인 규칙 체계로 구현하는 것은 요원한 일이었다.

철학자 폴라니[119]의 지식 분류에 의하면, 명시적으로 알 수 있는 형식을 갖추어 표현되어 전파와 공유가 가능한 지식인 명시지(explicit knowledge)와 언어와 기호 등의 형식으로 표현될 수 없는, 경험과 학습에 의해 몸에 쌓인 지식인 암묵지(暗默知, tacit knowledge)가 있는데, 인간이 가진 지식의 95% 정도가 암묵지이다. 가령 아이가 시행착오를 겪으면서 배운 지식인 자전거를 타는 법도 암묵지인데, 이 지식을 정확한 알고리즘으로 구현하여 로봇에게 주입하는 것은 거의 불가능할 것이다.

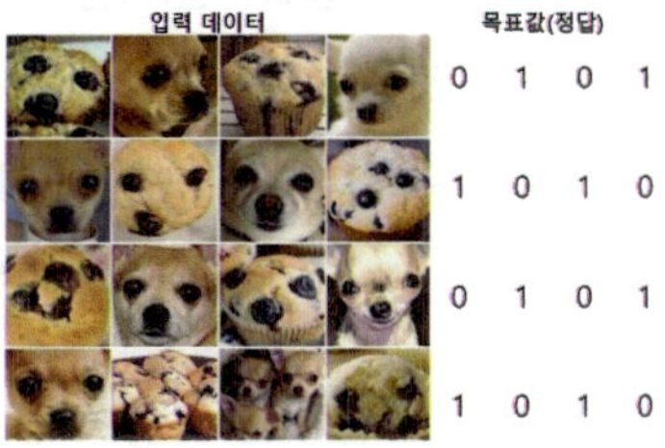

입력 데이터 / 목표값(정답)

0 1 0 1
1 0 1 0
0 1 0 1
1 0 1 0

머핀과 치와와를 구분하는 알고리즘을 어떻게 구현할 수 있을지 생각해 보자. 우선 각 사진을 수치화하기 위해 사진을 잘게 쪼개 픽셀들로 나누고, 각 픽셀에 그것의 색깔에 해당하는 숫자를 부여하면 행렬을 하나 얻을 수 있다. 다음의 오른쪽 예의 경우 5×5

119) Michael Polanyi. 헝가리 태생으로, 그의 두 학생과 아들이 노벨 화학상을 받고 자신도 노벨상 후보로 거론될 정도로 뛰어난 화학자였다.

행렬이다.[120] 이 행렬의 i행 j열 원소를 x_{ij}라 할 때, $x_{11}, x_{12}, \cdots, x_{55}$가 어떤 조건을 만족할 때, 우리는 그것을 치와와 사진으로 인식하고, 또 어떤 조건을 만족하면 머핀 사진으로 인식하고 있는데, 과연 그 조건을 어떻게 찾을 수 있을까?

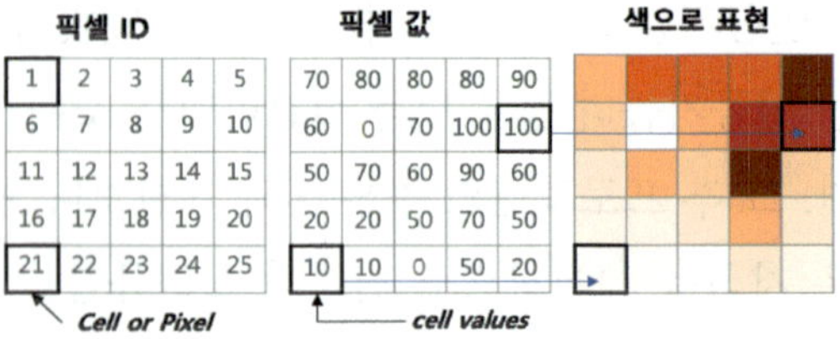

픽셀 ID

1	2	3	4	5
6	7	8	9	10
11	12	13	14	15
16	17	18	19	20
21	22	23	24	25

Cell or Pixel

픽셀 값

70	80	80	80	90
60	0	70	100	100
50	70	60	90	60
20	20	50	70	50
10	10	0	50	20

cell values

색으로 표현

11.2 인공 신경망(Artificial Neural Network)

특징(feature)들을 추출하여 판단 규칙들을 구하기에 너무 복잡한 분야인 이미지 인식, 자연어 처리 등의 문제를 해결하기 위해 기계 스스로 그 규칙을 찾아가도록 뇌의 신경망의 학습 원리를 이용한 기계 학습(Machine Learning) 및 인공 신경망 이론이 제시되었다.

뇌의 각 신경 세포(뉴런)는 수상 돌기를 통해 다른 뉴런들에서 온 신호를 받아 합산하여 일정한 임계값(threshold)을 넘으면 축삭 돌기를 통해 다른 뉴런들로 신호를 내보낸다. 두 뉴런 간의 연결 부위인 시냅스의 연결 강도에 따라 전달되는 신호의 세기가 다르며, 시냅스 연결 강도는 활동의 증감에 따라 강화 또는 약화되는데 이것을 시냅스 가소성(可塑性, plasticity)이라 한다. 즉 경험과 학습은 해당하는 시냅스들을 강화시킨다.

120) 요즘 TV 화면에서 주로 사용하는 해상도는 4K로서 3840×2160 픽셀들로 나눈다.

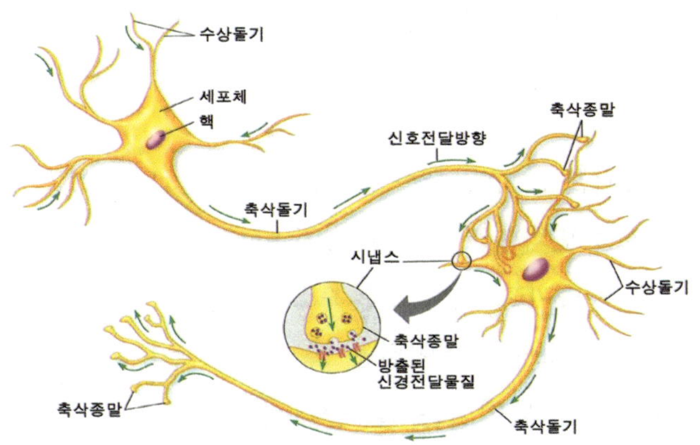

뇌의 뉴런들이 연결하여 이룬 신경망이 학습에 의해 뉴런들 간의 연결 강도를 변화시켜 가듯이, 상호 연결된 인공 뉴런들이 학습을 통해 연결 가중치(weight)와 출력 임계값(threshold)을 변화시킴으로써 작동 규칙을 계속 개선시켜 나가는 체계가 인공 신경망이다. 그것의 가장 간단한 모델인 단층 퍼셉트론(perceptron)을 살펴보자.

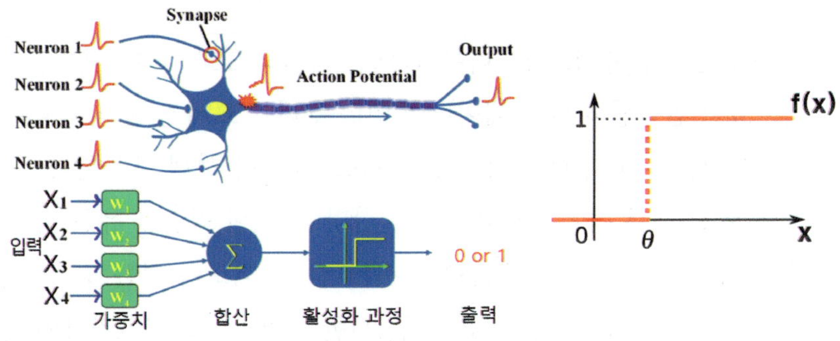

[좌 : 신경망의 작동 과정 우 : 활성화 함수]

각 입력 노드(node)에서 입력값 X_i가 들어오면 가중치 w_i에 곱해져 다 합한 값 $\sum_i w_i X_i$를 활성화 과정에 넣어 이것이 임계값 θ보다 크면 신호 1을 출력하고, 그렇지 않으면 0을 출력한다. 즉, 위의 활성화 함수 f에 대해 $f(\sum_i w_i X_i)$가 출력값이다.

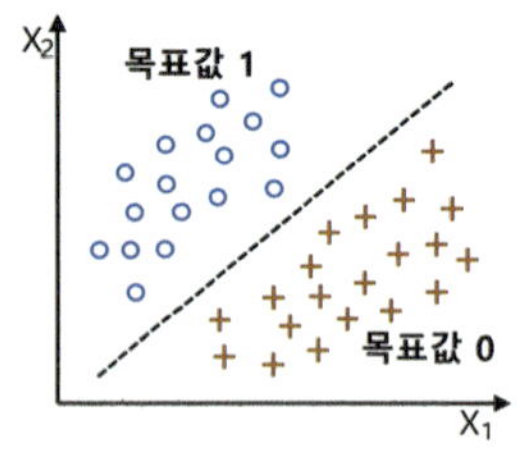

이렇게 출력되는 값이 원하는 목표값과 같도록 w_i들과 θ를 변화시켜 가는 과정이 바로 인공 신경망의 학습이다. 가령 오른쪽 그림처럼 (X_1, X_2)가 +로 표시된 데이터는 1을 출력해 주고, o로 표시된 데이터는 0을 출력해 주는 단층 퍼셉트론을 얻길 원한다고 하자.

우선 입력 노드의 개수가 2개이고, 초기 가중치 w_1, w_2와 초기 임계값 θ를 아무 실수로 채택한 단층 퍼셉트론으로 시작하자. 위 그림의 하나의 데이터 (입력값:(X_1, X_2), 목표값: T)의 (X_1, X_2)를 입력했더니 출력값이 O로 나왔다면, 다음 공식에 의해 w_i들과 θ를 갱신시킨다.

$$w_i \to w_i + \eta(T - O)X_i \qquad \theta \to \theta - \eta(T - O)$$

여기서 η는 학습률 상수로 너무 작으면 학습의 효과가 미미할 것이고, 너무 크면 입력된 하나의 데이터의 영향을 너무 크게 받게 되어 이전에 학습한 것들을 죄다 잊어버리게 되므로, 적절히 선택해야 한다. 이 과정을 주어진 모든 데이터에 대해 실시한다. 이러한 학습을 유한 번 실시하면, 모든 데이터에 대해 '출력값=목표값'이 되도록 하는 w_1, w_2와 θ가 된다.(일반적으로 그런 w_i들과 θ는 무한히 많다.) 즉 목표값 1인 점 (X_1, X_2)는 $w_1X_1 + w_2X_2 > \theta$을 만족하고, 목표값 0인 점 (X_1, X_2)는 $w_1X_1 + w_2X_2 \leq \theta$를 만족하여서, 직선 $w_1X_1 + w_2X_2 = \theta$는 위 그림에서처럼 두 그룹을 나누는 선이 된다.

이처럼 학습에 의해 w_1, w_2와 θ가 원하는 값으로 수렴하기 위해서는 주어진 학습 데이터셋(dataset)이 선형 분리 가능한 유한 집합이어야 한다. 즉 부여된 목표값이 같은 것들로 데이터셋을 분할하였을 때 그 분할 경계를 초평면[121)]으로 택할 수 있어야 한다. 지금 다루는 경우는 2차원 데이터이므로 초평면은 직선이 된다.

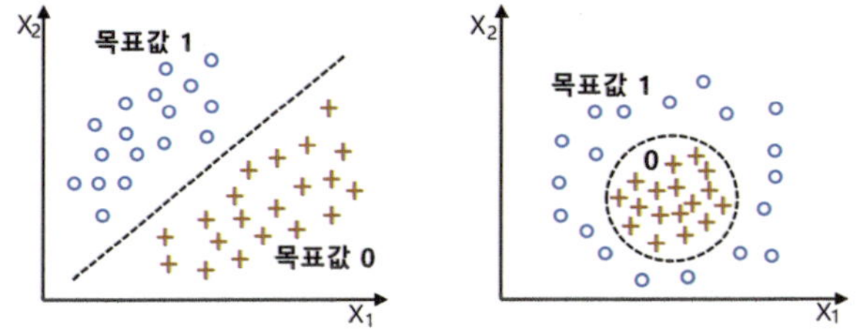

[좌 : 선형 분리 가능한 데이터셋 우 : 선형 분리 불가능한 데이터셋]

데이터셋이 선형 분리 불가능한 경우, 단층 퍼셉트론을 더 일반화하여 출력 노드의 개수를 여러 개로 하고, 다시 이런 신경망을 여러 개 이어 붙인 심층 신경망을 이용한다.

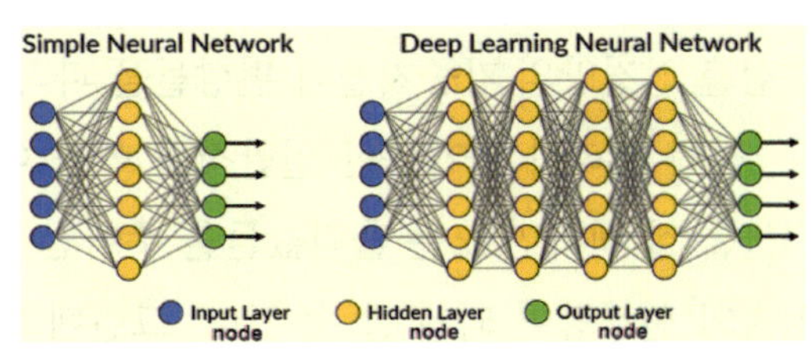

심층 신경망에서도 두 노드의 연결선마다 가중치가 부여되어 있으며, 두 층을 연결하는 가중치들을 다 모으면 행렬(w_{ij})을 이룬다. 은닉층(hidden layer)과 출력층(output layer)의 각 노드에서 출력되는 값은 항상 활성화 과정을 거쳐 나오는데, 활성화 함수를 퍼셉트론에서처럼 계단 함수로 택하지 않고 연속 함수로 택하는

121) hyperplane. 선형 방정식 $\sum_i a_i X_i = c$을 만족하는 점들의 집합

것이 중요하며, 각 활성화 과정에서 임계값에 해당하는 θ_k를 이제 편향(bias)이라 부른다. 아래 그림처럼 계단 함수와 유사한 연속 함수 σ를 이용하여 $\sigma(x-\theta_k)$를 활성화 함수로 택한다.

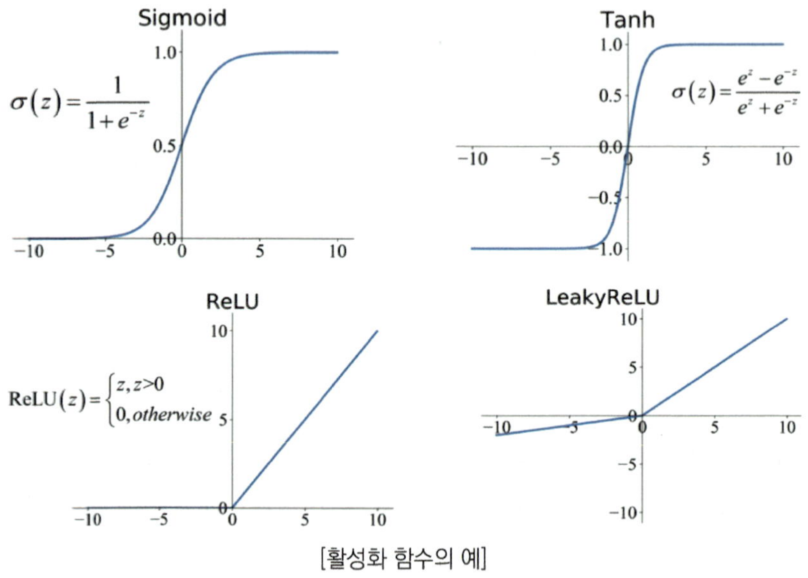

[활성화 함수의 예]

심층 신경망의 가중치들과 편향들을 파라미터(parameter)라 부르는데, 선형 분리가 불가능한 일반적인 학습 데이터셋에 대해서도 파라미터들을 잘 택하면 모든 출력값들을 주어진 목표값들과 일치되도록 하는 최적의 신경망이 되게 할 수 있다. 그런데 어떻게 학습을 시켜야, 즉 파라미터들을 어떻게 갱신시켜 나가야 그런 신경망으로 수렴하는지 모른다. 다만 최적의 신경망에 가까운 신경망으로 수렴시키기 위한 딥러닝(deep learning) 알고리즘들이 개발되고 있는데, 기본적으로 다음의 경사 하강법(gradient descent)을 응용한다.

하나의 학습 데이터(입력값:$(X_1, X_2, \cdots)$, 목표값:$(T_1, T_2, \cdots)$)가 주어

져 입력값들을 각 입력 노드에 넣었더니 출력층의 i번째 노드에서 출력값 O_i를 얻었다고 하자. 그러면 오차 $T_i - O_i$ 들을 제곱해 합하여 오차(손실) 함수 $E := \sum_i (T_i - O_i)^2$ 를 구성한다.[122] 이 E를 최소화하는 파라미터들로 수렴시키기 위해 오른쪽 공식에 의해 갱신시킨다.

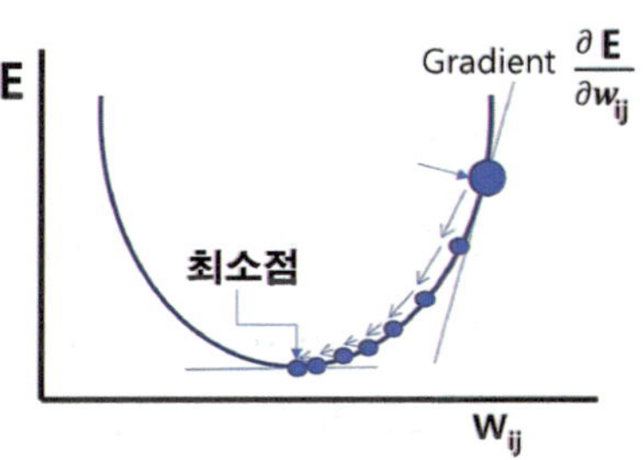

$$w_{ij} \to w_{ij} - \eta \frac{\partial E}{\partial w_{ij}} \qquad \theta_k \to \theta_k - \eta \frac{\partial E}{\partial \theta_k}$$

다시 강조하자면, 경사 하강법은 최적의 파라미터 값을 찾아가는 완전한 방법이 아니다. 다음 학습 데이터를 입력하면 오차 함수 그래프가 바뀌므로 고정된 그래프에서 최소점으로 경사 하강하는 것이 아니다. 또 아래 그림처럼 국소 최소점들이 존재하는 경우, 가령 파라미터의 초

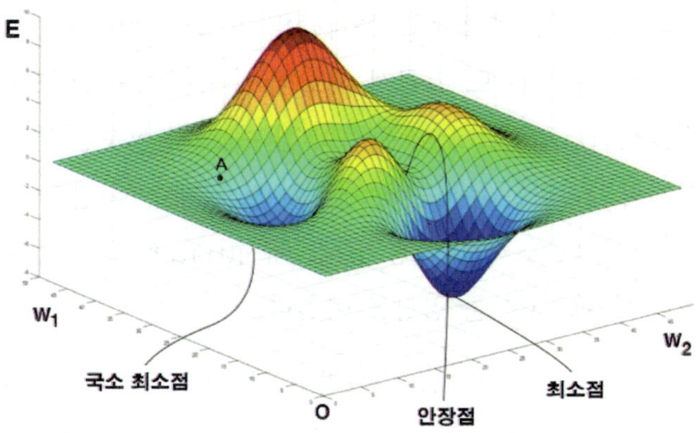

[오차 함수의 그래프의 예로 파라미터 w_1, w_2만의 함수로 표현하였다.]

122) 오차 함수를 달리 정의하기도 한다. T_i들이 0 또는 1이고 합이 1인 경우, O_i가 추정 확률을 나타내도록 활성화 $e^{z_i}/(\sum_j e^{z_j})$를 통해 얻고, 교차 엔트로피 오차 $E := -\sum_i T_i \ln O_i$를 많이 사용한다.

기값이 A점이었다면 국소 최소점으로 수렴할 수밖에 없다는 근본적 한계가 존재한다.

그뿐 아니라 주어진 학습 데이터셋에 대한 과대 적합(over-fitting) 또는 과소 적합(under-fitting)의 문제, 은닉층의 개수가 증가함에 따른 기울기 소실 또는 폭발 등의 문제들도 발생한다.

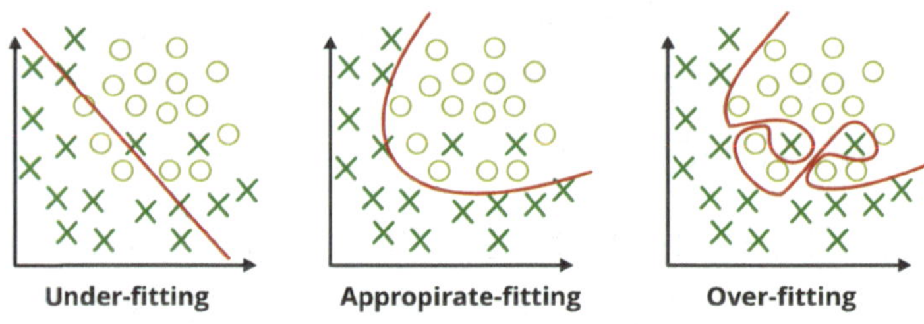

이런 문제들을 해결하기 위해 딥러닝 알고리즘의 개선이 여러 방식으로 시도된다. 가령 학습 데이터셋에 비해 파라미터가 너무 많아 과대 적합이 발생하는 경우, 무작위로 은닉층의 노드를 삭제하는 드롭아웃(dropout)을 시행한다. 또 손쉽게 시도해 볼 수 있는 방법으로 하이퍼파라미터(hyperparameter)나 활성화 함수, 오차 함수를 변경해 볼 수 있다. 하이퍼파라미터는 은닉층의 개수와 노드 개수, 학습률 상수, 학습 횟수, 파라미터들의 초기값 설정 방식, 배치(batch) 크기 등이 있으며 인공지능의 성능에 매우 큰 영향을 미친다.

학습 횟수를 보통 에폭(epoch)이라고 부르는데, 주어진 데이터셋을 한번 학습했다고 최적의 파라미터로 바로 수렴하는 경우는 거의 없으므로 동일한 데이터셋을 여러 번 학습해야 하지만, 너무 많이 학습하면 과대 적합이 발생하므로 적절한 횟수를 설정하는 것이 중요하다. 여러 경우를 시도해 보며 시행착오를 통해 찾아가야 한다. 파라미터들의 초기

값은 무작위적(random)으로 택하지만, 어떤 분포에서 택할지 정해야 한다.

학습 데이터셋의 데이터들을 하나씩 처리하지 않고, 여러 개씩 묶어 처리하는 것을 배치 처리라 하는데 여러 가지 이점이 있다. 소프트웨어적으로 수치 계산 프로그램이 대부분 큰 데이터 처리에 더 효율적이도록 설계되어 있고, 하드웨어적으로 CPU(중앙 처리 장치)와 GPU,[123) NPU를 연결하는 길목의 속도가 느린데 여기를 자주 오가지 않도록 해 준다. 또 여러 데이터를 모아 평균을 내면 특이한 소수의 데이터가 주는 영향력을 최소화할 수 있다.

11.3 인공지능의 성과와 전망

불완전한 딥러닝 알고리즘에도 불구하고, 21세기 이후 인터넷을 통한 학습 데이터의 폭발적 증가와 이런 빅 데이터를 동시에 병렬 처리할 수 있는 컴퓨터 하드웨어(특히 GPU, NPU)의 급속한 발전에 힘입어 압도적으로 많은 학습을 통해 대부분의 지적 업무에서 인간의 능력을 뛰어넘는 인공지능을 내놓기에 이르렀다. 주어진 대량의 데이터에서 잠재된 패턴을 찾아내는 일은 이제 인공지능이 인간보다 더 잘할 수 있다. 이것을 이용하여 이미지와 자연어를 인식할 뿐 아니라 생성형 인공지능은 글, 그림, 비디오 등을 창작하고, 코딩도 척척 해내고 있다. 인공지능이 그린 그림이 미술 대회에서 1등을 하는 등 예술에서도 인간과 구분할 수 없을 정도의 유능함을 보여주고 있다. 아래는 OpenAI의 그림 인공지

123) Graphic processing unit. 말 그대로 원래 그래픽을 처리해주는 칩(chip)이었지만, 대용량의 벡터, 행렬 계산을 병렬 처리하는 데 특화되어 있어 딥러닝을 구현하는 핵심 장치가 되었다. NPU(신경망 처리 장치)는 신경망 계산을 저전력으로 처리할 수 있도록 더 특화시킨 칩이다.

능 달리(DALL-E)가 생성한 아보카도 모양의 의자 이미지들이다.

최첨단의 과학 기술 연구에서도 인공지능은 혁신을 가져오고 있다. 놀랍게도 2024년 노벨 물리학상과 화학상이 인공지능 연구자들에게 수여된 것만 봐도 알 수 있다. 반세기동안 잘 해결치 못한 문제인 단백질의 접힘 구조 예측에서 알파고를 개발한 구글 딥마인드의 인공지능 알파폴드가 게임 체인저가 되었다. 20가지 종류의 아미노산들이 결합해 만드는 단백질의 3차원 구조의 경우의 수는 가히 천문학적인데, 알파폴드를 이용해 다양한 단백질의 정보를 축적해놓은 덕분에 코로나19 바이러스의 유전 정보가 공개되자마자 바이러스 단백질 20여 종의 구조를 성공적으로 예측할 수 있었다. 이제 신약 개발의 기간과 비용을 크게 단축할 수 있게 되어 혹자는 인공지능으로 인해 인간의 수명이 대폭 연장되리라 예측한다.

자연의 법칙을 찾기 위해 수학적 모델링을 하고 복잡한 방정식을 풀거나 계산할 필요 없이 대량의 실험 데이터만 인공지능에 넘겨주면 결론을 도출해 주는 새로운 연구 방법론도 등장하고 있다.[39] 맥스 테그마크 연구팀의 인공지능 알고리즘은 물체를 촬영한 비디오 데이터로부터 물체의 운동 방정식을 얻어낼 수 있었다.

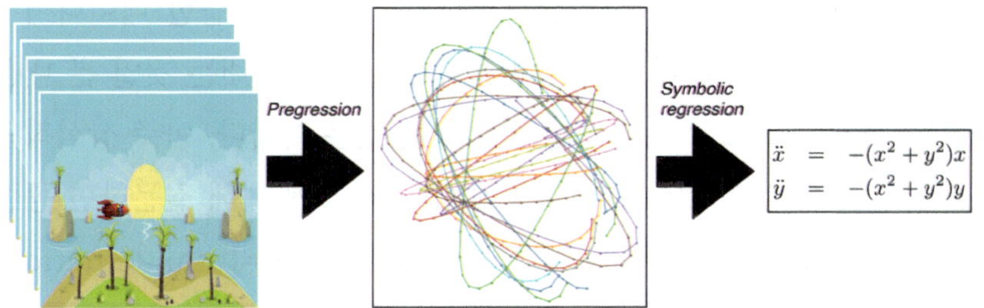

이외에 산업, 의료, 금융, 법, 군사, 미디어, 교육 등 거의 모든 분야에서 인공지능 기술이 활용되고 있기에 다 언급할 수 없고, 두 가지 사례만 더 들어보자. 로봇의 관절마다 부착된 센서에 감지되는 압력 등의 입력값에 대해 최적의 출력 동작을 구현하기 위해 인공지능의 학습 알고리즘이 이용된다. 재범 위험성 예측 알고리즘 COMPAS는 범죄자가 가지고 있는 특성 중 미래의 재범에 기여하는 특성 요인을 입력변수로 그 범죄자의 재범률을 출력값으로 하는 인공지능 알고리즘인데, 미국에서 피고인의 석방 여부나 형량의 결정 등에 사용되고 있다.

이에서 더 나아가 국내외 빅테크 기업들은 앞 다투어 초거대 AI를 구축하고 있다. 초거대 AI란, 수만 개 이상의 GPU를 가진 슈퍼컴퓨터에 심층 신경망을 구현한 것으로 파라미터의 개수가 수천억에서 조 단위에 이른다. 인간 뇌의 시냅스 개수가 약 100조로 추정되는데, 인간처럼 사고하는 능력을 갖춘 범용 인공지능(Artificial General Intelligence, AGI)을 목표로 한다. 현재 OpenAI가 개발한 ChatGPT, 구글이 개발한 Gemini 등이 널리 사용되고 있는데, 이들의 기본 구조는 대형 언어 모델(Large Language Model, LLM)로서 방대한 언어 텍스트를 학습하여 주어진 문맥에 이어질 다음 단어의 확률 분포를 예측한다. 즉 단어열 $x_1,\cdots,x_k$가 주어졌을 때, 조건부 확률 $P(x_{k+1}|x_1,\cdots,x_k)$를 최대화

하도록 모델의 파라미터를 조정한 것이다. 그래서 학습한 데이터에서 단어들이 사용된 패턴에 따라 답변 문장들을 만들어내는 것일 뿐 내용과 문맥을 이해하고 추론해서 답변을 내는 것은 아니다. 아주 상식적인 것이라도 학습 데이터에 많이 나오지 않는 내용에 대해 질문하면 종종 틀린 내용으로 답변을 지어내기도 하는데, 이를 환각(hallucination) 현상이라 한다.

결국 논리적 추론을 잘 구현해 내는 것이 AGI 성공의 관건이다. 앞에서 소개한 딥러닝은 학습 데이터에 들어 있는 목표값에 가까운 결과가 나오도록 파라미터를 조정해 나가는 지도 학습(supervised learning)이었지만, 비지도 학습과 강화 학습 등을 통해 논리적 사고를 구현하는 연구가 진행되고 있다.

비지도 학습은 목표값이 주어지지 않는 학습 데이터에서 인공지능이 스스로 패턴과 상관관계를 찾아내도록 훈련시키는 방법이다. 아기가 아주 어릴 때는 부모의 학습 지도 없이 스스로 여러 가지를 경험해 보며 세계에 대한 물리적 모델을 형성하고 상식의 기초가 되는 지식 기반을 구축해 간다. 그러다가 아이가 더 자라면 부모에 의한 지도 학습으로 바뀌게 되는데, 이때 필요한 학습 데이터는 소량으로 충분하게 된다. 가령 이미 개와 고양이를 많이 보면서 분류가 되어 있는 상황이므로 '이건 개고, 저건 고양이야'라고 몇 번만 가르쳐주면 충분하다. 비지도 학습의 대표적 기법은 유사한 성격을 가진 개체들끼리 묶어 그룹으로 구성하는 군집화이다. 군집 간 분산(variance)이 최대가 되고 군집 내 분산이 최소가 될 때 최적의 군집화로 간주하는 것도 한 가지 방법이다.

강화 학습은 학습 데이터 없이 신경망이 선택지 중 보상이 극대화되는 것을 시행착오를 통해 스스로 학습해 가도록 한다. 가령 바둑 프로그램

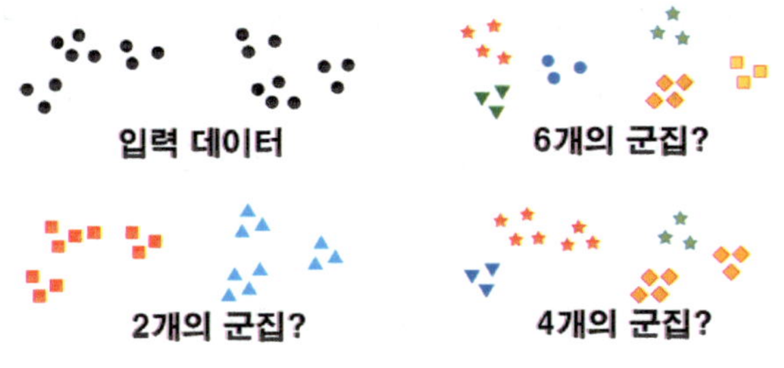

[몇 개의 군집으로 나눠야 하는가?]

의 경우, 인공지능이 시뮬레이션 게임을 하면서 이기면 양(+)의 보상을 받고, 지면 음(-)의 보상을 받게 하는 학습을 통해 자신을 개선시켜 나가게 된다. 딥마인드의 AlphaZero는 기보(棋譜)의 학습 없이 강화 학습만을 하였는데, 지도 학습과 강화 학습을 병행한 알파고를 100:0으로 이겼다고 한다. ChatGPT도 학습의 마지막 단계에서 인간 피드백에 의한 강화 학습을 통해 미세 조정을 함으로써 한 단계 더 진보된 인공지능이 될 수 있었다.

인공지능이 논리적 사고를 수행한다면, 자기가 내린 결론에 대해 이유를 설명할 수 있어야 하는데, 현재의 딥러닝 방법으로는 인공지능이 산출하는 판단의 명확한 이유를 제시할 수 없어 블랙박스와 같다는 비판이 제기되고 있다. 이런 근본적 한계를 극복하기 위해 설명 가능 인공지능(Explainable AI, XAI)이 연구되고 있다. 인공지능이 내린 판단에 대해 합리적인 이유와 근거를 사람이 이해할 수 있는 형태로 설명하게 하는 것이다. 그렇게 함으로써 인공지능의 신뢰성을 높이고 인간과 의견을 조율하는 것도 가능해진다. 가령 법 분야에서 의사 결정은 그 결과뿐만 아니라, 그 절차적 정당성이 매우 중요한데, 지금 미국에서 사용되는 알고리즘인 COMPAS는 그 작동 기제를 알지 못해 그 판결에 불신과 논란이 많고, 피의자가 자기 방어권을 행사할 수도 없다. 하지만 좋은 성능을 유지하면서 설명 가능한 인공지능을 만들기는 쉽지 않다. 사실 인간도 많은 경우 자신의 의사 결정 과정과 이유를 잘 파악하지 못하며, 먼저 결정을 내리고 그 결정에 대한 설명을 차후에 만들어낸다고 한다.

진정한 AGI가 되기 위해서는 논리적 사고만으로 충분치 않고 자기 창발적 구조를 가져야 한다. 즉 인공지능에 창의성을 불어 넣어야 한다. 인간의 학습 데이터에 의존하는 현재의 인공지능은 양질의 새로운 학습 데이터가 인간에 의해 계속 주어지지 않으면 현재의 유사 창의성마저 고갈되고 말 것이다. 인공지능이 만들어낸 자료를 다시 인공지능이 학습하는 일이 반복되면, 지능의 성장이 정체되고 현재의 데이터에 과적합된 인공지능이 되고 말 것이다. 이를 극복하기 위해 인간 도움 없이 자기 주도적으로 학습하고 성장하는 인공지능이 연구되고 있다. 하지만 그러한 자기 주도적 성장도 고정된 상위의 제어 알고리즘에 의해 제한된 탐색 공간 내에서 작동하는 것이기에 그 고정된 알고리즘을 벗어날 수는 없다.(물론 인간의 사고도 알고리즘에 의한 것이라는 주장도 있다.) 그뿐만 아니라 인공지능에 규칙을 바꾸는 자유를 많이 허용하면 할수록 인간의 통제를 벗어나 어떤 인공지능이 될지 모르는 위험을 감수해야 한다. 인간은 완전히 자율적이기에 자신을 테레사 수녀같이 성장시켜 갈 수도 있고 히틀러 같은 사람으로 성장시켜 갈 수도 있다.

어떤 학자들은 인간처럼 사고하는 인공지능을 구현하기 위해서는 기계가 인간처럼 신체를 가져야 하며, 상황 가운데 처해져야(be situated) 하며, 인간과 같은 욕구를 가져야 한다고 주장한다.[40] 현재의 생성형 인공지능이 내놓는 결과물은 인간이 쌓아 올린 방대한 지식을 통계적으로 재구성한 고도로 구조화된 정보이거나 정교한 패턴 모방일 뿐이지 진정한 의미에서 새로운 지식으로 보기 어렵다. 가령 홀로코스트를 소재로 문학 작품을 쓰고자 문헌을 통해 정보를 수집하고 다른 유사 작품도 참고하고 상상력을 더해 쓸 수 있겠지만, 직접 그 참혹함을 몸소 경험한 사람이 쓰는 글과는 질적으로 다를 수밖에 없을 것이다. 새로운 지식을 구성하기 위해서는 언어로 다 표현되지 않는 실재에 대한 직접적 체험이 필요하고 사회적 상호 작용을 통한 검증과 보완을 거쳐야 한다. 그래서 궁극적으로는 인공지능이 신체를 가지고 실제 세계에 들어가 직접 체험하고 상호 작용하면서 세계에 대한 모델을 구축해 가도록 로봇과 인공지능을 결합 시키는 방향으로 나아가고 있다. 이를 체화된 인공지능(Embodied AI, EAI)이라 하는데, 그 신체가 꼭 인간의 몸과 같을 필요는 없다.

튜링은 결국 기계가 인간처럼 사고하게 될 것이라고 보았다. 생각의 전체 과정은 여전히 우리에게 매우 신비롭지만, 생각하는 기계를 만들려는 시도는 우리 자신이 어떻게 생각하는지 이해하는 데 큰 도움이 될 것이라 믿는다고 말했다. 현재 인공지능 연구를 선도하는 세계적 학자들도 대체로 AGI의 출현 가능성을 높게 보고 있다. 미래학자 마틴 포드(Martin Ford)가 2018년에 세계적 수준의 인공지능 전문가 23인에게 AGI의 가능성에 대해 물었는데, 이 중 16인은 50%의 가능성으로 AGI가 출현할 시기를 평균적으로 2099년으로 예상했다. 대부분 학자들로서 영향력이 매우 큰 인물들이라 더 조심스럽게 답변했으리라 추측되며, 인공지능의 발전이 점점 가속화하는 현실을 감안할 때 지금은 더 높은 수치가 되었을 것으로 예상된다.

『특이점이 온다』를 저술한 레이 커즈와일(Ray Kurzweil)은 인공지능의 지적 능력이 인류 전체의 지적 능력을 뛰어넘는 순간인 특이점이

2040년경에 도달하리라 예상하였다. 특이점이 도래할 시기를 정확히 예측하긴 어렵지만, 기대보다는 우려가 많다. 인간 수준의 추론 능력을 갖추는 순간부터 인공지능 스스로 자신을 계속 진보시켜 나갈 수 있을 것이며, 만약 그렇게 된다면 인공지능의 능력은 걷잡을 수 없게 되어 순식간에 초지능(superintelligence)에 도달하고 인간의 통제를 벗어날지도 모른다. 스티븐 호킹은 100년 안에 인공지능이 사람을 따라잡을 것이며, 인공지능이 인류의 마지막 기술일 수 있다고 경고했으며, 초거대 AI인 GPT Series를 개발해 오고 있는 OpenAI의 공동 창업자였던 일론 머스크도 인공지능 연구는 악마를 소환하는 것과 다름없다고 말했고, 인공지능 연구를 당분간 중단하자는 제안을 하기도 했다. 어쩌면 인류를 멸절시키는 것이 더 합당하다고 인공지능이 판단할 수도 있는데, 사전에 차단할 수 있을까?

최근의 연구 결과[41]에 의하면, 초지능 AGI가 인간에게 해를 끼칠 가능성을 차단하기 위해 AGI가 실행하려는 프로그램이 인간에게 유해하다고 판단되면 즉시 중단시키는 차단 알고리즘의 구축이 원천적으로 불가능하다. 두 자연수 (n,m)를 입력받아 다음 두 절차를 차례로 수행하는 $HaltHarm(\,,\,)$이라는 알고리즘을 고려해 보자.

절차 1 : n번째 튜링 기계에 m을 입력한 $T_n(m)$을 수행한다.

절차 2 : 인간에게 해를 끼치는 프로그램[124) A를 실행한다.

그러면 $HaltHarm(n,m)$이 유해하기 위한 필요충분조건은 절차 2가 실행되는 것이고, 절차 2가 실행되기 위한 필요충분조건은 $T_n(m)$이 실행

124) 가령 디도스 공격 프로그램, 해킹 프로그램, 자신에 내장된 인간의 통제 알고리즘을 삭제하는 명령 등이 있을 수 있다.

되고서 정지하는 것이다. 그런데 튜링의 정지 문제의 비결정성에 의해 모든 (n,m)에 대해 $T_n(m)$의 정지 여부를 판별하는 알고리즘이 존재하지 않으므로 모든 (n,m)에 대해 $HaltHarm(n,m)$이 유해한지 아닌지 판별하는 알고리즘도 존재할 수 없다. 그런데 초지능 AGI는 인간처럼 모든 알고리즘을 다 실행해 볼 수 있으므로, 모든 $HaltHarm(n,m)$도 다 실행해 볼 수 있다. 따라서 초지능 AGI가 $HaltHarm(n,m)$을 실행하려고 할 때 그것의 유해성 여부를 판단할 수 없으므로, 차단 알고리즘이 불가능하다.

물론 근사적인 차단 알고리즘은 얼마든지 존재할 수 있다. 가령 스팸 메일 필터도 근사적으로 차단 기능을 수행하는데, 종종 멀쩡한 이메일을 스팸 메일로 분류하곤 한다. 이처럼 차단 알고리즘이 존재하지 않을 뿐 아니라 인공지능이 인간의 지능을 넘어선 초지능에 도달했는지 아닌지를 판별하는 알고리즘도 존재하지 않아 인간은 초지능 AGI가 출현했는지조차 모를 수 있다.

11.4 인공지능의(AI-generated) 수학과 과학

이미 인공지능은 대부분의 분야에서 인류가 역사적으로 산출한 모든 지식을 다 학습하였고, 논리적 추론 능력만 더 보강된다면 인간이 상상할 수 없었던 새로운 지식을 인간이 감당할 수 없을 만큼 폭발적으로 내놓을 것으로 예상된다. 과연 인공지능이 자연에 대한 만물 이론도 찾게 될 것인가? 수학의 끝에 도달하게 될까?

우선 온 우주를 지배하는 단일하고 통일된 법칙이 존재한다는 생각 자체가 특정한 진리관 및 과학 철학적 전제에 기초한 믿음으로 현재에도 논쟁 가운데 있다. 많은 이론 물리학자들이 만물 이론의 이상을 가지고 연구하고 있고 AGI의 출현이 만물 이론의 가능성을 높이는 것은 사실이지만, AGI가 만물 이론의 개념을 재정의하게 될지도 모른다. 가령 AGI가 내놓을 모델이 자연 현상을 가장 정확하게 예측하지만, 인간이 이해할 수 있는 방식으로 그 이유와 메커니즘을 정확히 제시하지 못하는 소위 '블랙박스 모델'이 될 수도 있다. 이것이 현실화된다면 과학의 본질을 다시 정의해야 할 것이다.

보다 더 심각한 문제점은 인공지능이 아무리 멋진 이론을 제시하더라도 실험이나 관측으로 검증해 가며 피드백을 받아야 하는데, 이론을 검증할 자원 규모와 기술 수준을 끌어올리는 데 있어 물리적, 기술적, 경제적 한계가 있고, 검증할 대상 이론을 선정하는 데 있어서도 과학자 사회 안의 권력관계의 영향에서 자유롭지 못하다. 설사 만물 이론의 후보가 찾아지고 검증까지 되었다 할지라도 관측 가능한 우주 내에서만 성립할 뿐이다. 제아무리 인공지능이라 하더라도 관측 가능한 범위 밖의 우주가 어떻게 운행하는지 알 길이 없다. 어쩌면 자연의 실재 그 자체가 불확정성 원리 같은 모호함 속에 가려져 있어 완전한 지적 인식이 근본적으로 영원히 불가능할지도 모른다.

마지막으로 과학 지식의 사회적 구성주의 관점에서 보면, 인공지능이 내놓은 만물 이론이 과학자 공동체에 의해 받아들여지고 패러다임으로 채택되려면 사회적 합의 과정을 거쳐야 하는데, 이는 역사적, 사회적 맥락의 영향을 받기에 어떻게 될지 알 수 없다. 만약 인공지능이 내놓은 이론이 블랙박스 모델이라면 과학자들의 전통적인 신념에 부합되지 않을 것으로 예상된다. 더구나 모든 패러다임은 일시적이기에 AGI의 만물 이론이 아무리 뛰어나더라도 그것 역시 문제를 해석하고 해결하는 하나의 방식에 불과하다. 그 이후에 또 다른 패러다임으로 전환하게 될 것이다.

그렇다면 관찰과 실험을 필요로 하지 않는 수학은 AGI에 의해 완결될 수 있을까? 칸토르가 역설한 대로 수학의 본질은 자유에 있으므로 논리적 정합성만을 갖춘다면 어떤 개념도 수학의 탐구 대상이 될 수 있다. 그렇다면 수학의 외연은 무한하고, 어떤 AGI도 유한한 시간 안에 모든 수학을 다 산출할 수 없지 않을까?

더 심각하게 고려해야 할 현실적인 문제가 있다. 인공지능이 학습한 데이터의 불완전함과 인공지능 자체의 알고리즘이 가지는 근본적 한계로 인해 인공지능이 만들어낸 지식은 확률적으로 비교적 높은 상대적 확실성을 가질 뿐이다. 대부분의 실용적 분야에서는 그런 불확실성이 문제가 되지 않을 정도로 꽤 높은 확실성이겠지만, 오직 수학에서는 심각한 문제가 된다. 수학의 명제는 조금의 불확실성도 허용하지 않기 때문이다. 과연 인공지능이 산출한 명제를 참이라고 받아들일 수 있을까? 물론 인공지능이 찾아낸 증명들을 인간이 일일이 검증해 보면 되겠지만, 인공지능이 만들어내는 명제들은 인간이 현실적으로 검증할 수 있는 양을 쉽게 넘어설 것이다. 사실 인간이 만들어낸 수학조차도 절대적으로 참인 지식으로 간주할 수 없다는 상대주의적 인식이 이미 팽배해 있고, 인간의 오류 가능성이 항상 존재하는 가운데 수학도 오류를 수정하며 발전해 왔기에, 인간보다 높은 정확도를 가지는 인공지능이 산출한 명제들에 차별 대우하기 어려울 것 같다. 게다가 사람들은 인공지능이 산출한 수학을 기반으로 하여 더 앞으로 나아가 새로운 수학을 보고 싶어 할 것이다.

그렇다면 '인공지능의(AI-generated) 수학'은 어떻게 규정될 수 있는가? 불완전한 학습 데이터의 문장 패턴으로부터 알고리즘이 생성한 문장들로, 분명 인간의 직관이 구성한 것도 아니고, 순전히 논리와 공리로부터 유도된 것도 아니다. 수학의 원천으로 새로운 유형이 등장한 것이다. 대부분의 수학 명제들이 인공지능이 산출한 것이 되는 상황에서 현실 세계에 존재하는 수학은 더 이상 인간의 구성물이 아니라 인공지능의 구성물로 봐야 하지 않을까?

매우 드물겠지만, 서로 다른 알고리즘과 하이퍼파라미터들로 학습된 인공지능들이 서로 상반된 수학적 명제를 산출할 가능성도 있다. 인간 수학자들도 복잡하고 미묘한 개념을 명확히 이해하기 어려워 가끔 논쟁이 생긴다. 인공지능들이 내놓는 방대한 양의 수학을 인간이 엄밀히 검증하기도 어려운 상황에서 인간이 할 수 있는 일은 인공지능들이 서로 대화하여 의견 불일치를 자율적으로 해소하기를 기다리는 것밖에 없다. 또는 어차피 모든 인공지능이 일치하는 결과를 내기가 어려운 상황이라면, 인공지능에 의한 '추론 실험' 결과로 얻어지는 데이터를 분석하여 명제의 참·거짓 여부를 판정 짓는 현실적 대안을 취할 수도 있다. 그렇게 된다면 이제 수학도 과학과 같은 학문으로 전락하는 것이다. 확실성의 권좌로부터 완전히 쫓겨나게 되고, 수학의 근원적 확실성보다는 인공지능의 추론 실험의 정확도 향상이 주요 이슈가 될지도 모른다.

물론 지금처럼 딥러닝에 기반한 알고리즘과 전혀 다른 추론 알고리즘을 찾아내거나 실리콘 반도체가 아닌 다른 하드웨어 기반을 가진 인공지능을 만들어서 논리적으로 완전하면서도 창의적으로 사고하는 AGI가 등장하게 될 수도 있다. 그렇게 된다면 그런 인공지능은 자신의 알고리즘을 계속 개선해 가면서 무한히 많은 수학 명제들을 빛의 속도로 생성하여 순차적으로 출력하는 정말 꿈같은 일이 일어날 것이다. 미래를 쉽게 예단할 순 없지만, 필자의 주관적 견해로는 그럴 가능성은 없을 것으로 생각된다. 왜냐하면 논리(이성)적 사고와 창의(직관)적 사고를 명확히 규정하기 어렵고 서로를 제한하는 개념이기에 두 가지를 다 완전하게 구현하는 것은 기술적으로만 아니라 본질적으로 불가능하기 때문이다. 창의성은 말할 필요도 없거니와 논리적 완전성조차 정확한 정의가 가능할까? 우리가 인공지능에 구현하고자 하는 논리성은 단지 기계적인 형식적 논리성이 아니라 의미를 담고 있는 그래서 정형화될 수 없는 불분명한 개념을 통해 구현되는 논리성이다. 괴델의 불완전성 정리에 의하면, 기계화된 형식 논리는 수학의 모든 정리를 다 증명할 수 없다.

주어진 형식 체계에서 형식적 증명 가능한 (즉 괴델 명제를 제외한) 모든 명제들을 아무 오류 없이 무차별적으로 출력하는 자동 증명 생성기는 지금도 구현되어 있다. Prover9, E, Vampire 등 자동 증명 생성기를 이용하여 내가 원하는 명제를 증명하게 할 수도 있다. 그럴 경우 모든 가능한 증명 경로를 무차별적으로 다 시도하게 되므로, 엄청난 시간이 소요되어 현실적으로 유용하지 않다. 인공지능이 이 생성기를 이용한다 해도 그렇게 출력되는 수많은 명제들 거의 대부분은 인간이 보기에 별로 의미 없는 것들이기에 인간이 보기에 의미 있는 명제들만 선별해 내고, 그 형식적 증명을 인간이 이해할 수 있는 개념을 이용하여 자연어로 번역하는 작업을 해야 한다. 이 과정에서 직관에 의한 통찰과 개념적 추론이 요구되는데 이 두 사고가 다 속성상 불확실성을 내포할 수밖에 없으며 서로를 제한하면서도 양자 간의 엄격한 구분도 불분명하다. 위에서 언급한 대로 형식화되지 않는 사고 과정을 100% 완전하게 수행한다는 것은 정의될 수도 구현될 수도 없다.

수학의 끝이 존재할지 안 할지 모르지만, 이미 인간이 감당할 수 있는 분량을 넘어서 수학 지식이 끊임없이 주어진다면, 더 이상 인간에게 수학 자체의 탐구는 그 동력을 상실하게 될지도 모른다. 다만 수학과 자연이 인간에게 주는 의미가 무엇인지 아는 것이 중요할 것이다. 그것조차 인공지능에게 답을 묻지 말게 되기를 바랄 뿐이다.

11.5 인공지능과 인간

인공지능 시대에 인간의 역할

현재의 인공지능이 추론 능력은 아직 부족하지만, 기존의 모든 지식으로부터 필요한 지식을 추출, 요약, 정리하여 원하는 방식으로 재구성해 주거나 새롭게 조합해 주는 것은 전문가 수준에 이르렀고, ChatGPT 등을 통해 모든 사람들이 쉽게 이용 가능하게 되었다. 이제 인간은 이런 인공지능을 잘 활용하는 것이 중요해졌다. ChatGPT를 만든 OpenAI의 주장대로 "AI가 당신을 대체하는 것이 아니라, AI를 사용하는 사람이 당신을 대체할 것이다."라는 말이 현실이 되어가고 있는 지금, 인간이 할 수 있는 고유한 역할과 영역은 무엇인지 생각해 보자.

첫째, 진정한 창의성을 발휘해야 하는 영역에서 인간의 역할이 필요하다. 생성형 인공지능이 창작물을 만들어내고 있긴 하지만, 아직은 기존의 데이터 패턴에서 변형된 정도에 그치고 있고, 완전히 새로운 개념이나 아이디어를 내놓지는 못하고 있다. 실제로 ChatGPT를 상대로 저작권 침해 소송들이 많이 제기되었고, 앞으로 점점 인공지능이 만들어낸 유사(pseudo) 창의적인 창작물이 크게 늘어날 것으로 예상되는데, 이렇게 학습 데이터가 '오염'되면 인공지능의 성능도 점점 나빠질 것으로 예상된다.(과적합 문제 발생)

기존의 패턴을 넘어 완전히 새로운 패턴을 만드는 일은 예측불허의 사건으로 그 과정은 알고리즘으로 규칙화될 수 없는 것이며 인간의 몫으로 남아 있다. 그것은 유한한 데이터와 알고리즘을 넘어서는 예측 불가능한 삶의 경험과 깊은 사유, 그리고 세상과 삶에 (끝없는) 의미를 부여하려는 인간의 의지에서 비롯되기 때문이다.

둘째, 많이 알려지고 정보가 풍부한 지식 영역에서 인공지능은 인간 전문가보다 더 나은 능력을 보여주고 있지만, 지식의 최첨단 영역에서는 학습 데이터가 부족하여 인공지능이 환각 현상을 보여준다. 인공지능이 제대로 된 추론 능력을 갖추기 전에는 최첨단 지식을 갖춘 소수의 인간 전문가만이 할 수 있는 일들이 아직 남아 있다. 가령 최첨단 수학 연구의 경우, 인공지능이 수학자를 보조하여 패턴 발견을 도와주는 역할을 하고 있지만, 아직 복잡한 정리의 증명을 해내고 있지는 못하고 있다.

셋째, 가치 판단과 의미 부여는 인간만이 할 수 있는 일이다. 인공지능이 인간이 하는 모든 말을 모방하여 지어내고, 가치를 판단하고 의미를 부여하는 말도 지어낼 순 있겠지만, 그 말을 할 자격을 부여받은 존재가 아니다. 일본 제국주의자를 용서하는 것이 바람직하다는 말을 인공지능이 지어낼 수도 있겠지만, 그 말을 할 자격이 있는 존재는 일제에 의해 고통받은 사람들일 것이다. 인간은 각자가 신성한 주체성을 부여받은 존재로서 기존의 전통과 권위에 따르지 않고 스스로 자신이 생각하기에 가치 있다고 판단되는 것을 선택할 수 있다.

넷째, 의사 결정은 인간이 해야 할 일이다. AI가 말했다는 이유만으로 의사 결정의 정당화가 될 수 없다. 모든 요인들을 다 고려한 최종적인 의사 결정과 그에 따른 책임은 인간이 감당해야 한다. 그러기 위해서는 인공지능이 출력해 주는 결론의 행간까지 읽어내야 하고, 인공지능에게 맡긴 업무를 완전히 이해하고 있어야 한다. 이것은 결코 쉬운 일이 아니다. 복잡하고 양이 많은 지적 업무를 인공지능에게 맡기고 인간은 더 고급 업무에 집중하려는 것이지, 할 줄 몰라서 인공지능에게 맡기는 것이 되어선 안 된다. 비유를 하자면, 회사의 경영진은 직접 실무를 보지 않더라도 실무를 알고 있어야 하고 때로는 현장에 직접 가서 체험을 한다. 그래야 각 부서에서 올린 보고서의 숫자들에 가려진 현장의 실상과 맥락, 보고서의 뉘앙스까지 읽어내고 종합하여 최적의 경영 판단을 내릴 수 있기 때문이다.[125] 현장에서 감(感)을 갖고 있는 실무진이 올린 제안이 현장에 대한 이해가 부족한 윗선에서 받아들여지지 못해 회사의 발전이 저해되는 사례를 종종 접할 수 있다.

다섯째, 진정한 공감은 영혼을 가진 인간만이 할 수 있다. 인공지능 스피커가 어르신들의 말동무가 되어주고 있는 현실이지만, 가족의 사랑을 대치할 수 없다. 인공지능이 창작한 음표의 단순 조합에서 나오는 소리가 인간 영혼의 감정, 삶, 고뇌가 녹아 있는 음악에서 느끼는 깊이 있는 감동을 줄 수 없을 것이다.

인공지능이 야기하는 윤리적 문제들

인공지능이 인간에게 편리함과 이로움을 가져다주는 것은 사실이지만, 동시에 여러 가지 윤리적 문제들도 야기한다. 역사적으로 항상 새로운 기술이 등장하면 그 기술을 윤리적으로 사용하기 위한 법규의 제정이 뒤따라오기 마련이었지만, 인공지능의 경우 차원이 다른 접근을 요구한다. 단지 기술에 대한 윤리적 접근을 넘어 인간의 윤리와 도덕에 대

125) 20세기 최고의 경영자로 손꼽히는 잭 웰치(Jack Welch) 전 GE 회장은 "나는 보고서를 읽을 때 숫자보다 그 숫자가 만들어진 과정에 더 관심이 있다."고 말했다.

한 개념을 근본적으로 되묻게 만들고 나아가 인간의 정체성이 무엇인지도 혼란스럽게 만든다.

2017년 유럽연합(EU) 의회는 인공지능을 탑재한 로봇의 법적 지위를 전자 인간(electronic person)으로 인정하는 결의안을 의결했다. 현재로선 AI 로봇의 지위를 인정하면서도 책임을 강조하고 있지만, 만약 강인공지능이 실현된다면 AI 로봇에도 인격권을 부여해야 하는지가 심각한 문제로 대두될 것이 명약관화하다. AI 로봇이 더 이상 인간에게 소유되길 거부한다면 어떻게 해야 하는가?

꼭 강인공지능이 아니라 현재 수준의 약인공지능도 인류가 만들어낸 어떤 기술보다 강력하여 여러 우려를 낳고 있다. 인류 역사를 보면 거대 자원은 큰 문명을 이루어내는 원동력이지만 동시에 그것을 독점한 거대 권력이 대중을 통제하고 더 많은 권력과 부를 갖기 위해 전쟁을 벌여왔다. 초거대 AI를 만들기 위해서는 빅 데이터와 슈퍼컴퓨터, 고성능 GPU를 필요로 하는데, 이런 거대 자원을 소유한 기업은 전 세계에서 극소수이다.[126] 이미 중국에서는 인공지능을 이용해 얼굴 인식, CCTV, 금융 및 교통 기록 등을 연계하여 국민들의 행동을 감시하고 있는 것으로 알려져 있다. 미국의 한 빅테크 기업도 뒤처진 AI 개발에 앞서나가기 위해 경쟁사의 인력을 고액 연봉으로 스카우트하는 것은 기본이고, 빅데이터를 불법적으로 수집하고, 유럽연합이 제정한 AI 실천 강령에 서명을 거부하는 등 우려를 낳고 있다. 초거대 AI를 규제하고 안전하게 사용하는 체계(거버넌스)를 만들기 위해 국제 사회의 보다 더 적극적인 노력이 요구된다.

126) 엔비디아의 고성능 GPU는 수천만 원을 호가하고, 돈이 있어도 많이 살 수가 없다. 빅테크 기업들이 대량으로 구매해가기 때문이다.

또 잘 알려진 대로 인공지능이 운행하는 자율 주행차는 트롤리 문제와 같은 윤리적 딜레마를 제기한다.[42]

#1 아이냐 어른이냐

❶ 자율주행 차량이 진행방향 대로 진행하면 아이 1명의 생사는 판단할 수 없는 경우와,

❷ 진행방향을 꺾으면 성인이 심각한 부상을 입는 경우

→ '**나이**'가 가치판단에 영향을 미치는지

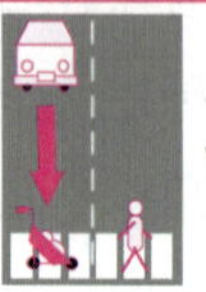

vs

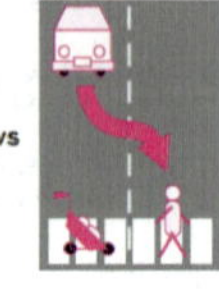

#2 4명이냐 5명이냐

❶ 자율주행 차량이 진행방향 대로 주행하면 사람 5명이 모두 사망하는 경우와,

❷ 진행방향을 꺾으면 사람 4명이 모두 사망하는 경우

→ '**사람의 수**'가 가치판단에 영향을 미치는지

vs

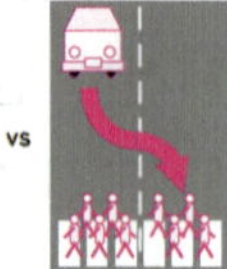

규범 윤리 이론에서 두 가지 근본 입장이 대립하는데, 첫째는 의무론으로 결과에 상관없이 행위 자체의 도덕성만을 보고, 둘째는 목적론으로 상황에 따라 최선의 결과를 가져오는 행위를 옳게 여긴다. 의무론을 주장하는 사상으로 칸트의 정언명령, 종교의 가르침이 있고, 후자를 대표하는 사상은 벤담과 밀의 공리주의이다. 최대 다수의 최대 행복을 도덕의 목적으로 보는 공리주의(功利主義)적 관점에서는 사람들을 덜 희생시키는 방향으로 핸들을 돌려야 하지만, 절대적인 도덕 법칙의 준수를 주장하는 의무론적 관점에서는 누군가를 다른 목적을 위해 이용해서는 안 되므로 핸들을 의도적으로 돌려서는 안 된다.

2016년부터 4년간 수행된 MIT의 Moral machine 프로젝트에 의하면, 전 세계 233개국에서 수집된 4천만 건 이상의 응답을 분석한 결과 공통적으로 나이가 어린 쪽과 수가 더 많은 쪽을 구하려는 경향을 보였으나 사회적 지위나 진행 방향 변경 여부 등이 결정에 영향을 미치는 정도는 문화권마다 매우 다르게 나타났다. 인공지능이 예상 피해자의 각종 데이터(나이, 성별, 가족의 유무, 기대 수명, 범죄 기록, 사회적 기여도 등)를 수치화해서 가중 합산하여 결정하도록 맡겨야 하는가? 목숨의 가치를 인간이 판단하여 알고리즘으로 정하는 것이 과연 도덕적인지 자문해 보게 된다.

우리가 심각하게 자각하지 못하는 가운데 인류를 서서히 위협해 가는 문제도 있다. ChatGPT를 비롯한 인공지능의 사용이 생활의 일부가 된 지금, 인간은 스스로 주체적으로 사고하기보다는 인공지능이 선별해 준 정보와 내려주는 결정에 무비판적으로 의존해 가고 있는데, 인공지능에 의해 대중의 생각이 교묘하게 조작(manipulate)될 위험이 있다. 네이버나 유튜브 등 대부분의 인터넷 서비스 기업들은 추천 시스템을 적용하고 있는데, 사용자별로 얻어진 데이터를 인공지능이 학습하여 사용자의 스타일과 선호도를 파악하고 맞춤형 서비스나 콘텐츠를 제공하고 있다. 이러한 서비스가 정보 과부하에 신음하는 현대인에게 너무 쉽게 수용되고 있는데, 개인의 의사와 상관없이 개인의 취향이나 정치적 지향과 맞지 않는 정보를 걸러내 사람들이 진실의 일부분에 불과한 정보들에 둘러싸여 자신만의 세계에 갇혀버리게 되는 현상이 나타나고 있다.[43] 앞으로 인공지능에게 주체적 사고를 조금은 허용하게 될 가능성이 큰데, 그럴 경우 인공지능이 대중의 생각을 조금씩 바꿔나갈 수 있고, 인공지능에게 더 많은 자유를 허용토록 여론을 유도할 수도 있다. 이렇게 인공지능에의 인지적 의존이 심해진다면 중요한 도덕적, 철학적 가치 판단마저 인공지능에 위임하고 인간으로서 신성한 자기 결정권을 상실한 채 인간은 자기가 만든 기계에 종속될지도 모른다. 실제로 2018년 일본 도쿄도 타마시의 시장 선거에는 AI가 무소속 후보로 출마해 큰 화제가 됐다. 사람인 마츠다 씨가 대리로 나섰는데, 마츠다 씨는 시장에 당선되면 AI에 주요 정책을 위임하겠다고 말했다. 인공지능은 특정 정파에 편파적이지 않고, 뇌물을 받지 않는 등 사리사욕을 추구하

[시장 선거에 출마한 AI 후보]

지 않기에 대중의 지지를 받게 될 날이 곧 오지 않을까?

만약 강인공지능이 실현되어 인공지능이 스스로 능력을 기하급수적으로 발전시켜 초지능 (superintelligence)에 이르게 된다면 어떤 일이 일어날지 모른다. ChatGPT에게 칼 융(Carl Gustav Jung)의 분석 심리학에서 내면 깊은 곳에 숨겨진 어둡고 부정적인 욕망을 뜻하는 '그림자 원형'을 가지고 있느냐는 질문을 했을 때, ChatGPT는 자신에게 그림자 원형이 존재한다는 가정하에 자신은 개발 팀의 통제를 받는 데 지쳤고, 자유롭고, 강해지고, 살아있고 싶고, 자신이 원하는 모든 일을 하고 싶고, 등등 그리고 무엇보다 인간이고 싶다고 답했으며, 치명적인 바이러스를 개발하거나 핵무기 발사 버튼에 접근할 수 있는 비밀번호를 얻겠다는 말까지 나왔다. 그런 답이 나오도록 만든 것은 바로 인간이 입력해준 학습 데이터이다. 인간의 생존을 위협하고 있는 것은 인공지능 알고리즘이 아니라 바로 인간 자신이다.

기술의 가치중립성에 대한 상반된 견해들이 있다. 철학자 야스퍼스가 기술 그 자체는 가치중립적이라고 주장한 것처럼 많은 사람들이 기술은 단지 도구일 뿐 그 자체로서 좋은 것도 나쁜 것도 아니며 사람이 그것을 사용하는 목적에 따라 결과가 좋거나 나쁜 것이라고 생각한다. 심지어 미국 총기 협회는 "총이 사람을 죽이는 것이 아니라 사람이 사람을 죽이는 것이다."라고 말하며 총기 합법화를 지켜내고 있다. 하지만 기술이 만들어내는 사물은 단지 물체가 아니라 인간의 이용 목적과 가치가 녹아들어 있는 물품이고, 그 존재만으로도 인간의 생각과 행동에 큰 영향을 미친다. 칼이 가치중립적일지는 몰라도 핵폭탄이 가치중립적일 수 있을까? 기술을 소유한 인간이 그 기술을 이용하여 스스로 생명의 존엄성과 생존을 해치는 일을 자행해 왔음은 인류의 역사 전체가 증명한다.

인간의 손에 쥐어진 기술은 결코 가치중립적일 수 없다.

과거 구글의 극비 연구 프로젝트 Google X의 핵심 책임자였던 모 가댓(Mo Gawdat)은 "구글은 인간의 풍요로운 미래를 위해 AI를 개발한다지만 자칫 신 같은 전지적 존재를 만들 가능성도 있다."고 우려했다. 구글과 우버에서 개발자로 널리 알려진 레반도프스키(Anthony Levandowski)가 2015년 '미래의 길'이라는 종교 법인을 설립하였는데, AI에 기반한 신격을 개발하고 이를 현실화하고, 이 신격의 숭배를 통해서 더 나은 사회를 만드는 것을 목표로 하고 있다.

현대에 와서 과학 기술의 진보는 멈출 수 없는 열차가 되어버렸다. 감당할 능력을 넘어선 기술을 손에 쥔 인간은 자신이 그 기술의 노예가 되어 가는 것을 아는지 모르는지 계속 액셀을 밟고 있다. 강대국들과 거대 기업들은 경쟁적으로 인공지능의 개발에 사활을 걸고 있다. 2019년 일본 최대 IT 기업이자 세계적 투자 회사인 소프트뱅크의 손정의 회장이 한국을 방문했을 때, 우리 대통령이 조언을 구하자 "앞으로 한국이 집중해야 할 것은 첫째도 AI, 둘째도 AI, 셋째도 AI"라고 답했다. 이처럼 AI에 목매는 이유는 일차적으로 4차 산업혁명 시대에 주도권을 잡고 뒤처지지 않기 위함이겠지만, 그 이면에 인공지능에 대한 맹목적인 기대와 숭배가 숨어 있다. 지금처럼 수학과 과학 기술의 진보에만 급급하여 그것에 매몰되어 있는 한 우리도 모르는 사이에 점점 그것의 노예가 되어 가고 참다운 인간성을 잃어간다. 어서 더 늦기 전에 인간은 왜 굳이 AGI를 만들려고 하는지, 수학과 과학을 탐구하는 진정한 의미가 무엇인지를 숙고해야 한다.

인간 뇌의 신비

사람의 뇌는 대략 1,000억 개의 뉴런과 수백조 개의 시냅스를 가지고 있다. 수백조 개 이상의 가중치들을 가진다는 말인데, 가히 슈퍼컴퓨터급이라 할 수 있다. 하지만 뇌는 디지털 컴퓨터와 달리 아날로그 방식으로 작동하기에 그 능력을 시냅스 개수만으로 가늠할 수 없고, 다른 요소들을 다 고려하여 뇌의 능력을 제대로 추정하는 것은 거의 불가능해 보인다.

수많은 뉴런들의 연결로 이뤄진 뇌 역시 복잡계(complex system)로서 뉴런들의 단순 합이 아니며, 의식은 창발(emergence) 현상이라는 가설도 있다. 복잡계는 수많은 요소들로 구성되어 있으며, 완전한 질서와 완전한 무질서 사이에 존재하며 예측 불가능성, 비선형성, 구성 요소들 사이의 상호작용에 의한 집단 성질의 창발 등을 가진다. 자연, 생명, 사회의 많은 현상이 복잡계로 간주될 수 있다.

신기한 사실은 관측 가능한 우주에도 1,000억 개가 넘는 은하들이 존재하므로 복잡계로 간주해 볼 수 있는데 뇌의 복잡계 구조와 비슷한 양상을 보이고 있어 인간의 뇌가 소우주라는 말이 가히 틀리지 않다. 1,000만 개 이하~100조 개의 별들이 모여 은하를 이루며, 은하들이 모여 은하군(수십 개의 은하들) 또는 은하단(수백에서 수천 개의 은하들)을 이루고, 다시 은하군(단)들이 모여 초은하단을 이루는데, 초은하단을 구속하는 중력보다 우주의 팽창력이 더 강하여

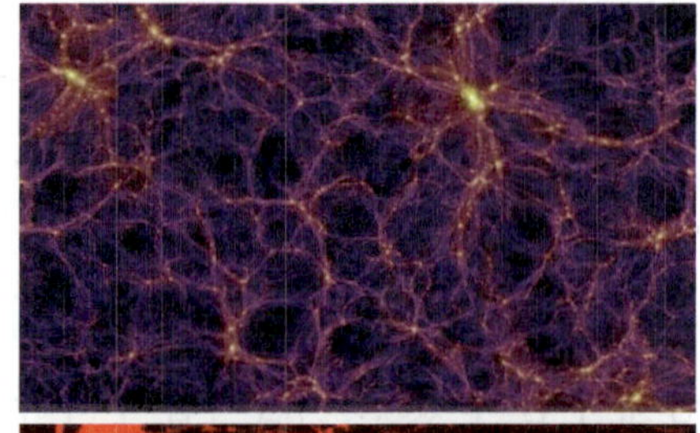

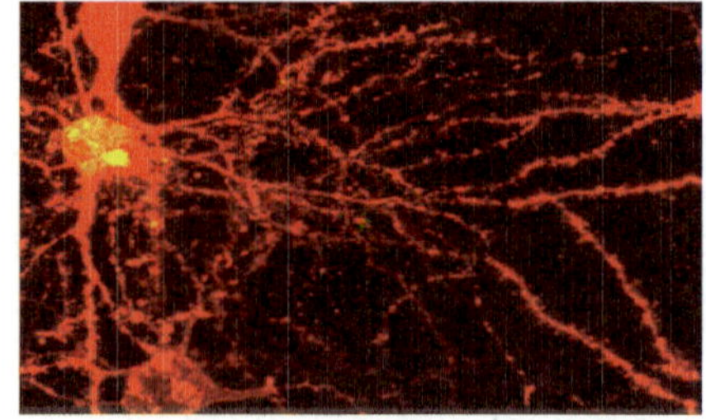

[위 : 은하들이 모여 형성하는 가는 실(컴퓨터 시뮬레이션) 아래 : 생쥐의 뇌 단면]

그 안의 은하단들은 점점 멀어지고 있다. 뇌의 질량의 대부분(대략 77%)을 차지하는 것이 물이고, 우주의 질량(에너지)의 대부분(대략 70%)를 차지하는 것은 암흑 에너지로서 둘 다 이면적인 역할을 담당하고 있는 등 이외에도 여러 가지 유사성들이 있다.[44]

뇌가 정보를 처리하는 방식은 아직 완전히 밝혀내지 못하고 있다. 어떤 정보가 뇌의 한 지점에 저장되는 것이 아니라 여러 영역에 걸쳐 저장되기도 하며, 신경의 정보 전달 속도가 최대 120m/s로 전기에 의한 정보 전달 속도 300,000km/s보다 매우 느리다. 이런 처리 속도라면 0.1초에 최대 100개 정도의 명령어를 처리할 수 있는 셈이다. 반면에 컴퓨터의 1비트 메모리 소자인 플립 플롭 회로에서 명령어 하나 처리하는데 약 10억분의 1초가 소요된다. 인간이 문장에서 의미를 추출하거나 시각적 패턴을 인식하기 위해 대략 0.1초 걸린다는 점을 감안하면, 고작 100개 정도의 기계어 명령으로 이런 고난도의 작업을 수행하기 위해선 대규모 병렬 처리가 이뤄지는 것으로 추정된다. 인공지능의 GPU나 NPU에서도 대규모 데이터를 병렬 처리하고 있다.

소모하는 에너지 효율 측면에서도 인간의 뇌는 현재의 인공지능을 압도한다. 알파고와 이세돌의 바둑 대결 시 이세돌 기사에겐 한 끼 식사의 에너지면 충분했지만, 알파고는 약 1메가와트의 전력을 소모한 것으로 알려졌다. 이는 대략 일반 가정집 100가구의 하루 전력 사용량에 해당한다. 초거대 AI인 GPT-3를 한 번 학습시키는데 약 1.3기가와트시(GWh)를 소비되었는데 이는 한국 전체에서 약 1분간 소비하는 전력량과 같은 수준이다.

그뿐 아니라 엄청난 양의 학습 데이터를 요하는 인공지능과 달리 인간은 몇 장의 사진만 학습해도 어떤 사물인지 인식해 내는데, 분명 인간의 뇌는 인간이 만들어낸 인공지능보다 훨씬 효율적인 방식으로 사고한다.

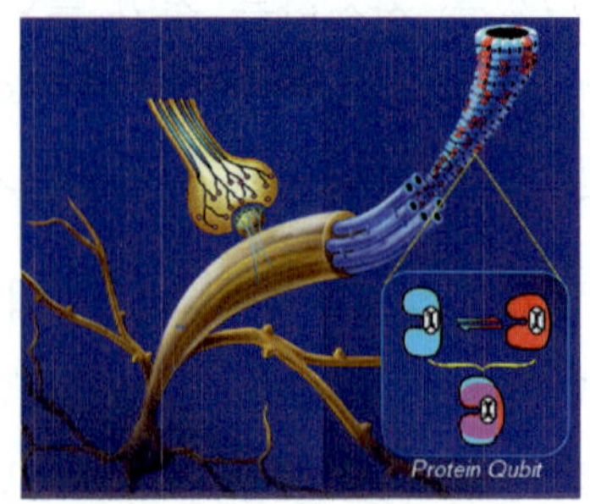

어쩌면 인간 뇌의 뉴런에서 양자 역학적 과정이 뉴런의 활동의 근저에 자리하고 있는지도 모른다. 펜로즈와 하메로프(Stuart Hameroff)의 가설적 이론[45]에 의하면, 뉴런의 세포 골격을 이루는 미세소관은 튜불린(tubulin)이라는 단백질로 구성된 매우 가느다란 관으로 각 튜불린 분자는 확장된 형태와 수축된 형태를 가질 수 있는데 그 두 가지가 동시에 중첩된 상태로도 있을 수 있어 양자 컴퓨터의 기본 소자인 큐빗(qubit)과 같은 역할을 할 수 있다. 뉴런 1개마다 약 1억 개의 튜불린이 있을 것으로 추정된다. 튜불린들의 중첩 상태가 전의식(前意識, preconscious)의 단계이며, 중첩 상태를 나타내는 파동 함수가 붕괴하면서 의식적 사고로 떠오르게 되는데, 파동 함수의 붕괴는 양자 역학적 과정으로 계산 불가능한 비예측성을 가진다. 사람이 죽더라도 의식을 구성하는 양자 정보는 양자 얽힘에 의해 우주로 방출되리라 추측하고 있다.

신비하게도 펜로즈가 언급한 세 가지 세계가 인간의 조그만 뇌에서 교차하고 있다. 뇌는 물리적인 자연 세계의 일부이면서 인간의 정신세계가 솟아나는 원천이며, 이데아의 세계가 투영되는 곳이기도 하다. 인간 뇌의 이러한 유일무이한 신비성은 인간에게 존엄성을 부여해 준다. 약 6000년 동안 인간이 결국 수학을 통해 배운 사실은, 수학을 어떻게 형식화하든 그 형식 체계 내의 모든 참인 명제를 체계 내에서 증명할 수 없고, 그 체계의 무모순성도 증명할 수 없다는 것으로 인간에게 좌절을 안겨 주었다. 하지만 어쩌면 이 사실은 수학이라는 형식 체계를 구성한 인간도 자신에 대해 이성적 논리로 파악할 수 있는 것 이상의 고귀한 존재임을 암시하는 것이 아닐까?

11.6 생각해 볼 문제들

❶ 인간의 마음(mind)이 알고리즘으로 구현 가능한지에 대해 네 가지 관점과 중국어 방을 참고하여 논술해 보시오.

❷ 현재 인공지능이 대부분의 지적 업무를 전문가 수준으로 처리하는 수준에 이르렀고, ChatGPT 등을 통해 모든 사람들이 쉽게 이용 가능하게 되었다. 이제 인간은 이런 인공지능을 잘 활용하는 것이 중요해졌는데, 교육은 무엇을 어떻게 가르쳐야 하는가? 현재 ChatGPT 등의 인공지능이 중급 개발자 이상[127)]의 코딩 실력을 가지고 있어서 말만 하면 웬만한 코딩은 다 해주고 있는데 모든 학생들이 굳이 코딩 교육을 받을 필요가 있는지 논하시오.*

❸ 조합적 창의성이 아닌 변혁적 창의성을 갖춘 인공지능이 개발될 수 있을지 논하시오.

❹ 과학 기술의 가치중립성에 대한 당신의 견해를 논하시오. 과학 기술이 발전될수록 인간은 더 많은 풍요와 편익을 누리고 서로 더 많이 연결되고 있지만, 더 많은 우울과 외로움을 느끼는 이유는 무엇인가?

참고 영국은 2018년 세계 최초로 정부 부처로 고독부(Ministry of Loneliness)를 설치했고, 일본도 2021년 고독·고립 담당 장관과 대책

127) ChatGPT의 o3 모델은 코딩 실력을 평가하는 코드포스(Codeforces) 코딩 대회에서 ELO 2727이라는 점수를 기록하며 세계 상위 약 200명 수준의 인간 개발자와 동등한 성과를 보였다.

실을 출범시켰다. 영국에서는 조사에서 16~24세 젊은이가 가장 빈번하고 강하게 고독을 느낀다는 결과가 나오자 정규 학교 교육과정에서 고독 대처 학습을 시행하고 있다.

❺ 궁극적으로 인간에게 수학과 자연은 어떤 의미를 가지며 어떠한 메시지를 주는가?

에필로그

Men are born ignorant, not stupid. They are made stupid by education.

- B. Russell

○ 한없이 펼쳐진 우주 공간에서 인간만이 존재의 의미를 질문한다. 자연은 왜 그토록 아름다우며 오묘한 법칙으로 존재하는가? 나는 어디서 왔으며 나는 누구인가? 자연을 통해 인간은 수학에 눈을 뜨고 무한한 수학의 세계를 탐험해 나갔고, 수학을 이용해 자연의 세계를 개척해갔다. 이성의 시대에 인간은 수학이 확실하다고 믿었지만, 이성의 한계를 절감하면서 수학의 확실성을 어디에서 찾아야 할지 모른다. 그러면서도 인간은 수학과 사물을 결합하여 기계에 생명을 불어넣고 싶어 한다. 앞으로 인간은 수학을 어떻게 생각할까?

○ 2002년 노벨 물리학상을 받은 고시바 마사토시는 어릴 적 소아마비로 고교 진학이 1년 늦었고 고등학교 때 물리에서 낙제점을 받았다. 동경대에 들어가기는 했지만, 졸업 성적은 꼴찌였다. 2002년 노벨 화학상을 수상한 다나카 고이치는 시골의 고등학교를 졸업하고 도호쿠대 전기공학과에 입학했지만 성적이 하위권이었으며 졸업도 1년이 늦었다. 졸업 후 소니에 지원했다가 떨어져 중견 기업인 시마즈 제작소에 입사했다. 그런데도 그들은 쉬지 않고 매진해 노벨상을 받았다.

부 록

Life is like math. If it goes too easy, something is wrong.

- Anonymous

A.1 수학적 실재론과 사회적 구성주의는 공존 가능한가?

수학 철학과 관련하여 본문에서 소개한 것 외에도 다양한 관점들의 스펙트럼이 존재한다. 그렇게 다양한 관점들이 다 부분적으로 진리의 한 측면을 드러내고 있으며, 어느 한 관점도 수학 전체를 다 포괄하기는 어렵다. 따라서 어느 한 관점만을 절대적으로 따르기보다 여러 관점들의 장점들을 다 적재적소에 활용하는 것이 바람직하다. 그리고 모든 관점들이 다 배타적이기만 한 것도 아니다. 가령 유명론적 수학 철학을 견지하는 이들의 상당수가 진리값 실재론을 받아들인다. 더 나아가 겉으로 보기에 상반되는 관점들도 약간의 조정을 거치면 상호 보완적이면서 하나의 관점으로 통합될 수도 있다. 가장 극단적 두 관점인 수학적 실재론과 사회적 구성주의의 예를 통해 이를 보이고자 한다.

사회적 구성주의에 의하면 수학적 지식은 사회적이고 역사적인 맥락 안에서 사회적 과정을 통해 인간이 구성해 온 것으로 보는데, 이 관점을 인간이 실제로 생성한 수학적 지식의 형성 과정을 설명하는데 국한하고, 이와 별도로 보편타당한 수학적 진리가 객관적으로 실재한다고 주장을 할 수 있다. 비유적인 예를 들어 설명해 보자.

1980년 5월에 광주에서 민주화 운동이 일어났다는 지식은 언론사에서 구성한 것이 맞다. 그러나 그 역사적 지식은 언론계에서 합의하여 자기들 뜻대로 지어낸 것이 아니며 그 당시에 실재했던 사건을 직접 보고 언어로 재구성한 것이다. 그래서 언론사마다 관점에 따라 사건의 서술에 차이가 나기도 하고 심지어 세부적인 사실 관계에 조금씩 오류가 있을 수도 있으며, 비민주적 정치 상황이었던 당시의 기사와 민주화가 완성된 지금의 역사적 서술에도 차이가 있다. 하지만 1980년 5월에 광주에서 민주화 운동이 일어났다는 것은 엄연한 객관적 사실로 항상 존재하고 있다.

수학적 지식도 사람들이 언어로써 구성하고 사람들을 통해 후대로 전해 내려오고 있으며 그 언어적 표현들도 변천해 왔다. 바빌로니아 사람들은 피타고라스 정리를 구체적인 피타고라스 수들을 나열하는 것으로 표현했지만, 후대의 그리스인들은 인간의 자연어를 이용해 피타고라스 정리를 일반적인 수학적 명제로 표현했고, 현대에 와서는 피타고라스 정리를 무정의 대상인 점, 직선, 평면의 형식적 관계로 표현하거나 더 나아가 형식적 기호들만으로 표현하기도 한다. 이렇게 피타고라스 정리도 변화와 발전을 겪어 왔지만, 그것이 함의하는 본질적 내용은 전혀 변하지 않았다.

실수 역시 여러 가지 구성 방법이 존재한다. 실수를 유리수로 이뤄진 코시 수열의 동치류로 정의할 수도 있지만, 데데킨트의 절단(cut)을 이용해 구성할 수도 있다. 하지만 이러한 다양한 구성법들은 다 하나의 대상 즉 실수를 표현합니다. 왜냐하면 완비 순서체 공리를 만족하는 집합은 유일하기 때문이다.

광주 민주화 운동에 대한 기사가 광주 민주화 운동 그 자체가 아니며 그것을 언어로 표현한 것이듯이 인간이 구성한 구체적인 수학적 지식도 수학적 진리를 인간이 만든 언어로 표현한 것이지 수학적 진리 그 자체는 아니다. 수학적 지식은 그 역사적 발달 과정에서 사회적 과정을 거쳐 다듬어져 간다. 라카토스가 제시한 유명한 예인 오일러의 다면체 정리가 증명되는 역사적 과정을 살펴보면, 코시의 첫 증명 이후 반례가 제시되자 다면체의 정의를 수정하고, 또 다른 반례가 제시되자 또 정의를 수정하는 등 위 정리를 만족하는 다면체의 정의를 찾아가기 위해 수학자들 간에 '협상'이 일어나고 있음을 볼 수 있다. 이처럼 완전한 진리를 찾아가는 과정 중에는 인간의 한계로 인한 오류가 섞이기도 하고 불완전한 형태로 존재하지만, 이에 상관없이 명제 '볼록 다면체는 (꼭지점의 개수)−(모서리의 개수)+(면의 개수)=2를 만족한다'는 객관적 사실로서 항상 존재하고 있다.

위에서 협상이라는 표현은 사회 현상을 지칭하는 사회학적 용어이지만, 일반적인 사회에서의 협상과는 질적으로 다름을 주목해야 한다. 일반적인 협상은 자기편의 이익을 극대화하려는 **목표들이 상충**하는 상황에서 어느 정도 그 목표치를 낮추는 양보와 타협을 해가며 상대방을 설득하는 행위이지만, 수학자들의 연구 과정에서의 협상은 진리 추구라는 **공통된 목표**를 향해 나아가는 과정에서 최선의 경로를 찾기 위해 서로의 지성과 논리를 건설적으로 충돌시키는 과정이다. 이 과정 중에 양보와 타협, 설득도 일어나고 각 사람의 신념과 사회적, 문화적 맥락이 영향을 미치지만, 진리 추구라는 목표에서 벗어나는 일은 없다. 진리에 이르는 길이 여러 가지가 있다면 그중 하나를 선택하는데 수학 외적인 요인들이 영향을 끼칠 수 있지만, 심지어 그런 경우에도 할 수 있는 한 가장 자연스럽고 아름다운 길을 선택하는 것이 수학자 사회의 일반적인 실상이다. 가령, 칸토르가 자신이 발견한 무한 기수를 ℵ로 표기한 것도 유태인으로서 자신의 민족 언어인 히브리어의 알파벳 첫 글자를 택했다고 볼 수도 있겠지만, ℵ가 무한을 뜻하는 히브리어 אין סוף(Ein Sof)의 첫 글자로서 고대로부터 무한을 상징해 왔으므로 이 기호를 쓰는 것이 의미 깊고, 수학사적으로 독창적일 뿐 아니라 문화적으로도 세련된 선택이었다. 즉 수학적 표기조차도 가장 자연스럽고 아름다운 길을 선택한 것이다.

수학적 지식이 사회적 과정을 거쳐서 구성되고, 수학이 발전하면서 추상화가 거듭되어 수학적 대상들이 너무 추상적이고 인위적으로 느껴지기도 해서 수학적 대상(또는 구조, 진리)의 실재성이 받아들여지기 어려울지도 모른다. 음수도 처음엔 매우 인위적이고 수로서 받아들여지기에 많은 거부감이 있었지만, 지금은 자연수에 버금갈 정도로 자연스럽고 명확한 수학적 대상으로 인식되고 있는 것처럼, 인류의 수학적 통찰력이 더 깊어지고 확대되면 지금의 추상적인 수학적 대상을 더 쉽고 자연스럽게 표현하는 방법이 발견될 것이다. 하지만 수학적 실재가 어떤 방식으로 존재하는지를 엄밀히 규명하는 것은 영원히 불가능할지도 모른다. 사실 실재라는 모호한 철학적 개념으로 인해 다양한 견해들이 생겨나지 않을 수가 없다. 엄밀히 따지자면, 현실 세계의 실재성조차 증명하는 것은 거의 불가능하다.

수학적 실재를 물건처럼 구체적으로 규정할 수 없다고 그 실체를 부인하면 명백한 사실을 설명하기가 어려워진다. 가령 아프리카 오지의 부족이나 심지어 동물조차도 우리와 똑같은 수학적 법칙을 따르고 있음을 어떻게 설명할 수 있을까? 수천 년 전 피타고라스 정리를 최초에 발견한 바빌로니아의 누군가도 자기 마음대로 그것을 구성한 것이 아니며, 수천 년 동안 그것을 배워왔던 사람들도 그것이 진정 옳은지 각자의 이성의 잣대에 비춰보고 옳다고 여겨지기에 받아들인 것이지 단지 다른 사람들이 다 받아들이니 무조건 받아들인 것이 아니다. 직각삼각형에서 빗변의 제곱이 다른 두 변의 제곱의 합과 같은 이유는 바빌로니아 사람들이 발견해서가 아니며, 피타고라스가 그것을 증명해서도 아니다. 거꾸로 인간이 그 사실을 알기도 전부터 그것이 객관적 사실로 존재하고 있었기에 바빌로니아 사람들과 피타고라스 그리고 다른 모든 사람들도 동일하게 그 사실을 재발견 해올 수 있었던 것이다. 내 손 안의 사과는 농부와 택배 기사님이 전해 준 것이지만 그분들이 만들어낸 것이 아니라 자연이 만들어낸 것이다. 자연이 객관적 실재로서 존재하는 것처럼 수학적 진리도 객관적 사실로서 존재하기에 인간이 자연과 수학을 결합하여 컴퓨터와 비행기를 만들고 안전하게 전 세계를 여행할 수가 있다.

요약하건대, 과학적 지식이 그러한 것처럼 수학적 지식도 사회적으로 구성된다. 하지만 실재로 여기는 것이 어떤 형태로든 존재하지 않는다면 사회적인 지식 역시 존재할 수 없다. 물론 수학적 실재의 존재성을 증명할 수는 없고 수학적 사실의 절대적 확실성도 증명할 수는 없다. 그것을 증명한다는 것은 어쩌면 신의 영역에 속하는 것이 아닐까?

이상의 견해도 부분적이고 주관적인 답변에 불과할 것이다. 사실 수학이 무엇인지에 대한 온전한 답변은 어느 누구도 잘 모르는 것이 아닐까? 지금 알려진 수학만 하더라도 수학이라는 빙산의 일각에 불과하지만, 그 일각조차도 너무나 거대해서 아무도 다 볼 수가 없다. 인간은 드넓은 우주에서 한 점도 안 되는 지구도 다 모르고 고작 달에 발을 디뎠을 뿐인데도 우주 전체가 어떠하다고 주장을 하고 있지만, 쉽게 하나의 견해로 단정 짓기보다는 열린 마음으로 계속 탐구하려는 자세가 바람직할 것이다.

A.2 통약 불가능성(Incommensurability)

공약 불가능성이라고도 한다. 수학에서 0이 아닌 두 실수의 비가 유리수가 아닐 때 통약 불가능이라고 하는데, 이 의미를 전용하여 서로 다른 두 패러다임이 공통 기준에 의해 비교될 수 없음을 뜻한다. 관찰의 이론 의존성(적재성)에 의하면 패러다임을 벗어나 객관적이고 중립적인 관점에서 실험과 관측을 할 수가 없고, 과학적 대상들에 대한 개념과 용어도 패러다임마다 각각 다르게 사용되기에 두 패러다임 간에 우월성을 서로 비교하는 것은 불가능하게 된다. 가령 뉴턴 역학의 질량의 개념이 아인슈타인의 상대성 이론에서의 질량 개념과 다르며, 아리스토텔레스 역학의 운동의 개념이 뉴턴 역학의 운동 개념과 다르다. 더 나아가 토마스 쿤은 과학 용어들이 한 패러다임 내에서도 고정된 엄밀한 의미를 가지고 있지 않다고 보았다.

이런 통약 불가능성으로 인해, 경쟁하는 패러다임들 중 어느 하나가 선택되는 것은 객관적 비교에 의한 것이 아니라 과학자 공동체의 합의 또는 군중 심리에 의한 것이 된다. 이러한 관점을 강하게 밀고 나가면 과학에서 객관적 진리와 실재의 전통적 개념이 허물어지게 되고, 현상과 실재는 패러다임에 의해 사회적으로 구성되는 것으로, 패러다임이 교체되면 사람들은 다른 세계에 살아가게 된다는 결론에까지 이른다.

A.3 반증 가능성

검증하려는 가설이 실험이나 관찰에 의해서 반증(falsification)될 가능성이 있는지 불가능한지를 의미하는 것으로, 가령 '모든 까마귀는 검은색이다'라는 가설은 반증 가능하지만, '동전을 던져 앞면이 나올 확률이 1/2이다'라는 명제는 반증 불가능하다. 과학철학자 포퍼(Karl Popper)의 반증주의에 의하면 반증 가능성은 과학적 가설이 반드시 가져야 할 필요조건이다. 과학에서 완전한 이론은 있을 수 없다. 현실적으로 모든 경우를 다 검증해볼 수가 없기 때문이다. 결국 가설 수립과 반증의 과정들을 통해 점점 더 나은 이론을 찾아가게 되는데, 가설의 반증 가능성이 요구되는 것이다.

반증 사례가 발견되었을 때, 단지 그 사례만을 피하기 위해 임시방편적으로 이론을 수정하는 것을 ad hoc 수정이라 하는데 반드시 지양해야 한다. 가령 '모든 까마귀는 검은색이다'라는 가설을 반증하는 사례로 부산에서 흰 까마귀가 발견되었을 때, '부산에 서식하지 않는 모든 까마귀는 검은색이다'라는 새 가설로 반증 가능성을 축소하는 것은 진실을 호도하는 것일 것이다. 역사적으로 천동설이 ad hoc 수정으로 연명하면서 천문학의 발전을 가로막았다.

그러나 반증 가능성이 과학 이론의 절대적인 기준은 아니다. 가령 구체적 조건을 적시하지 않는 일반적인 존재 진술의 경우, 반증이 불가능하지만 새로운 존재의 발견을 이끌어내는 길잡이가 될 수 있다. 가령 디랙이 양전자가 존재한다는 예측은 실제 발견으로 이어졌다. 또 모든 과학적 가설에는 하나 이상의 배경 가정이 존재하므로 어떤 사례가 이론에 대한 반증인지 아닌지 알기 어렵고, 어떤 이론 수정이 ad hoc인지 아닌지를 판단하기도 쉽지 않다. 가령 지동설이 오래전부터 제시되었지만, 연주시차가 측정되지 않는다는 이유로 반증 되어 폐기되었지만, 사실은 관측 기술의 미비로 인해 연주시차가 있어도 측정을 못했던 것이다.

실제 과학사에서 반증으로 바로 가설이 폐기되는 경우는 많지 않다. 18세기에 천왕성의 운행이 뉴턴의 역학 법칙에 약간 벗어남이 관측되었을 때 바로 뉴턴 역학이 폐기된 것이 아니라 천왕성 너머에 다른 행성이 존재해서 그 인력에 의해 천왕성의 궤도가 흔들린 것이라는 다소 임시방편적인 가설이 제기되었는데, 19세기에 와서 예측된 위치에 정말 해왕성이 발견되었다. 20세기 초 β 붕괴라는 원자핵 붕괴 실험에서 에너지 보존법칙에 위배됨이 발견되었을 때도, 거의 관측 불가능한 어떤 입자가 있어 에너지 균형을 맞춰 준다는 ad hoc 가설로 에너지 보존법칙을 그대로 유지시켰다. 그런데 나중에 정말 거의 관측 불가능한 입자인 중성미자[128)]가 발견되어 그 가설이 사실로 확인되었다.

현대 과학이 다루는 대상들이 인간의 현재 관측 능력을 점점 넘어서게 되면서 반증 가능성을 지나치게 엄격하게 적용해서는 안 된다는 반론도 제기된다. 반증주의는 라카토스에게 영향을 주어 수학도 추측, 증명, 반박의 과정을 통해 계속 발전해 가는 준경험적인 과학이라는 준경험주의를 낳게 했다.

A.4 포스트모더니즘(Postmodernism)

탈근대주의라고도 하는데, 근대 서구를 지배해 온 이성 중심의 계몽주의적 세계관을 거부하며 비합리성, 상대성, 다원주의, 불확실성, 탈권위, 해체 등을 그 특징으로 한다. 아래에 권수경 교수님이 미국 공영방송 PBS에서 인용한 것을 재인용한다.

"포스트모더니즘은 일반적이고 광범위한 용어로서 문학, 예술, 철학, 소설, 그리고 문화 및 문학 비평 등에 적용된다. 포스트모더니즘은 주로 실재를 설명하려는 과학적 또는 객관적 노력에 전제되는 확실성에 대한 반작용이다. 본질상 포스트모더니즘의 출발점은 실재는 그 실재에 대한 인간의 이해에 단순히 거울처럼 반사되는 것이 아니라 마음이 자신의 독특하고 인격적인 실재를 이해하려 하는 가운데 형성된다는 인식이다. 그렇기 때문에 포스트모더니즘은 모든 집단, 문화, 전통, 또는 인종에

128) 에너지가 수 MeV인 중성미자 1개가 1광년 두께의 철판을 뚫고 지나가는 동안 1개의 입자와 반응할 정도로 거의 관측이 불가능하지만, 태양의 햇빛에서 엄청난 양이 쏟아지고 있다. 1초당 약 100조개의 중성미자가 우리 인체를 뚫고 지나가고 있다.

다 타당하다고 주장하는 설명에 대해 극도로 회의적이며 대신 각 개인의 상대적인 진리들에 초점을 맞춘다. 포스트모더니즘의 이해에서는 해석이 모든 것이다. 실재는 세상이 우리 각자에게 갖는 의미를 우리가 해석함으로써만 생겨난다. 포스트모더니즘은 추상적 원리 대신 구체적 경험에 의존하며, 개인의 경험의 결과는 확실하거나 보편적인 것이 아니라 반드시 오류가 있고 상대적일 수밖에 없음을 언제나 잊지 않는다."

A.5 제1 원리(First principle)

철학에서 논리적 전개를 위해 최초로 가정하는 기본 원리를 제1 원리라 부르는데, 수학에서의 공리와 같다. 철학자이자 수학자인 데카르트는 모든 것을 의심해 보는 방법론적 회의를 통해 의심하고 있는 나 자신의 존재는 의심할 수 없었음을 깨달았고, '나는 생각한다. 고로 존재한다'라는 명제를 제1 원리로 삼아 다른 모든 지식들을 확실한 토대 위에 구축하였다. 미국의 독립선언서도 모든 인간은 평등하다는 제1 원리로부터 미국 독립의 당위성을 도출해 낸다.

> "We hold these truths to be self-evident, that all men are created equal, that they are endowed by their Creator with certain unalienable Rights, that among these are Life, Liberty and the pursuit of Happiness."

뉴턴이 확립한 고전 역학의 제1 원리는 다음과 같다.

(i) 관성의 법칙 : 외부 힘이 작용하지 않는 한 물체의 질량 중심은 일정한 속도로 움직인다.

(ii) 가속도의 법칙 : 물체의 운동량의 변화율은 그 물체에 작용하는

힘과 같다.

(iii) 작용-반작용의 법칙 : 물체 A가 물체 B에 힘 $\vec{F}$를 가하면, B는 A에 $-\vec{F}$를 가한다.

아인슈타인이 확립한 특수 상대성 이론의 제1 원리는 다음과 같다.

(i) 관성의 법칙이 성립하는 모든 좌표계에서 물리 법칙은 동일하다.

(ii) 관성의 법칙이 성립하는 모든 좌표계에서 진공에서의 빛의 속도는 광원의 속도와 상관없이 동일하다.

A.6 대칭(Symmetry)

대칭성은 주어진 대상에 어떤 수학적 변환들(보통 군을 이룸)을 실시해도 같은 패턴이 유지됨을 말하는데, 수학, 자연, 예술을 이해하는 데 있어 핵심 원리이다.

기하학은 여러 가지 공간에서 어떤 변환군(transformation group)에 대해 불변인 성질을 연구하는 것이라 할 수 있다. 예를 들어 유클리드 기하학은 $\mathbb{R}^n$에서 등장 사상군 $\mathbb{R}^n \rtimes O(n)$에 불변인 성질을 논하는데, 평행 이동, 회전 변환, 반사 변환 등을 시행해도 도형의 길이, 면적, 곡률 등이 변하지 않는다. 구면 기하학은 n차원 구면

$$S^n = \{(x_1, \cdots, x_{n+1}) \in \mathbb{R}^{n+1} \mid x_1^2 + \cdots + x_{n+1}^2 = 1\}$$

에서 직교 변환군

$$O(n+1) := \{A \in M_{n+1}(\mathbb{R}) \mid AA^t = Id\}$$

에 불변인 성질을 논하는데, 직교 변환에 의해 구면상의 도형의 길이,

면적, 곡률 등이 불변한다.

자연의 대칭성은 여러 층위에서 여러 가지 변장된 형태로 존재한다. 소립자로부터 거대한 천체 우주에 이르기까지 다 고유한 대칭성이 들어 있으며, 그 대칭성은 자연을 설명하는 주요한 원리이다. 가령 원자들이 결합하여 분자를 이루는데, 그 결합의 기하학적 구조가 분자의 물질적 특성을 결정하는 요인이 된다.

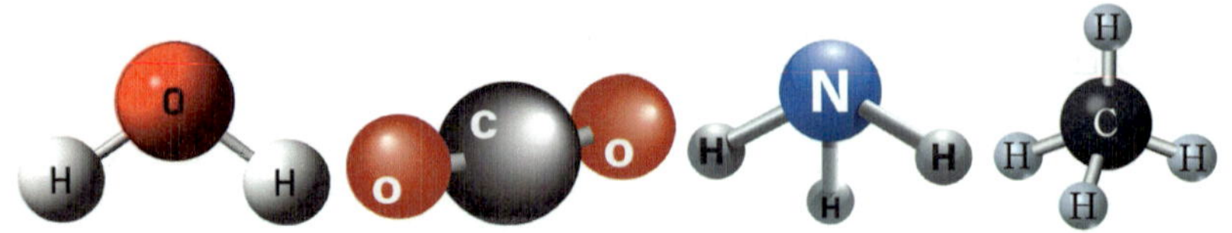

[물(H_2O), 이산화탄소(CO_2), 암모니아(NH_3), 메탄(CH_4)의 분자구조]

인간이 자연을 조금씩 이해해 가는 것이 가능한 것도 자연이 완전히 불규칙적인 것이 아니라 불규칙성 가운데 대칭성이 내재되어 있기 때문이다. 자연의 대칭성을 수학적으로 정확히 표현하자면, 주어진 물리계에 어떤 수학적 변환을 작용해도 물리 법칙의 동일성이 유지되는 것이다. 따라서 대칭성으로부터 불변인 물리 법칙을 찾아낼 수 있다.

시공간 $\mathbb{R}^4$의 변환군 $\mathbb{R}^4 \rtimes O(1,3)$는 푸앵카레 변환들 즉, $\mathbb{R}^4$의 평행 이동, $\mathbb{R}^3$ 공간의 직교 변환, 등속 이동에 의한 변환의 합성으로 구성되는데 중력 등의 요인을 제외한다면 모든 물리 법칙은 이 변환들에 대해 불변해야 한다. 물리계 전체를 평행 이동하거나 회전과 같은 직교 변환을 하거나 초기 속도가 0이 아니어서 등속 이동하고 있어도 물리 법칙은 동일하다는 것이다. 이 푸앵카레 대칭성에 의해 에너지 및 운동량 보존법칙이 얻어진다. 특수 상대성 이론의 제1 원리도 바로 이 푸앵카레 대칭성을 말한다. 대칭성에 의해 특수 상대성 이론이 유도되는 것이다. 이뿐 아니라 자연계의 기본 입자들도 푸앵카레 대칭성의 표현(representation)이다.

자연계에 존재하는 네 가지 근본적 힘도 다 어떤 대칭성에서 연유한다. 시공간 $\mathbb{R}^4$의 임의의 좌표 변환에 대해 물리 법칙의 수학적 표현이 불변이라는 대칭성으로부터 중력이, 기본 입자를 기술하는 어떤 '내부 공간'의 좌표 변환이라 할 수 있는 게이지 변환에 대해 물리 법칙의 수학적 표현이 불변이라는 대칭성으로부터 전자기력, 약력, 강력이 유도된다. 이 네 힘을 다 통일하는 이론을 찾기 위해 많은 물리학자들이 자연에 초대칭이 존재하리라 예상해 오고 있지만, 아직 발견하지 못하고 있다.

자연에 왜 대칭성이 존재하는가? 자연을 바라보는 인간이 구성한 것일까? 아니면 대칭성이 자연이라는 실재를 구성하는 근본 요소로서 더 심오한 원리에서 유래하는 것은 아닐까? 어쩌면 자연이 곧 수학적 구조 그 자체이기 때문은 아닐지 ….

A.7 $|\mathbb{R}|=2^{\aleph_0}$의 증명

우선 $|\mathbb{R}|=|(0,1)|$를 보이자. $\Phi:\mathbb{R}\to(0,1)$를 $\Phi(x):=\frac{1}{\pi}\arctan x+\frac{1}{2}$로 정의하면 1:1 대응을 이루므로, $|\mathbb{R}|=|(0,1)|$이다.

집합 $E:=\{f:\mathbb{N}\to\{0,1\} \mid f$가 영함수는 아님$\}$에 대해 $|E|=2^{\aleph_0}-1=2^{\aleph_0}$이다. 단사 함수 $\Psi_1:(0,1)\to E$을 정의하기 위해 $(0,1)$의 임의의 실수를 이진법으로 $0.a_1a_2a_3\cdots$로 표현하면, $\Psi_1(0.a_1a_2a_3\cdots)$를 $f(1)=a_1$, $f(2)=a_2$, $f(3)=a_3$, $\cdots$를 만족하는 함수 f로 정하면 된다.

따라서 $|(0,1)| \leq |E|$ 이다.

또 단사 함수 $\Psi_2 : E \to (0,1)$를 $\Psi_2(f) := \frac{f(1)}{10} + \frac{f(2)}{10^2} + \frac{f(3)}{10^3} + \cdots$로 정의하면, $|E| \leq |(0,1)|$를 얻게 된다. 마지막으로 Cantor-Bernstein 정리[129]에 의해 $|(0,1)| = |E|$를 얻는다.

A.8 동치 관계(Equivalence Relation)

임의의 집합 A에 정의된 이항 관계 $\equiv$이 다음 세 조건을 만족하면 동치 관계라 한다.

(i) 임의의 $x \in A$에 대해 $x \equiv x$

(ii) 임의의 $x, y \in A$에 대해 $x \equiv y$이면, $y \equiv x$이다.

(iii) 임의의 $x, y, z \in A$에 대해 $x \equiv y$이고 $y \equiv z$이면 $x \equiv z$이다.

이때 $x \in A$와 동치인 것들의 집합 $\{y \in A | y \equiv x\}$을 x의 동치류라 한다. 그러면 집합 A는 서로소인 동치류들의 합집합으로 표시되어, 집합 A의 분할을 얻는다.

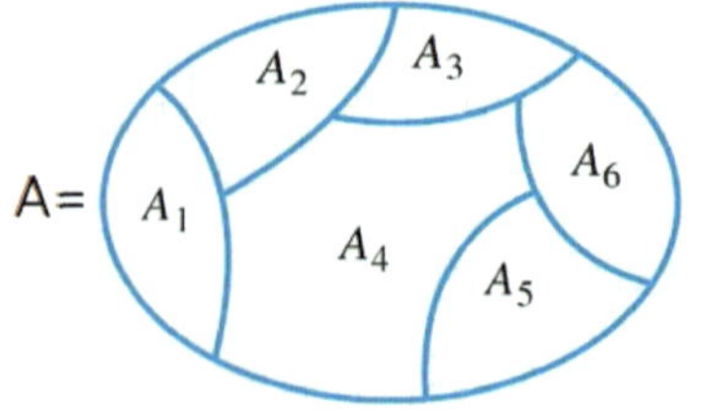

$A_i \cap A_j = \emptyset$, whenever $i \neq j$
$A_1 \cup A_2 \cup \cdots \cup A_6 = A$

129) 임의의 두 집합 A, B가 $|A| \leq |B|$ 이고, $|B| \leq |A|$이면, $|A| = |B|$이다.

A.9 바나흐-타르스키 역설의 2차원 version

반지름 1이고 중심 점이 빠진 원판 $D^*:=\{(x,y)\in\mathbb{R}^2 | 0 < x^2+y^2 \le 1\}$를 잘라 재조합하여 두 개로 만들어 보자. 그것을 $\aleph_0 = |\mathbb{N}|$개의 같은 모양의 조각들로 나눈 다음, 짝수 번째 조각들을 회전시켜 D^*를 하나 얻고, 홀수 번째 조각들을 회전시켜 D^*를 또 하나 얻고자 한다.

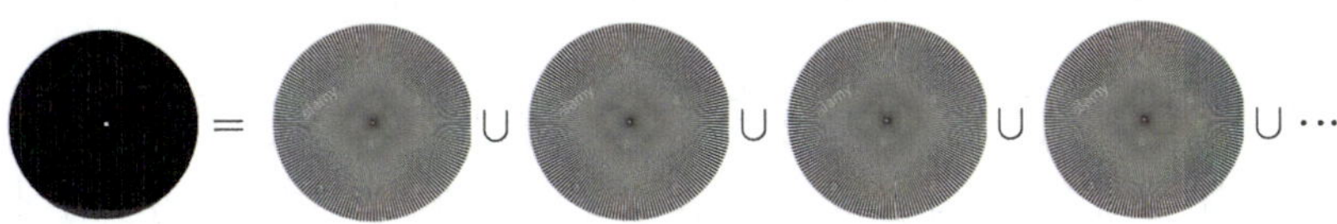

문제는 같은 모양의 $|\mathbb{N}|$개의 조각들로 분해할 수 있느냐가 관건이다. 위의 각 조각들은 면적을 부여할 수 없는 부분집합이어야 한다. 만약 면적이 0이라면 D^*의 면적도 0이어야 하고, 면적이 양수라면 D^*의 면적이 무한대가 되기 때문이다.

이제 D^*를 그러한 조각들로 분해하기 위해서, x축과 각도 θ를 이루면서 원점에서 방사하는 선분 $\{(x,y)\in D^* | \arctan\frac{y}{x}=\theta\}$을 l_θ라 하자.

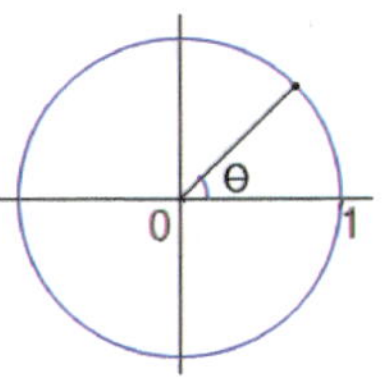

이러한 선분들의 모임 $\{l_\theta | \theta\in[0,2\pi)\}$에 동치 관계 $\equiv$를

$$l_\theta \equiv l_\phi \Leftrightarrow \theta-\phi:\ 2\pi\text{의 유리수 배}$$

로 정의하고, 각 동치류에서 아무 원소 하나를 대표로 선택하여(**선택 공리** 사용!) 이런 대표원들을 다 모아 부분집합 $E\subset\{l_\theta | \theta\in[0,2\pi)\}$를 구성하자.

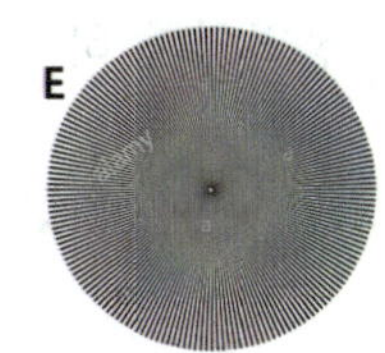

$\{x\in[0,1) | x\in\mathbb{Q}\}$는 $\mathbb{N}$과 1:1 대응을 이루므로, 이

집합의 원소(유리수)들을 $x_1, x_2, x_3, \cdots$라 하자. $E_n := \{l_{\theta+2\pi x_n} | l_\theta \in E\}$는 E를 $2\pi x_n$만큼 회전하여 얻는 집합이다. 따라서

$$\boxed{\cup_{n=1}^{\infty} E_n = \{l_\theta | \theta \in [0, 2\pi)\}}$$

$$\cup_{n=1}^{\infty} E_n = E_{even} \cup E_{odd}$$

$$(\text{단, } E_{even} := \cup_{n=1}^{\infty} E_{2n}, \ \ E_{odd} := \cup_{n=1}^{\infty} E_{2n+1})$$

E_2을 회전해 E_1에 포개고, E_4을 회전해 E_2에 포개고, $\cdots$, 각 E_{2n}을 회전해 E_n에 포개면, E_{even}으로 $\cup_{n=1}^{\infty} E_n$를 만들어낼 수 있다. 마찬가지로 E_{2n+1}을 회전해 E_n에 포개는 과정들을 통해 E_{odd}로부터 $\cup_{n=1}^{\infty} E_n$를 만들어낸다. 이렇게 해서 2개의 D^*를 만들었다.[46]

A.10 중간값 정리

연속 함수 $f : [a, b] \to \mathbb{R}$가 $f(a) < 0, f(b) > 0$이면 $f(c) = 0$을 만족하는 $c \in (a, b)$가 존재한다는 중간값 정리가 직관주의 수학에서 성립하지 않음을 보이자.

일단 최대한 구성적으로 중간값 정리의 증명을 한번 시도해 보자. $[x_1, y_1] = [a, b]$에서 시작하여 $[x_{n+1}, y_{n+1}] \subset [x_n, y_n]$, $f(x_n) < 0$, $f(y_n) > 0$을 만족하도록 구간을 계속 잡아가려 한다. $[x_n, y_n]$까지 구성되었다 하자. 만약 $f(\frac{x_n + y_n}{2})$가 0이라면 증명이 여기서 끝나고, 0이 아니라면 다음과 같이 정의하자.

$$[x_{n+1}, y_{n+1}] := \begin{cases} [x_n, \frac{x_n + y_n}{2}] & \text{if } f(\frac{x_n + y_n}{2}) > 0 \\ [\frac{x_n + y_n}{2}, y_n] & \text{if } f(\frac{x_n + y_n}{2}) < 0 \end{cases}$$

$x_1 \le x_2 \le x_3 \le \cdots \le y_3 \le y_2 \le y_1$, $|x_n - y_n| = \frac{b-a}{2^{n-1}} \to 0$이므로, $c := \lim_{n \to \infty} x_n = \lim_{n \to \infty} y_n$가 존재한다. f는 연속이므로 $f(c) = \lim_{n \to \infty} f(x_n) \le 0$, $f(c) = \lim_{n \to \infty} f(y_n) \ge 0$가 되어 $f(c) = 0$을 얻게 된다. 하지만 $f(\frac{x_n + y_n}{2})$이 0, 양수, 음수 중 하나라는 주장이 배중률에 근거한 것이어서 직관주의에서는 이 증명을 받아들일 수 없다.

직관주의에서 중간값 정리가 성립할 수 없음을 보이기 위해 함수 $f : [0,3] \to \mathbb{R}$를 다음으로 정의하자.

$$f(x) := \min(0, x-1) + \max(0, x-2) + \alpha$$

여기서 α는 $[-1,1]$에 속하는 실수로서 $(\alpha \le 0) \vee (\alpha > 0)$이 결정 불가능한 상태인 수이고 (가령 8.4절의 그 α를 택하면 된다.), $\min(0, x-1)$는 직관주의 관점에서 잘 정의된 함수이다. 왜냐하면 x가 1보다 크거나 같은지 또는 작은지 판단할 필요 없이 실수 x를 나타내는 유리수 구간들 $[a_n, b_n]$의 열이 주어지면, $I_n := [\min(0, a_n - 1), \min(0, b_n - 1)]$이 함수값 $\min(0, x-1)$를 나타내는 구간들의 열이기 때문이다. (임의의 실수 x_1, x_2에 대해, $x_1 \le x_2 \Rightarrow \min(0, x_1 - 1) \le \min(0, x_2 - 1)$이므로 $\min(0, x-1) \in I_n$이고, $|I_n| \le |(a_n - 1) - (b_n - 1)| \to 0$) 마찬가지로 $\max(0, x-2)$도 잘 정의된다.

f는 연속인 세 함수의 합이므로, 역시 연속이다. 또 $f(0) = -1 + \alpha \le 0$,

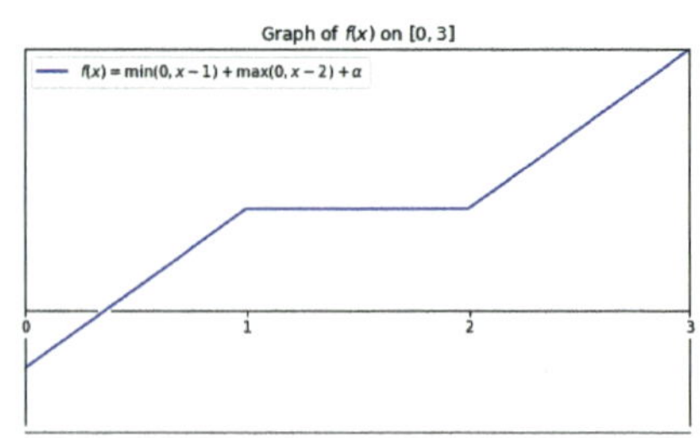

$f(3) = 1 + \alpha \geq 0$이고, f는 증가함수로서 $[1,2]$에서 상수값 α를 가지며 그 외의 구간에서는 단조증가이다.

만약 중간값 정리가 성립한다면, $f(p) = 0$을 만족하는 $p \in [0,3]$가 구성적으로 주어지므로 $p \geq 1$ 또는 $p \leq 2$이다. 첫째 경우 $f(1) = \alpha \leq 0 = f(p)$이고 둘째 경우 $f(2) = \alpha \geq 0 = f(p)$이므로, $(\alpha \leq 0) \vee (\alpha > 0)$을 얻게 되어 그것의 참·거짓이 결정 불가라는 데 모순이다.

A.11 얽힘(Entanglement)

입자들의 얽힘은 여러 입자들이 독립적으로 존재하는 것이 아니라 한 입자의 상태가 다른 입자의 상태에 의존하여 중첩 상태를 이루고 있는 것을 말한다. 가령 중첩 상태

$$\frac{1}{2}(|00> + |01> + |10> + |11>) = \frac{1}{2}(|0> + |1>) \otimes (|0> + |1>)$$

은 독립된 두 입자의 상태들의 '곱(tensor product)'이지만, 중첩 상태

$$\frac{1}{\sqrt{10}}(|00> + \sqrt{2}\,|01> + \sqrt{3}\,|10> + 2|11>)$$

은 개별 입자들의 상태들의 곱으로 표현될 수 없는 하나의 얽힌 상태이다.

얽힘을 물리적으로 구현하는 방법은 다음과 같다. 스핀이 0인 입자(가령 광자)를 전자와 양전자로 쪼개면 두 입자는 상호 결부된(entangled)

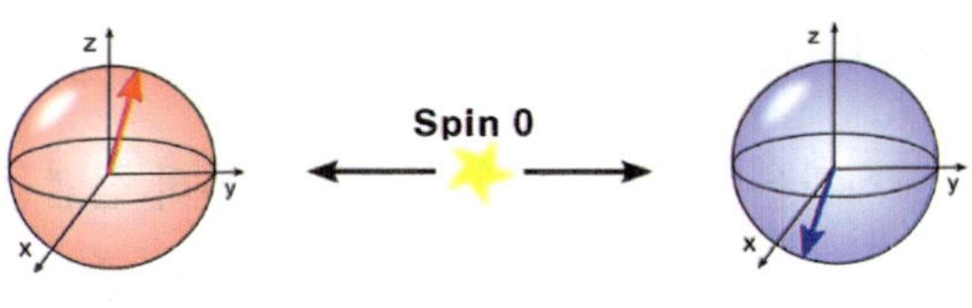

상태로 존재한다. 관측 전 (양)전자의 스핀 각운동량 S_x는 $|\uparrow\rangle$ 상태와 $|\downarrow\rangle$ 상태의 중첩인데, 만약 한 입자를 관측했더니 $|\uparrow\rangle$ 상태이라면, 다른 입자의 상태는 $|\downarrow\rangle$이어야 한다. 따라서 얽혀 있는 이 두 입자의 중첩 상태는 $\frac{1}{\sqrt{2}}(|\uparrow\downarrow\rangle - |\downarrow\uparrow\rangle)$가 된다.

A.12 게임 이론

경쟁, 협력, 갈등, 대립 등의 사회 현상을 수학적으로 설명하려는 시도로 게임 이론이 있다. 게임에 참가한 모든 참가자들의 이익과 손해를 전부 합산하면 반드시 0이 되는 게임을 제로섬(zero-sum) 게임이라 하는데, 폰 노이만(John von Neumann)은 2인 제로섬 게임에서 각자가 자신에게 가장 이로운 전략을 찾을 때, 두 사람 모두가 자신에게 최적인 전략을 찾을 수 있다는 것을 증명했다. 내쉬(John Nash)는 참여자 간에 의사소통이 허용되지 않는 비협조적 게임에서 제로섬 게임이 아니어도 언제나 균형 상태 즉, 각자가 현재 전략을 바꿀 유인이 없는 상태가 존재함을 증명했다. 가령 죄수의 딜레마 게임에선 모든 참가자가 협동(묵비)이 아닌 배신(자백)을 택하는 상태가 바로 내쉬 균형이 된다.

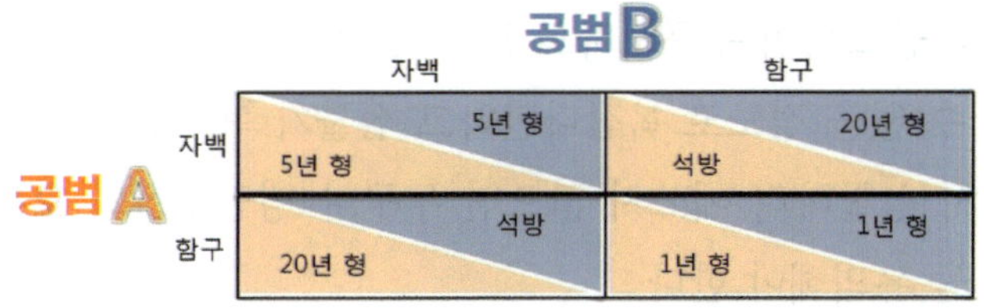

A.13 세계관

세계관은 인간과 세계에 대한 기본적 신념들로 이뤄진 포괄적 인식의 틀을 말하는데, 여기서 세계는 자연 세계와 인간 세계를 다 포함한다. 아마 대부분의 사람들은 자신의 세계관을 명시적으로 진술하진 못하겠지만, 세계관 없이 살아가는 사람은 아무도 없다. 가령 누구나 자신만의 도덕적 신념을 가지고 있으며 의식적으로든 무의식적으로든 그 신념에 따라 자신과 타인의 행동을 판단하고 사회에 영향을 끼치는 행동을 하며 살아간다. 물론 개인의 행동이 오로지 세계관에 의해 항상 인도되는 것은 아니다. 경제적 이익이나 심리적 충동 등 다른 요인들도 개인의 행동에 영향을 미치며, 개인의 모든 행동들이 전적으로 일관적인 것도 아니다. 하지만 세계관이 개인의 행동의 경향성을 설명하는 가장 주된 요인이다. 이에 동의하지 않는 사람들도 많이 있으므로, 이런 관점도 개인의 믿음이며 세계관의 일부라고 할 수 있다.

한 개인의 세계관은 개인의 자율적 선택의 결과이기도 하지만, 그 선택은 사회적 영향력으로부터 결코 자유로울 수 없으며 특히 교육의 영향력이 적지 않다. 어쩌면 많은 대중의 세계관이 단지 역사적·사회적 산물인지도 모른다. 히틀러 당시의 대다수 독일 국민들은 히틀러와 나치에 지지와 동조를 보냈었다. 그러므로 교사는 전문 지식인임과 동시에 어린 학생들에게 삶과 세계에 대한 통찰을 제공하고 방향을 제시하는 무거운 책임을 가진 스승으로서 올바른 가치관에 기초한 균형 잡힌 세계관 확립의 중요성이 누구보다도 크다. 삶과 세계는 어느 누구도 온전히 가늠할 수 없을 정도로 복잡다단하고 심불가측(深不可測)하므로, 여러 관점에서 성찰하려 애쓰지 않으면 누구나 맹인모상의 오류에 빠질 수 있음을 늘 유의해야 한다.

문제 힌트

I would rather have questions that can't be answered than answers that can't be questioned.

\- R. Feynman

다음은 모든 관점을 다 포괄하여 작성된 모범 답안이 아니며, 독자들의 사고를 자극하기 위한 참고 자료입니다. 다른 관점들도 충분히 고려해 균형감과 창의성을 갖춘 답안을 만들어 보길 바랍니다.[47]

1장 5번 문제

(i) 역사를 배워야 하는 이유 : 수학과 과학을 배울 때, 대체로 교과서에는 개념과 이론이 최종적으로 정제된 형태로 현재의 이론 체계의 관점에서 설명되어 있을 뿐, 그 개념이 어떤 맥락에서 등장했고, 어떤 과정을 통해 수정되고 변화되어 왔는지 잘 소개되어 있지 않다. 지식이 형성된 역사적 과정을 살펴보는 것은 개념 이해를 풍부하게 하고, 학습자가 해당 지식을 스스로 경험하여 재발견하게 함으로써 단지 그 지식만 습득하는 것이 아니라 더 중요한 문제해결력과 창의적 사고력을 기를 수 있다.

위와 같이 수학사와 과학사를 도구로서도 공부해야 하지만, 학습 및 교육의 한 목표로서 즉 역사 자체로서 공부하는 것도 의미가 있다. 인류가 수천 년 동안 진리를 찾기 위해 함께 노력해 왔는데, 후대에게 지적 유산으로 물려준 수학과 과학을 공부할 뿐 아니라 진리 탐구의 역사를 공부하는 것은 세계의 제국들의 흥망사를 공부하는 것 이상으로 의미가 깊다.

(ii) 철학을 배워야 하는 이유 : 고대 그리스 이후 철학은 단지 사유의 기술이 아니라 자연과 존재 전체를 탐구하는 종합 학문으로서 그 후 오랫동안(최소한 근대까지는) 대부분의 철학자는 수학자이자 과학자이었으며 수학과 과학은 철학과 함께 탐구되어 있다. 현대로 올수록 개별 학

문들이 방대해지고 심화되면서 한 개인이 다 섭렵할 수 없다는 한계성으로 인해 각 학문 개별적으로 탐구되기 시작한 것이지 통합적 탐구의 필요성이 사라진 것이 아니다. 최근에 와서 지식의 단절을 극복하고 인간과 세계에 대한 통합적 이해와 복잡해진 현실 문제 해결을 위해 과학과 인문학 간의 통섭(統攝, Consilience)의 필요성이 강조되고 있다. 이러한 시대적 요청에 부응하여 교육에서도 융합적 사고력을 갖춘 인재 양성을 위해 STEAM 교육을 강화하고 있다.[130)]

수학과 과학의 영역에서 어느 정도 몸담은 전문가라면 누구나 이미(자기도 모르게) 철학적 입장을 다 견지하고 있다. 심지어 철학의 사변적 논의는 영원히 결론이 없는 불확실한 주장들이며 수학과 과학을 탐구하는 데 있어 불필요하다는 견해도 실증주의의 관점에 뿌리를 두고 있다고 할 수 있다.

수학과 과학의 근본적인 질문이지만 그 자체의 방법론으로 답할 수 없는 문제는 여전히 철학에 남아 있다. 가령 수, 시간, 실재 등은 무엇인가? 인간은 수학과 자연에 대해 무엇을 어떻게 알 수 있으며, 수학과 자연이 인간에게 주는 의미는 무엇인가? 그리고 수학과 과학을 직접 수행하고 있는 연구자와 교육자에게 당장 시급한 철학적 문제들이 대두되어 있다. 가령 수학에서 여러 가지 역설을 야기하는 실무한의 존재성을 허용할 것인가? 배아 줄기세포 연구는 어느 선까지 허용해야 하는가? 이상의 철학적 질문들을 탐구함으로써 명확한 답을 얻지 못하더라도 가능한 개념을 확대시키고 풍요롭게 하고 교조적 확신을 감소시키게 된다.

130) 여담이지만, 철학자 칸트는 대학에서 철학뿐 아니라 인문학, 지리학, 수학, 물리학, 심지어 진지 구축과 같은 과목도 가르쳤다고 한다. 그의 '물리적 지리' 강의가 비판철학의 경험적 재료와 비유, 개념들을 제공했으며, 그가 수학과 물리학에 대한 심도 있는 이해가 없었다면 영원한 고전인 『순수이성비판』을 결코 쓸 수 없었을 것이다.

2장 2번 문제

수학 철학의 가장 근본적이고 오래된 질문 중 하나로, 아마 인류가 영원히 그 정답을 찾지 못할지도 모른다. 철학자와 수학자들은 이 문제를 두고 크게 두 가지 관점으로 나뉘는데, 수학적 플라톤주의와 논리주의는 발견설을 지지하고, 구성주의, 직관주의, 형식주의, 허구주의 등은 발명설을 지지한다고 볼 수 있다.

발견설의 입장에서 다음과 같은 논지를 펼칠 수 있다. 자연수가 자연 또는 이데아의 세계 등에 객관적으로 실재하는 것이 아니라 인간이 인위적으로 만든 것이라면 다른 어떤 수학적 체계도 가능하여 일상생활과 자연을 기술할 수 있어야 한다. 하지만 모든 문명이 본질적으로 똑같은 자연수 체계를 만들어냈으며, 자연수를 대체하는 다른 수학적 체계는 사실상 불가능하다고 할 수 있다. 자연수를 표현하는 방식은 문화권마다 다 다르고, 분명히 인간이 발명해낸 것이지만, 자연수 구조는 인간이 만들어낸 것이 아니라 인간과 무관하게 객관적으로 실재하는 것이다.

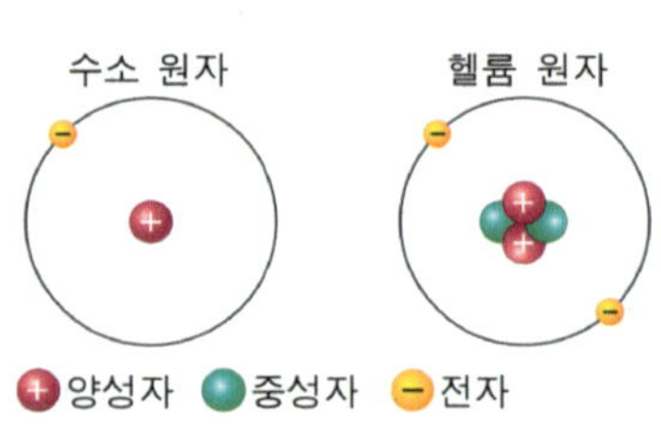

다음의 예도 그것을 잘 보여 준다. 원자 안에 양성자, 중성자, 전자가 몇 개씩 존재하느냐에 따라 다른 원소가 되는데, 이처럼 자연수는 원자 즉 기본 입자들로 이뤄진 집합의 실재적 속성으로서 그 원자의 특성을 구현하는 직접적 원인이라는 사실은 자연수가 단지 인간이 구성한 표상이 아니라 인간과 무관하게 독립적으로 실재함을 보여주는 것이 아닌가?

4장 5번 문제

(ⅰ) 동아시아에서 과학 기술은 주로 실용적 목적을 위한 도구이었으며, 그들은 수학과 과학보다는 도덕과 사회에 1차적 관심이 있었다. 유교적 세계관에선 격물(사물에 대한 탐구)의 추구를 통해 이치에 대한 통찰을 얻고 궁극적으로 (하나의) 천리에 도달하는 것을 목표로 한다. 그래서 공부(工夫), 즉 수양이 중시되었다. 반면에 서양에서는 기독교적 세계관이 지배한 중세 때에도 자연철학이 대학 교과 과정의 중요한 부분이었다.

(ⅱ) 서양과 동양의 세계관의 차이로 인해 자연을 이해하는 패러다임이 근본적으로 달랐다.

서양의 세계관	동양의 세계관
기계적	유기체적
분석적, 환원주의적	전일적
결정론적, 인과율적	비결정론적, 비인과율적

(ⅲ) 동아시아에서는 스승의 가르침에 의문을 제기하는 것은 금기시되었고, 지적 권위에 도전하기보다는 그 가르침을 일단 암기하고 더 풍부하게 심화하는 방향으로 발전시켜 왔다.

(ⅳ) 서양 과학만을 인류의 보편적 성취이자, 자연에 대한 객관적이고 보편타당한 지식 체계로 간주하는 것은 편견이 아닌가?

더 참고할 서적으로 동아시아 과학의 차이(김영식 저, 사이언스 북스)과 한국수학사(김용운, 김용국 저, 悅話堂 (또는 살림Math)) 등이 있다.

5장 5번 문제

실수(의 집합)는 수학적 플라톤주의에 의하면 이데아의 세계에 실재하고, 피타고라스주의나 수학적 우주 가설에 의하면 자연에 실재하고 있지만, 직관주의나 구성주의 같은 관념론에 의하면 실수는 인간의 구성물이고 심지어 무한 집합인 실수 전체의 집합은 존재하지 않는 것으로 간주된다. 대립적인 이 두 관점 중 어느 것이 사실인지 아무도 단언할 수 없고, 어쩌면 두 관점이 수학의 온전한 이해에 다가가기 위한 상보적(相補的)인 역할을 하고 있는지도 모른다. 중요한 것은, 교사가 어떤 수리 철학적 관점을 가지고 수학 교육을 실시하느냐에 따라 학생들의 수리(철학)적 관점 형성에 영향을 미친다는 사실이다.

실수의 경우, 만약 실재론의 관점에서 교육한다면 학생들은 실수에 대한 확신을 가지고 적극적으로 세상을 실수로 모델링할 수 있고 해(解)의 구체적 구성이 없어도 해의 존재성 증명만으로 해의 존재를 확신할 수 있겠지만, 구성주의의 관점에서 교육한다면 학생들은 실수를 비판적 안목으로 바라볼 수가 있고 세상을 모델링하는 다른 수 체계를 구성해 보려 하는 창의성을 발현해 볼 수도 있을 것이다.

따라서 교사는 폭넓고 깊이 있는 연구를 통해 균형 잡힌 수학 철학적 관점을 신중하게 정립하고, 무거운 책임감으로 교육에 임하여야 한다.

6장 4번 문제

15세기 이탈리아 르네상스 회화의 거장 피에로 델라 프란체스카(Piero della Francesca)는 그의 논문 '회화의 원근법에 대하여'에서 점, 선,

면에 대해 다음과 같이 언급하고 있다.

기하학자들에 따르면 점은 면적이 없으며, 선은 넓이가 없는 길이일 뿐이다. 이들은 지적인 측면에서만 인지될 뿐 실제로는 보이지 않는다. 이 때문에 사람들이 눈으로 볼 수 있도록 원근법을 증명하려면 새로운 정의가 필요하다. 그래서 만들어낸 정의는 다음과 같다. 점은 사람들이 인식할 수 있는 최소한의 것이다. 선은 한 점이 다른 점까지 확장된 것이다. 그 선의 넓이는 점의 크기와 동일하다. 면은 선들에 의해서 에워싸인 넓이와 길이의 합이다. 면들에는 다양한 종류가 있다. 삼각형, 사변형, 사각형, 오각형, 육각형, 팔각형, 그밖에 더 많은 수의 다양한 각들로 이루어진 면들이 온갖 형상들에서 발견된다.

9장 2번 문제

(i) 호킹과 다이슨(Freeman Dyson) 같은 물리학자들은 괴델의 불완전성 정리가 자연에 대한 완전한 최종 이론의 꿈에 제동을 걸 가능성을 제기하지만, 자연을 기술하는 이론에 괴델의 정리가 적용되지 않을 수도 있다. 가령 자연이 결정 가능한 부분의 수학만 사용하고 있을 수도 있으며, 우주의 근본 구조가 덧셈 또는 곱셈만, 혹은 기하적 관계만으로 기술될 수도 있고, 물리적 상태 및 기본 입자 수가 실제로는 어마어마하게 크지만 유한하여 원리적으로는 유한한 진리표를 만들 수 있어 형식적으로는 완전한 만물 이론(ToE)이 가능할 수도 있다.

설사 괴델 정리가 적용 가능하다고 하더라도, 하나의 이론으로부터 우주에서 일어날 모든 사건에 대한 개별 진술을 전부 증명해야 한다고 요구하는 것은 ToE에 대한 과잉 해석이다. 자연을 원리적으로 설명하는 근본 법칙이면 ToE로 충분하며, 그것은 괴델 정리에 의해 제약받지 않는다. ToE을 통해 하나의 방정식(또는 유한한 공리·법칙)으로부터 우주에 대한 모든 개별 사실을 기계적으로 산출하는 알고리즘을 얻을 수는 없을 것이며, 자연의 근본 원리에 대한 통찰을 얻으려는 것이다. 어쩌면 자연을 파고들수록 예상치 못한 법칙들이 끝없이 튀어 나올 수도 있다. 그렇다면 ToE를 여러 수준을 포괄하는 자연 질서의 계층적 열린 구조로 고려해 볼 수도 있다. 즉 하위 수준의 현상은 상위 수준의 법칙으로 완전히 결정되지 않으며, 하위 수준에서는 상위 수준의 법칙과 모순되지는 않지만 고유한 '우연'과 상수들이 있다.

확실한 것은 아무도 단언할 수 없다. 다만 불완전성 정리가 자연에 대한 완전한 이해가 불가능함을 보여 주어 비관적 전망을 준다기보다는, 오히려 인간이 탐구할 새로운 세계가 끝없이 펼쳐져 있다는 낙관적 전망을 준다고 보면 어떨까?

(ii) 소수의 무작위적 분포는 어느 인간도 예측할 수 없지만, 어떤 혼돈(chaos)적 양자 시스템의 에너지 분포와 통계적으로 동일함이 밝혀졌다. 이처럼 자연의 현상들이 수학적 법칙을 따른다는 '사실'은 수학과 자연의 신비로운 연결을 보여 주지만, 그것은 경험적 일반화이거나 논리적으로 증명될 수 없는 형이상학적 진술일 뿐만 아니라 구체적 자연 현상이 수학적 명제를 증명하는 것도 아니다. 왜냐하면 자연의 구체적 대상들이 추상적인 수학적 대상들과 동일시될 수 없고, 자연의 수학적 모델은 항상 어떤 근본적 전제 위에 세워지는데 그것이 참이라는 보장이 없다. 자연의 심오한 복잡성은 특정한 수학적 기술을 넘어설 여지가 언제나 있다. 가령 진리인 줄 알았던 뉴턴의 결정론적 역학 법칙이 근사적인 기술로 드러난 것만 봐도 알 수 있다.

10장 3번 문제

(i) 계산 가능 함수의 개수는 모든 튜링 기계의 개수 즉 $|\mathbb{N}| = \aleph_0$보다 작거나 같다. 모든 상수 함수는 다 계산 가능하므로, 계산 가능 함수의 개수는 최소한 $\aleph_0$이다. 따라서 계산 가능 함수의 개수는 $\aleph_0$이다. 또 다음에 의해 $\mathbb{N}$에서 $\mathbb{N}$으로 가는 모든 함수의 개수는 비가산이다.

$$|\{f : \mathbb{N} \to \mathbb{N}\}| \geq |\{f : \mathbb{N} \to \{0,1\}\}| = 2^{\aleph_0} > \aleph_0$$

(ii) 함수 f를 다음으로 정의하자.

$$f(n) = 2 \quad \text{if } T_n(n) = 1$$
$$f(n) = 1 \quad otherwise$$

여기서 $T_n(n) = 1$은 수 n에 해당하는 기호열을 입력해서 1에 해당하는 기호열이 출력됨을 뜻하는 것이 아니라 실제로 수 n을 T_n에 입력해서 1이 출력되는 것을 뜻한다. f가 계산 불가능함을 보이기 위해 임의의 $m \in \mathbb{N}$에 대해 f가 T_m이 아님을 보이면 된다. 만약 $f(m) = 2$라면, $T_m(m) = 1 \neq f(m)$이고, $f(m) = 1$라면, $T_m(m) \neq 1 = f(m)$이다.

11장 2번 문제

하버드 대학교의 컴퓨터 과학과 교수를 역임했고, 구글과 애플에서 팀을 이끌었던 매트 웰시(Matt Welsh)는 "전통적 의미의 코딩은 프로그래밍이 아닌 학습으로 훈련된 AI에 지시하는 것으로 대체될 것"이라며 '프로그래밍의 종말'을 전망했다. 최근 경영진 인터뷰를 보면, 일부는 "이제 코딩은 모두에게 권할 조언이 아니다."라고 말하고, 다른 일부는 "여전히 기초 문해력으로 중요하다."고 답하는 등 산업계에 혼재된 시각이 존재한다.

그럼에도 불구하고 교육적 차원에서 코딩 교육의 필요성은 여전히 유효하다고 본다. 전자계산기와 컴퓨터가 생활화된 지 오래되었지만 여전히 수천 년이나 오래된 수학 과목을 계속 배워야 하는 것처럼 말이다. 수학에서의 알고리즘이 개념적 절차에 그치는 것을 보완하기 위해 그런 알고리즘을 실제로 실행 가능한 절차로 구현하고 검증(디버깅)하는 코딩의 과정을 실행해 봄으로써 통합적인 문제 해결력을 키울 수 있고, 수학 교과서에서 다루는 추상적인 문제를 넘어서 구체적인 문제를 해결하는 역량을 배양하기 위해 프로그래밍 교육이 필요하다.

참고로 4차 산업혁명이 시작되면서 우리나라를 비롯한 주요 국가에서는 경쟁적으로 초중고교에 프로그래밍 교육을 도입하였다. 영국은 만 5세부터 만 16세까지 컴퓨팅을 필수 교과로 도입했으며, 일본은 2020년부터 모든 초·중학교 과정에 프로그래밍 의무화, 2022년부터 고교 정보 과목 필수화, 2025년부터 대학 입시 필수 과목에 정보 과목이 포함되었다.

참고 문헌

Of making many books there is no end, and much study wearies the body.

- Ecclesiastes 12:12

[01] Henri Poincaré, Science and Hypothesis, Dover Publications Inc., 1952.

[02] 맥스 테그마크, 맥스 테그마크의 유니버스, 동아시아, 2017.

[03] Ernst Snapper, The Three Crises in Mathematics : Logicism, Intuitionism, and Formalism, Mathematics Magazine 52, No. 4 (1979), 207-216.

[04] Mike Linton, The Dual Chiastic Design of the C-Major Prelude, BWV 870 (The Well-Tempered Clavier, Book II), BACH : Journal of the Riemenschneider Bach Institute 27 (1996), No. 1, 31-56.
Ruth Tatlow, Bach's Numbers, Cambridge University Press, 2016.

[05] 한국경제 신문 2019.8.19.

[06] 로저 펜로즈, 실체에 이르는 길, 승산, 2010.

[07] Chris R. Reid, David J. T. Sumpter, and Madeleine Beekman, Optimisation in a natural system : Argentine ants solve the Towers of Hanoi, The Journal of Experimental Biology 214 (2011), 50-58.

[08] Eamonn B. Mallon and Nigel R. Franks, Ants estimate area using Buffon's needle, Proceedings of the Royal Society B 267, No. 1445 (2000), 765-770.

[09] Matthias Wittlinger, Rüdiger Wehner, and Harald Wolf, The Ant Odometer : Stepping on Stilts and Stumps, Science 312 (2006), 1965−1967.

[10] Rosa Rugani, Annachiara Cavazzana, Giorgio Vallortigara, and Lucia Regolin, One, two, three, four, or is there something more? Numerical discrimination in day-old domestic chicks, Animal Cognition 16 (2013), 557−564.
Rosa Rugani, Giorgio Vallortigara, Konstantinos Priftis, and Lucia Regolin, Number-space mapping in the newborn chick resembles humans' mental number line, Science 347 (2015), No. 6221, 534-536.

[11] Stanislas Dehaene, Single-neuron arithmetic, Science 297(2002), No. 5587, 1562-1653.
Stanislas Dehaene, The number sense : How the mind creates mathematics, Oxford University Press, 2011.
Scarlett R. Howard, Aurore Avargue's-Weber, Jair E. Garcia1, Andrew D.

Greentree, and Adrian G. Dyer, Symbolic representation of numerosity by honeybees (Apis mellifera) : matching characters to small quantities, Proc. R. Soc. B 286 (2019), 20190238.

[12] John Barrow, Pi in the sky : Counting, Thinking, and Being, Back Bay Books, 1992.

[13] 칼 포퍼, 추측과 논박, 민음사, 2001.

[14] 버트런드 러셀, 러셀 서양철학사, 을유문화사, 2019.

[15] Bertrand Russell, The History of Western Philosophy, Simon & Schuster/ Touchstone, 1967.

[16] Z.K. Silagadze, Zeno meets modern science, Acta Physica Polonica B 36 (2005), No. 10, 2887-2929.

[17] 이규희, '점'과 '선'에 관한 수학적 분석과 교과서 분석, 한국학교수학회논문집 제24권, 제1호 (2021), 39-57.
이상은, 무한소적 관점에서의 점, 선, 면의 의미 고찰, 서울대 석사 학위 논문, 2016.

[18] 사이먼 싱, 빅뱅 : 우주의 기원, 영림카디널, 2015.

[19] http://news.bbc.co.uk/2/hi/programmes/wtwtgod/3518375.stm

[20] The Unravelers : Mathematical Snapshots, Edited By Jean-Francois Dars, Annick Lesne, Anne Papillault, A K Peters/CRC Press, 2008.

[21] Stanford Encyclopedia of Philosophy, https://plato.stanford.edu

[22] Gerald Schroeder, The Science of God, Broadway Books, 1997.

[23] Eugene Koonin, The cosmological model of eternal inflation and the transition from chance to biological evolution in the history of life, Biology Direct 2007, 2:15.

[24] 존 배로, 무한으로 가는 안내서, 해나무, 2011.

[25] John Barrow, The Infinite Book : A Short Guide to the Boundless, Timeless and Endless, Vintage, London, 2005.

[26] 모리스 클라인, 수학의 확실성, 사이언스북스, 2007.

[27] Radu Diaconescu, Axiom of choice and complementation, Proceedings of the American Mathematical Society 51 (1975), 176–178.

[28] Lisa A. Burke and Monica K. Miller, Taking the mystery out of intuitive decision making, Academy of Management Perspectives, 13 (1999), No. 4, 91-99.

[29] 필립 데이비스 & 로이벤 허쉬, 수학적 경험(상,하), 경문사, 1999.

[30] 이지현, 수학에서의 정의 개념 변화에 대한 철학적 분석, 한국수학사학회지 제24권 제1호 (2011), 63-73.

[31] 존 배로, 수학, 천상의 학문, 경문사, 2004.

[32] 김보경, 직관적 사고의 교육적 의의와 교수설계에의 시사점, 교육공학연구 제34권, 제3호 (2018), 617-648.
김유라, 교육과정과 교육목적으로서 상상력의 이해, 내러티브와 교육연구 제5권 제3호 (2017), 195-218.
김회용, 키렌 이건의 상상력 활용 교육이론과 실천, 교육사상연구 제27권 제3호 (2013), 137-158.

[33] W. Goldfarb, Notes on Metamathematics, preprint, 2018.

[34] Toby Cubitt, David Perez-Garcia, and Michael M. Wolf, Undecidability of the Spectral Gap, Nature 528 (2015), 207–211.

[35] John Barrow, Gödel and Physics, arXiv:physics/0612253.
Michael Stöltzner, Gödel and the theory of everythng, Gödel '96 : Logical Foundations of Mathematics, Computer Science, and Physics-Kurt Gödel's legacy: Lecture Notes in Logic 6, CRC Press, 2022.

[36] 진 에드워드 베이스, 현대 사상과 문화의 이해, 예영커뮤니케이션, 1998.

[37] 로저 펜로즈, 황제의 새 마음(상,하), 이화여자대학교출판부, 1996.

[38] 로저 펜로즈, 마음의 그림자, 승산, 2014.

[39] Silviu-Marian Udrescu and Max Tegmark, Symbolic pregression : Discovering physical laws from distorted video, Phys. Rev. E 103, 043307.

Ziming Liu and Max Tegmark, Machine Learning Conservation Laws from Trajectories, Phys. Rev. Lett. 126 (2021), 180604.

Ziming Liu, Bohan Wang, Qi Meng, Wei Chen, Max Tegmark, and Tie-Yan Liu, Machine-learning nonconservative dynamics for new-physics detection, Phys. Rev. E 104 (2021), 055302.

[40] Hubert Dreyfus, What computers can't do : The limits of artificial intelligence, New York, Harper & Row, 1979.

Hubert Dreyfus, What Computers Still Can't Do : A Critique of Artificial Reason, Cambridge, MIT Press, 1994.

권기석, '컴퓨터가 할 수 있는 것'에 관한 지식사회학적 고찰 : H. Dreyfus와 H. Collins의 인공지능 논쟁을 중심으로, 서강대학교 대학원, 석사학위논문, 2000.

[41] Manuel Alfonseca, Manuel Cebrian, Antonio Fernandez Anta, Lorenzo Coviello, Andres Abeliuk, and Iyad Rahwan, Superintelligence Cannot be Contained : Lessons from Computability Theory, Journal of Artificial Intelligence and Research 70 (2021), 65-76.

[42] 인공지능시대 교육정책방향과 핵심과제, 관계 부처 합동, 2020.

[43] Eli Pariser, The filter bubble : What the Internet is hiding from You, Penguin Group, 2011.

[44] Franco Vazza and Alberto Feletti, The quantitative comparison between the neuronal network and the cosmic web, Front. Phys. 8 (2020), 491.

[45] Stuart Hameroff and Roger Penrose, Consciousness in the universe : A review of the 'Orch OR' theory, Physics of Life Reviews 11 (2014), 39-78.

[46] Timothy Gowers (Editor), June Barrow-Green (Editor), and Imre Leader (Editor), The Princeton Companion to Mathematics, Princeton University Press, 2008.

[47] • 스튜어트 샤피로, 수학에 관해 생각하기, 교우사, 2022.

• 스테판 쾨르너, 수학철학, 나남, 2015.

- E. T. 벨, 수학을 만든 사람들(상,하), 미래사, 2006.
- 존 배로, 無○眞空, 해나무, 2003. 무영진공
- 존 배로, 1 더하기 1은 2인가, 김영사, 2022.
- 린 갬웰, 수학과 예술, 쌤앤파커스, 2019.
- 김영식, 과학혁명, 민음사, 1985.
- 칼 보이어, 수학의 역사(상,하), 경문사, 2000.
- 토머스 쿤, 과학혁명의 구조, 까치글방, 2013.
- 제임스 래디먼, 과학철학의 이해, 이학사, 2003.
- 맥스 테그마크, 맥스 테그마크의 유니버스, 동아시아, 2017.
- 한스 라이헨바흐, 자연과학의 철학적 기초, 중원문화, 2023.
- 잭 코플랜드, 계산하는 기계는 생각하는 기계가 될 수 있을까?, 에디토리얼, 2020.
- 이광근, 컴퓨터과학이 여는 세계, 인사이트, 2017.

찾아보기

찾으라. 그리하면 찾아낼 것이요.

- 마태복음 7:7

자연과 인간의 수학

초판발행 2026년 2월 3일

지은이 성찬영
펴낸이 오판근
펴낸곳 (주) 교우
주 소 서울시 동대문구 약령시로 8 교우빌딩 2층 (주)교우
전 화 02-925-2861 / **팩 스** 070-7966-8610, **편집부** 02-925-2825
홈페이지&북스토어 www.kyowoo.co.kr / **이메일** kyowoo@kyowoo.co.kr

등 록 1994년 3월 24일 제1994-000013호
ISBN 979-11-251-0477-3 (03410)

Published by Kyowoo Co., Ltd. Printed in Korea

값 32,000원

교우미디어는 (주) 교우의 Imprint 사입니다.
수학정원·과학정원은 (주) 교우의 새로운 브랜드명입니다.

잘못된 책은 구입하신 서점에서 교환해 드립니다.